宝库典藏版编织花样

钩针花样300

CROCHET PATTERNS BOOK 300

日本宝库社　编著
冯　莹　译

河南科学技术出版社
·郑州·

CROCHET PATTERNS BOOK 300

宝库典藏版编织花样

钩针花样300

简单的线条也能令钩织花样既漂亮又新颖，使作品产生意想不到的效果。

特别是钩织作品，很多时候是由钩织花样来决定效果的。

为了满足想钩织出独一无二作品的人，这本书诞生啦。

无论使用单个花样进行设计，还是将不同的花样进行组合，都将成为一件乐事。

希望能够通过您的实践，设计出更多的作品。

目 录

本书符号图说明

要点 1

钩织方法符号图均为从正面看到的效果。从奇数行看正面，按照符号图由右向左钩织。从偶数行看背面，原则上按照符号图由左向右钩织，但钩织拉针时，应按照符号图的相反方向进行钩织（正拉针织反拉针，反拉针织正拉针）。

要点 2

符号图中蓝色部分表示由几行几针组成的一个完整花样。在起针部分标明了几针1个花样，在行数部分用圆圈数字标明由几行组成1个花样。1个花样、1个花样重复钩织组成图案。原则上第1行均为由右向左钩织。

要点 3

根据花样不同，有时起针边、收针边会形成波浪形或之字形的图案，请在设计时进行参考。

要点 4

本书介绍的钩织实例照片大部分是实物尺寸的80%。如有缩小比例，均在图片处单独标明。还标明所使用毛线的重量及长度，以供参考。

要点 5

本书所设计的配色花样主要以不剪断毛线的方式进行钩织。钩织时请注意换线的方法。

简单花样

001

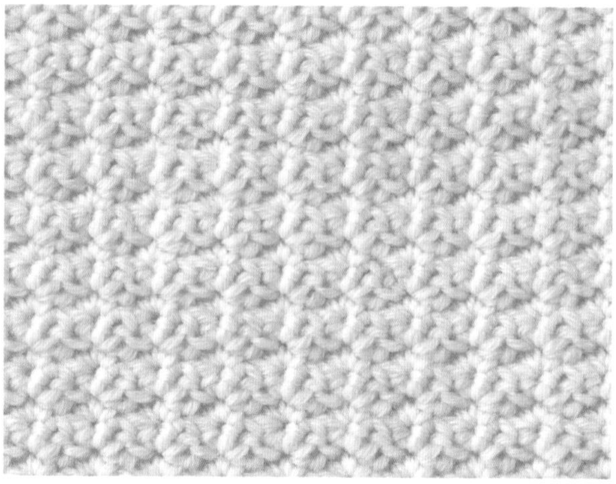

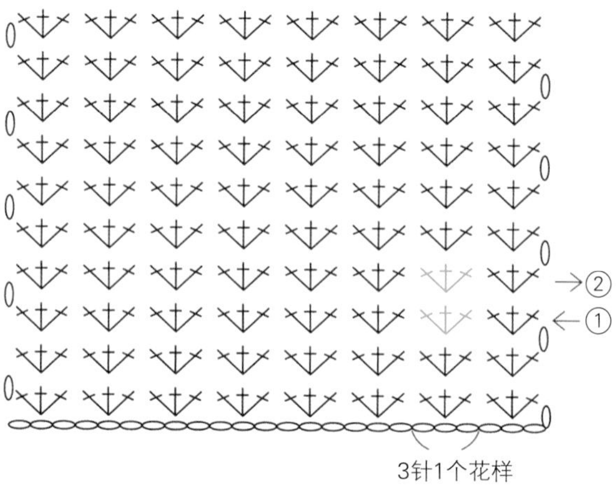
→②
←①
3针1个花样

002

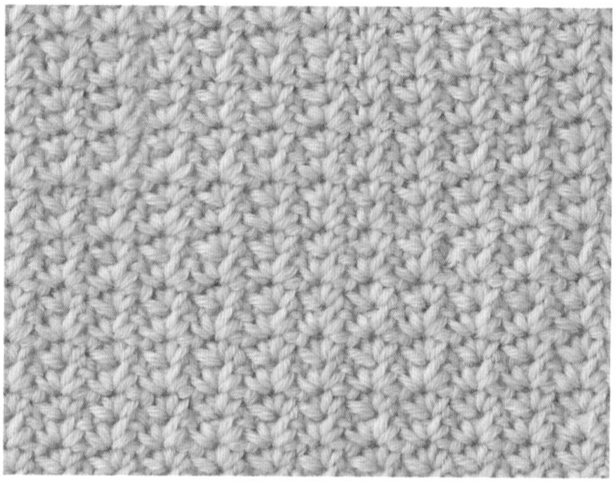

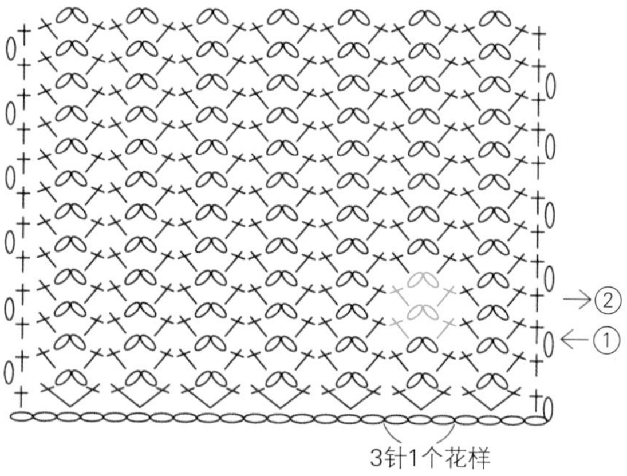
→②
←①
3针1个花样

003

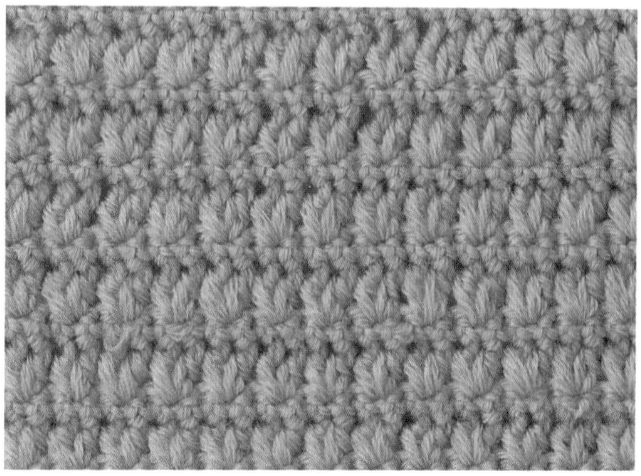

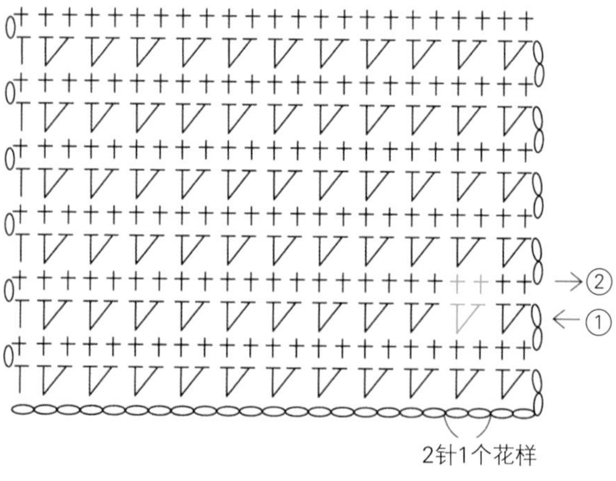
→②
←①
2针1个花样

使用毛线：40克，约120米

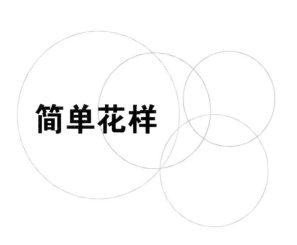

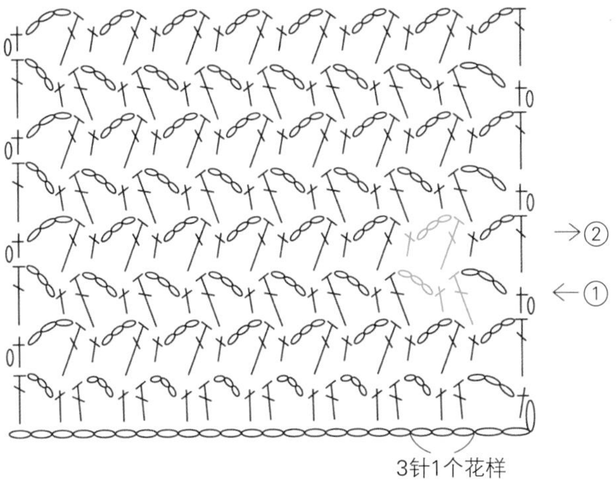
→②
←①
3针1个花样

004

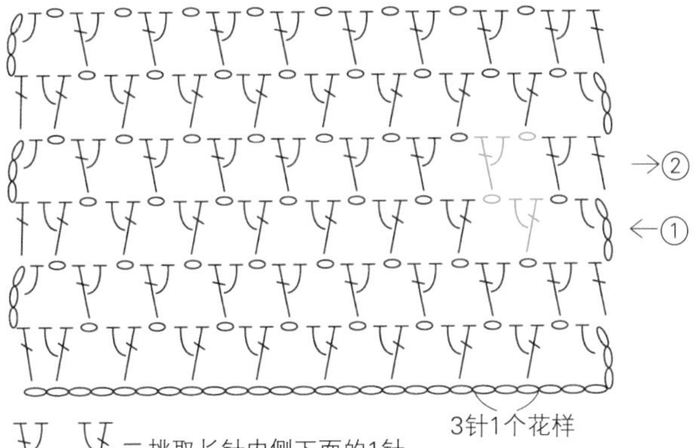
→②
←①
3针1个花样

= 挑取长针内侧下面的1针，钩织

005

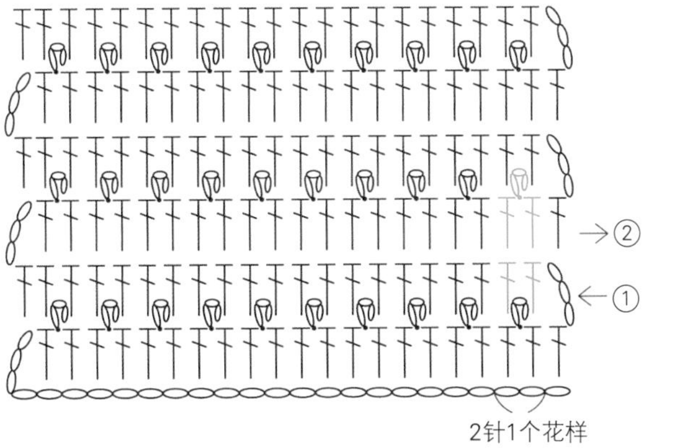
→②
←①
2针1个花样

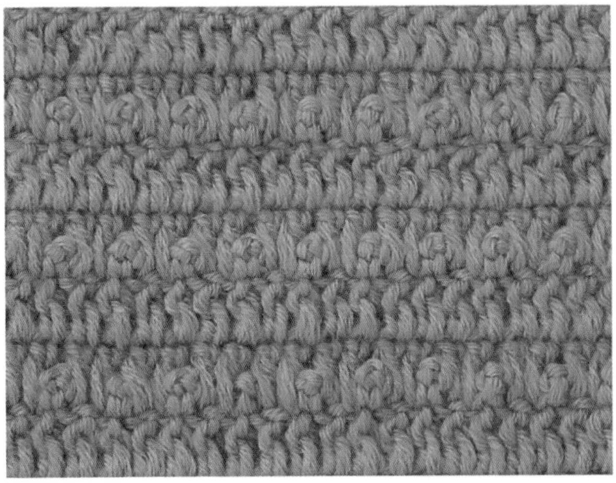

006

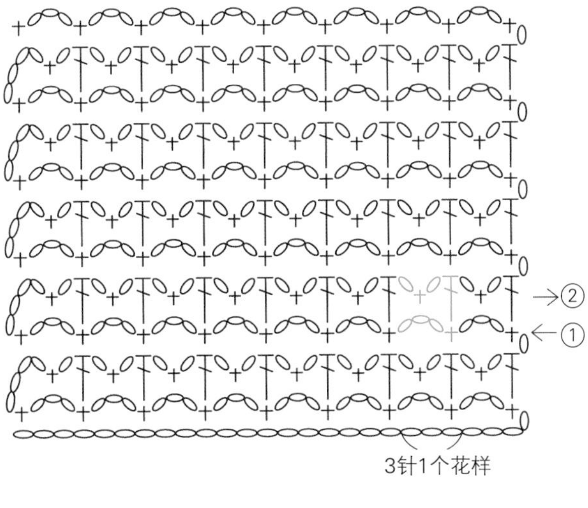
→②
←①
3针1个花样

007

008

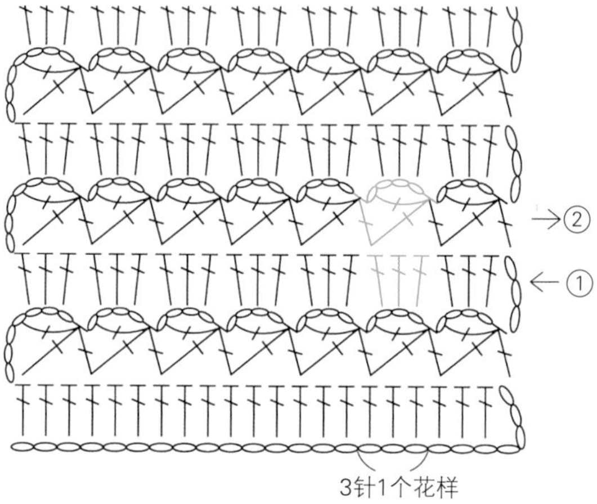
→②
←①
3针1个花样

009

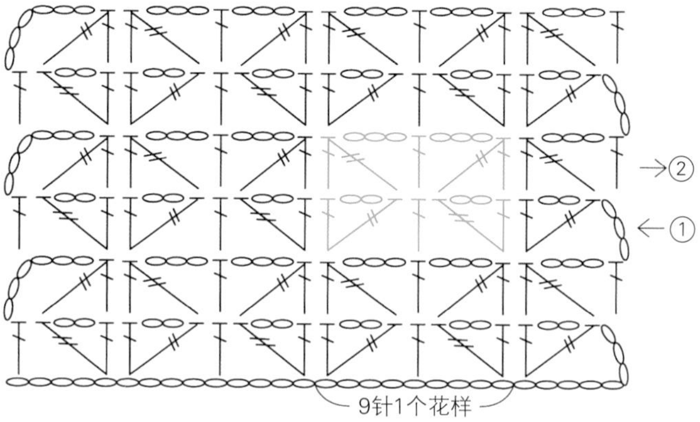
→②
←①
9针1个花样

010

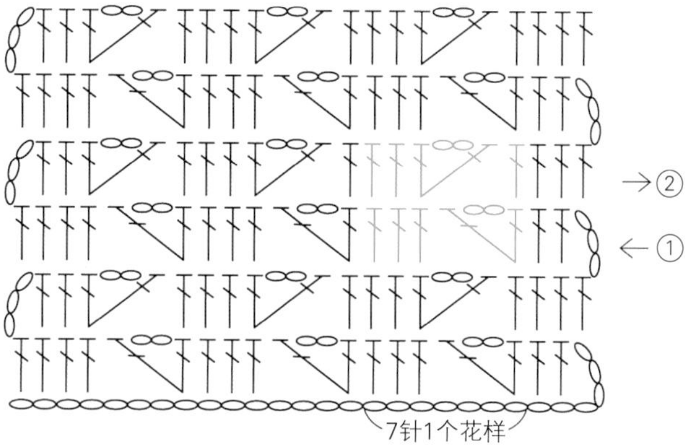
→②
←①
7针1个花样

011

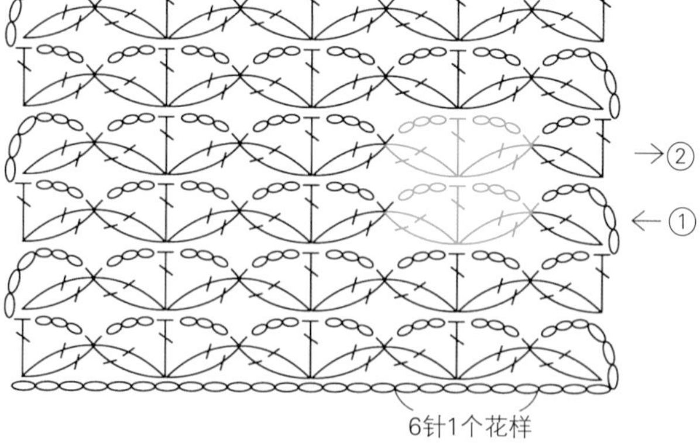
→②
←①
6针1个花样

使用毛线：40克，约120米

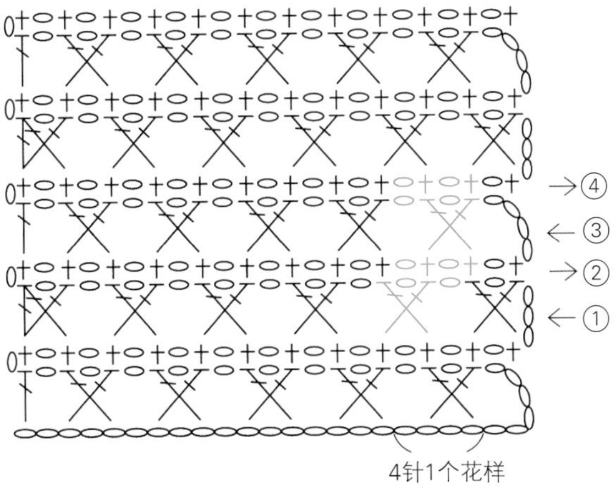
→④
←③
→②
←①
4针1个花样

012

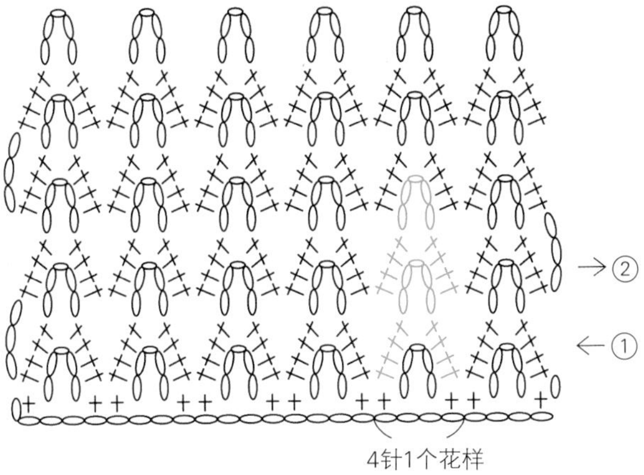
→②
←①
4针1个花样

013

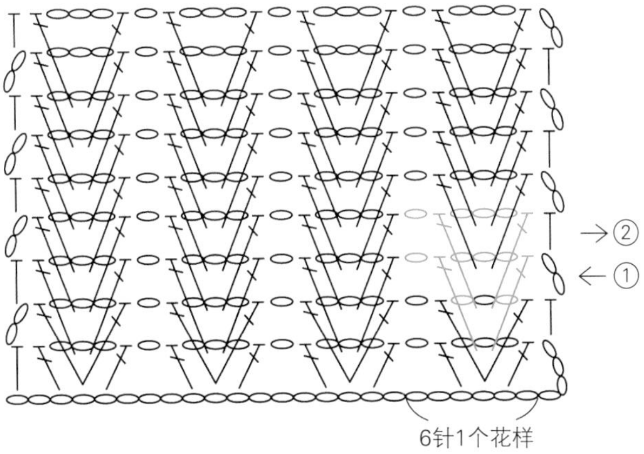
→②
←①
6针1个花样

014

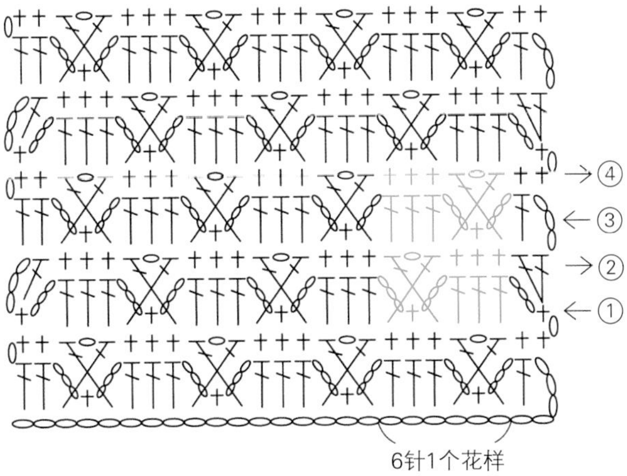
→④
←③
→②
←①
6针1个花样

015

使用毛线：40克，约120米

016

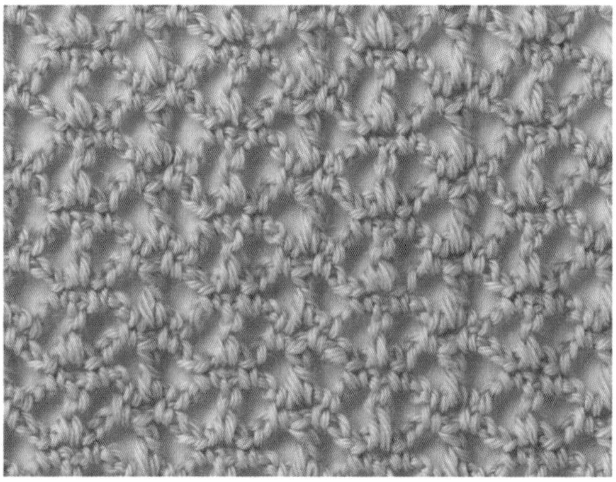

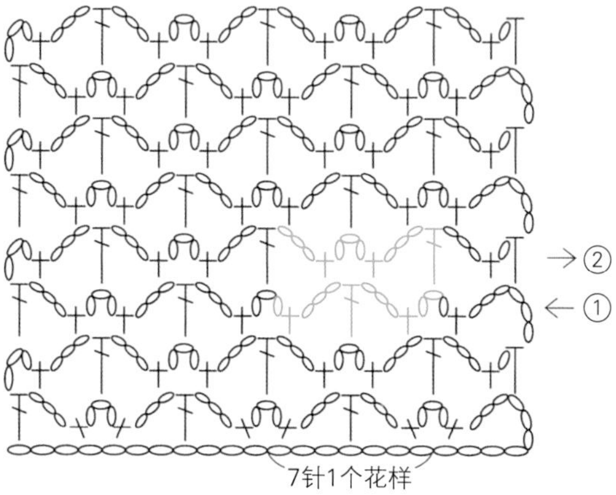
→②
←①
7针1个花样

017

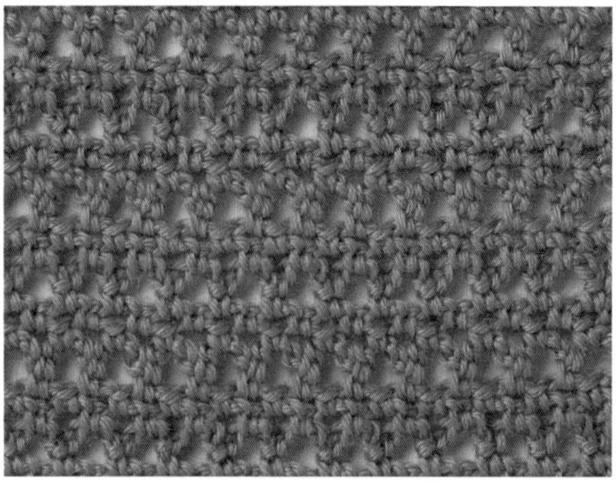

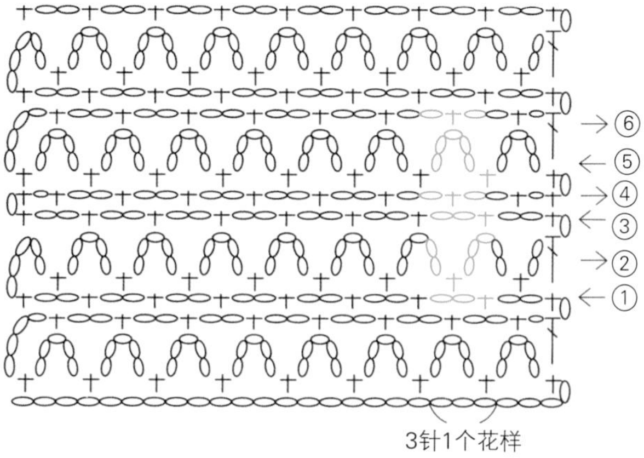
→⑥
←⑤
→④
←③
→②
←①
3针1个花样

018

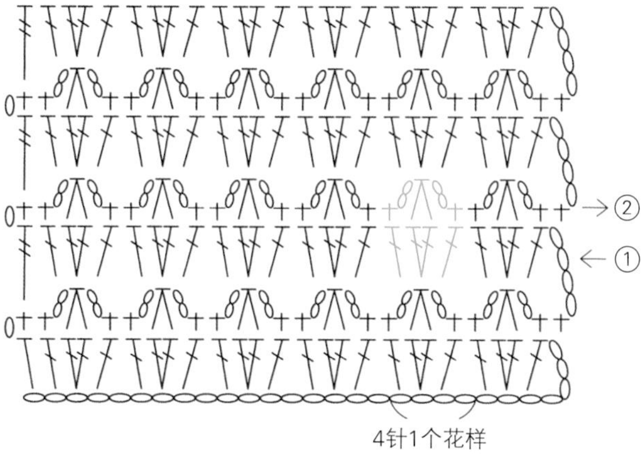
→②
←①
4针1个花样

019

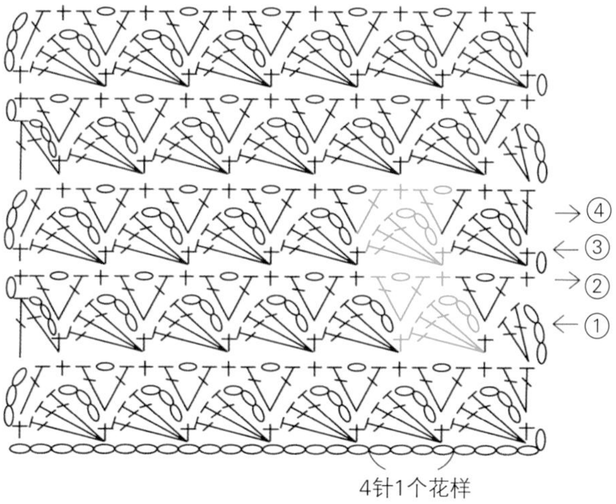
→④
←③
→②
←①
4针1个花样

 使用毛线：40克，约150米

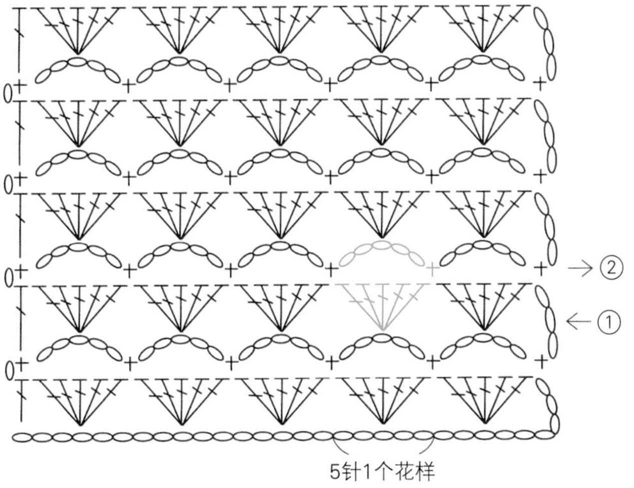
→②
←①
5针1个花样

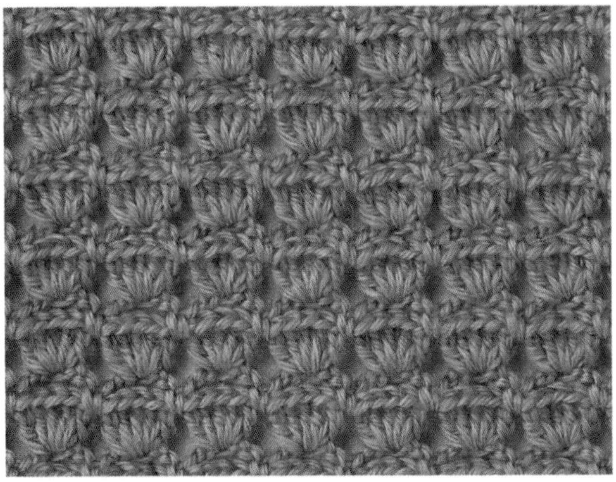

020

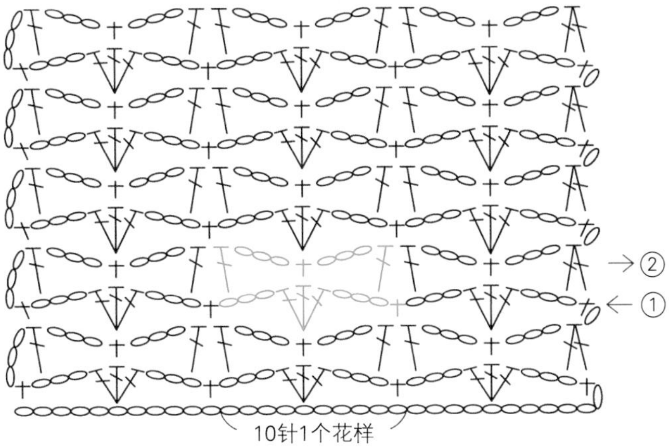
→②
←①
10针1个花样

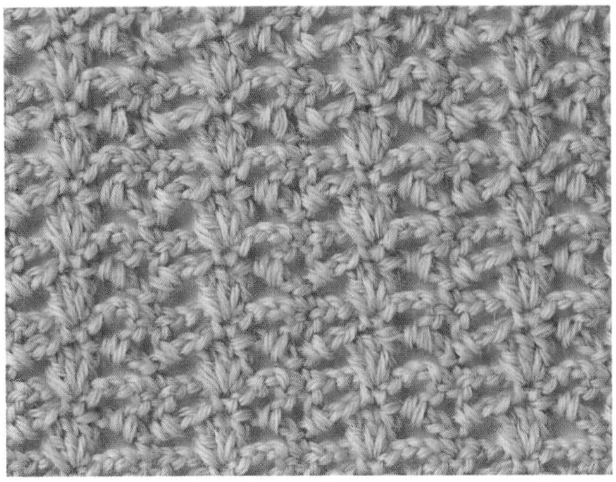

021

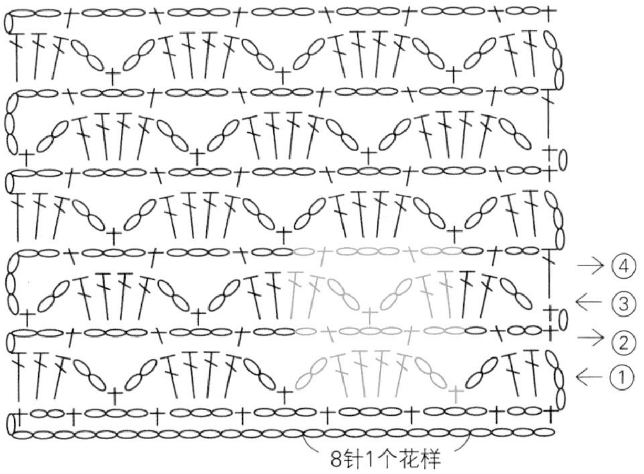
→④
←③
→②
←①
8针1个花样

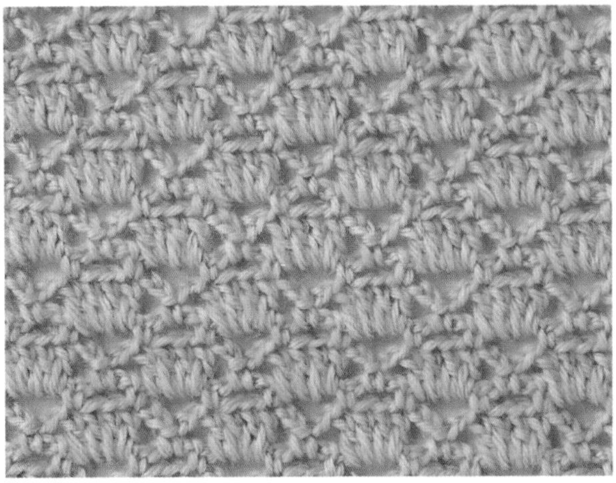

022

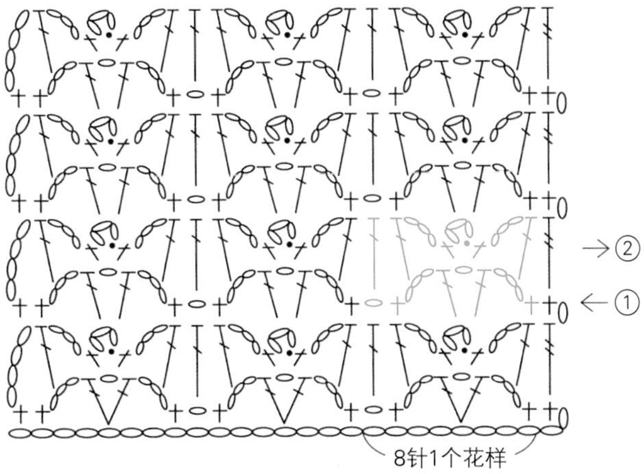
→②
←①
8针1个花样

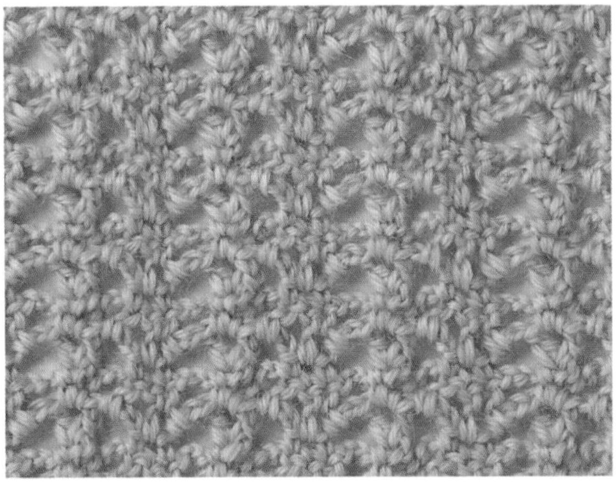

023

024

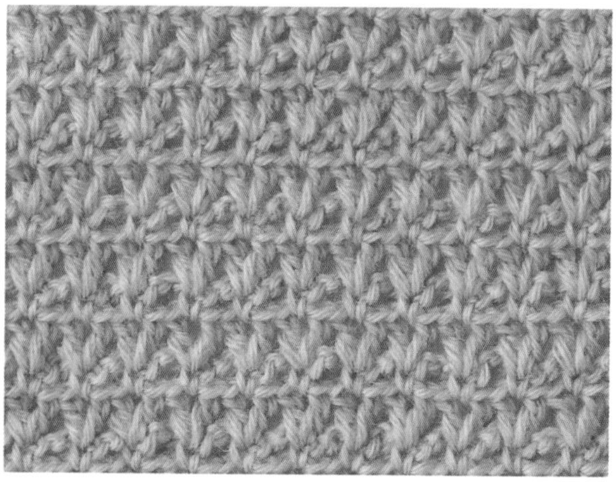

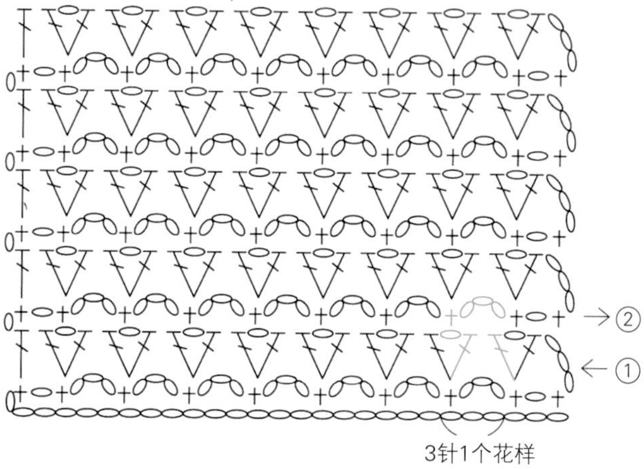
→②
←①
3针1个花样

025

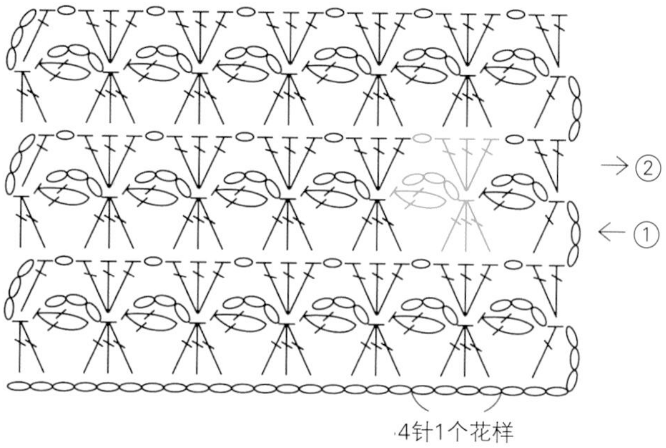
→②
←①
4针1个花样

026

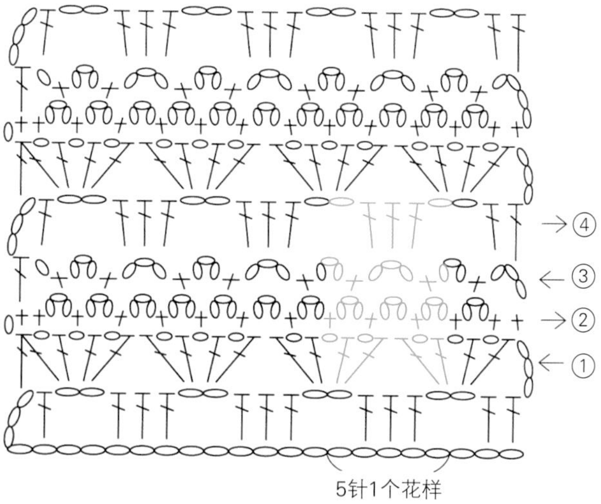
→④
←③
→②
←①
5针1个花样

027

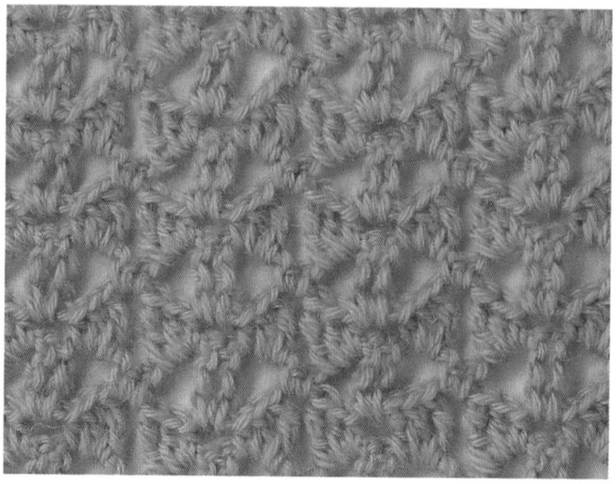

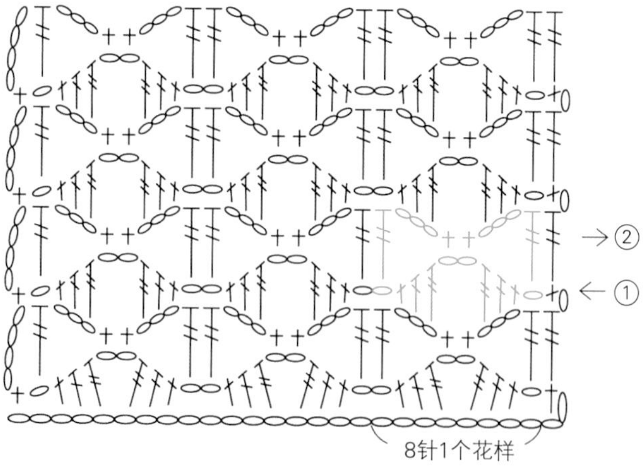
→②
←①
8针1个花样

使用毛线：40克，约180米

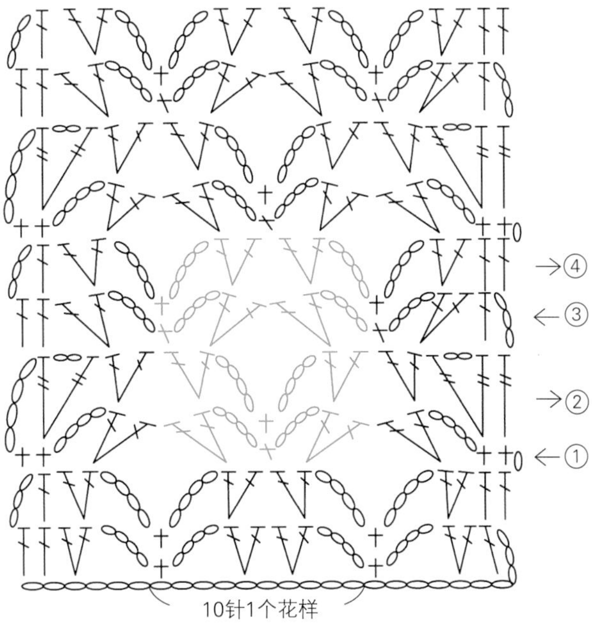
→④
←③
→②
←①
10针1个花样

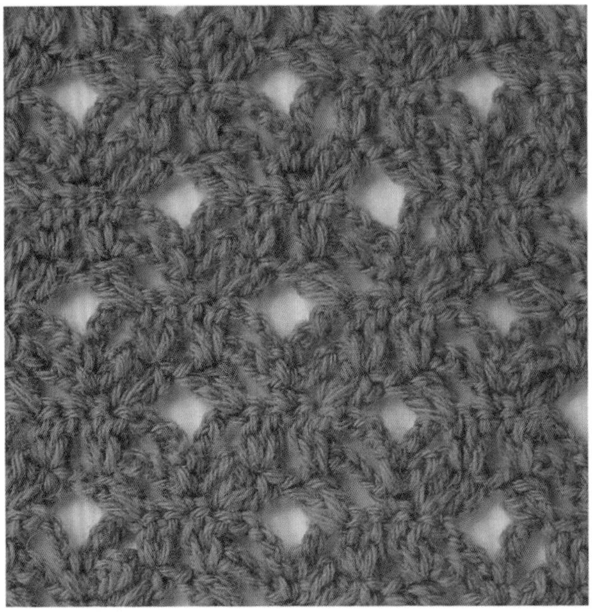

028

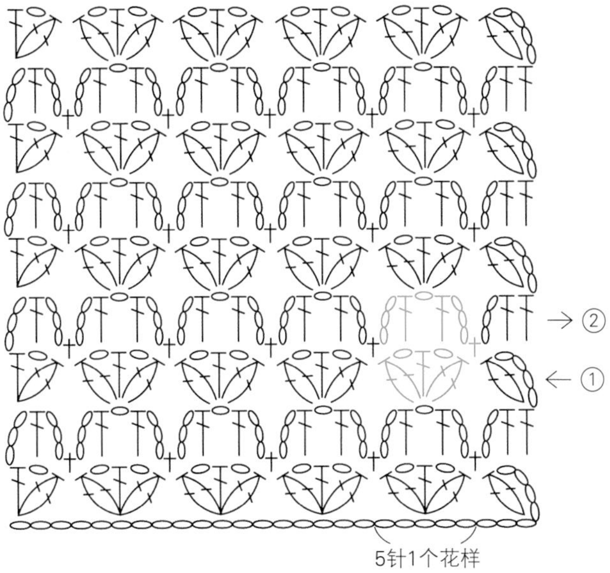
→②
←①
5针1个花样

029

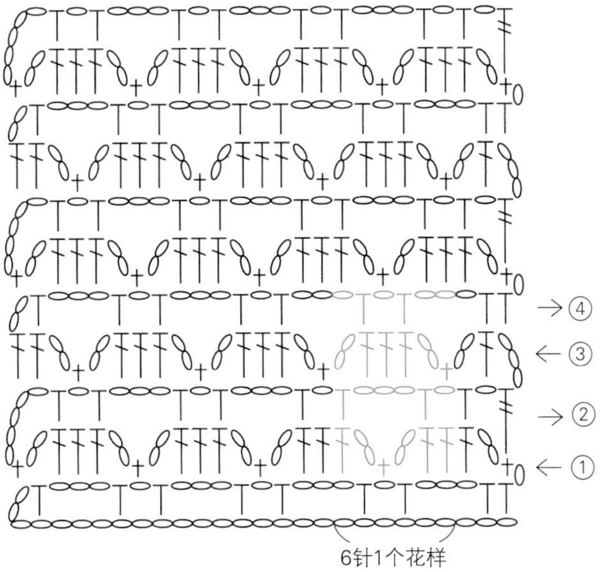
→④
←③
→②
←①
6针1个花样

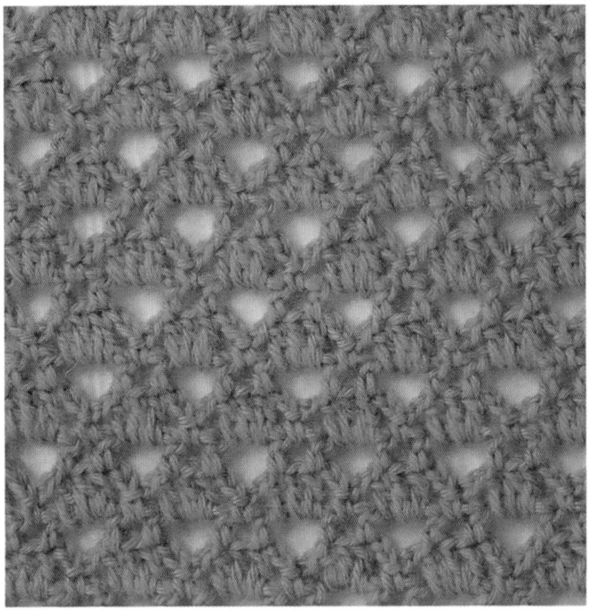

030

使用毛线：40克，约180米

031

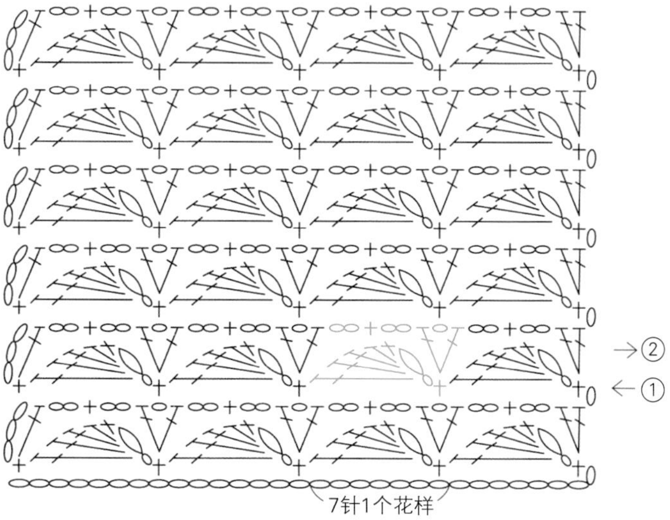
7针1个花样

032

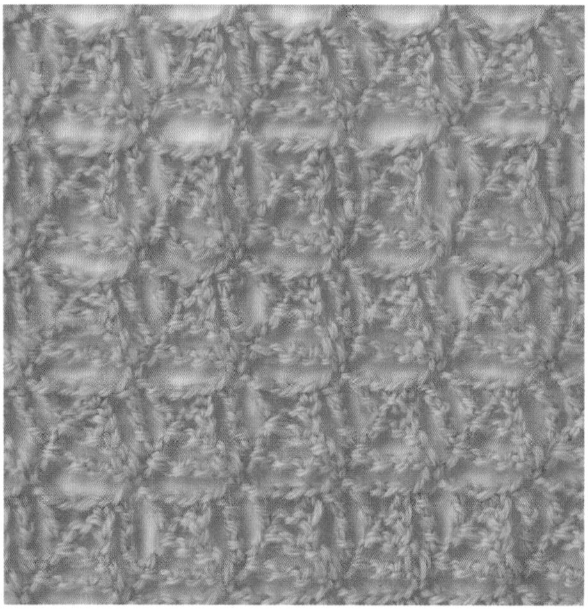

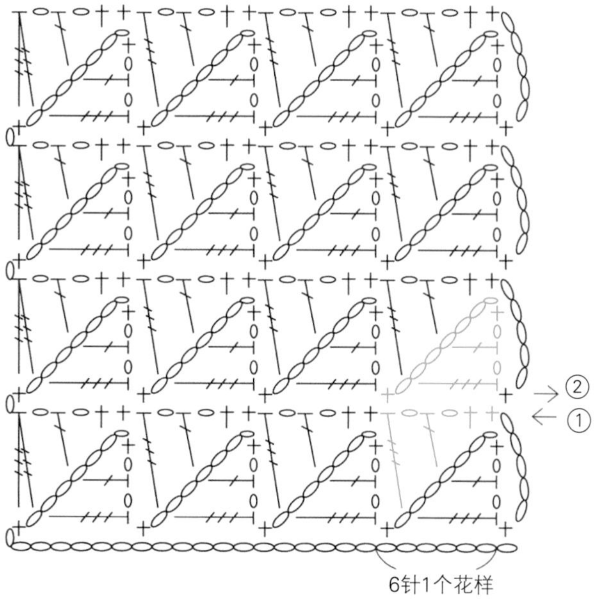
6针1个花样

033

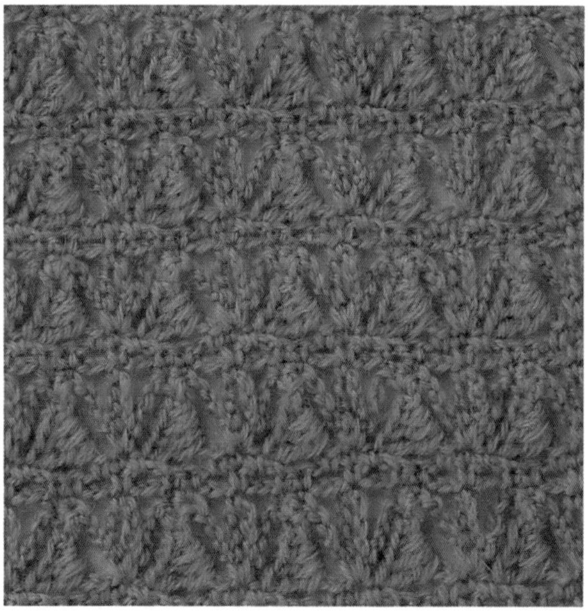

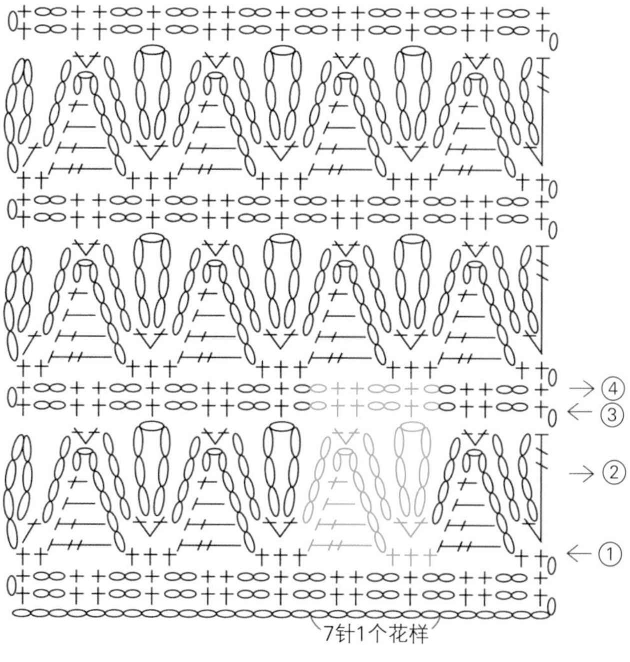
7针1个花样

使用毛线：30克，约180米

034

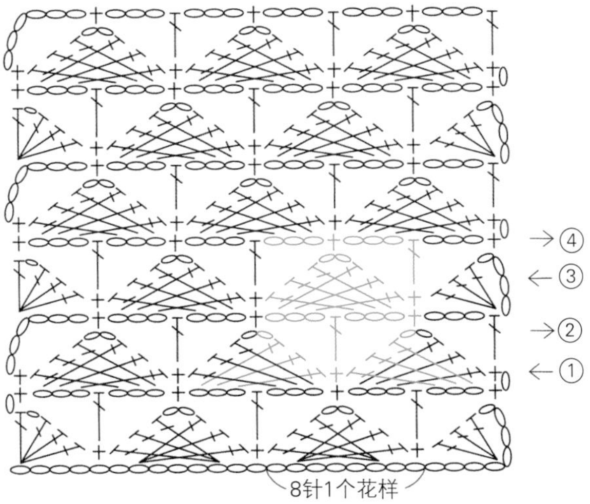
④
③
②
①
8针1个花样

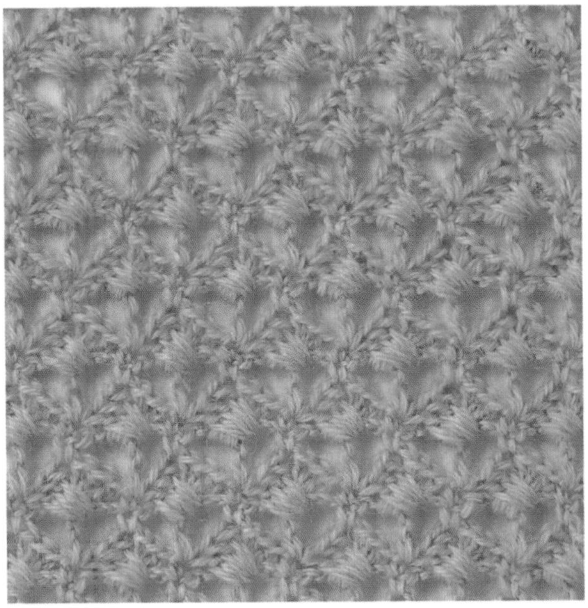

035

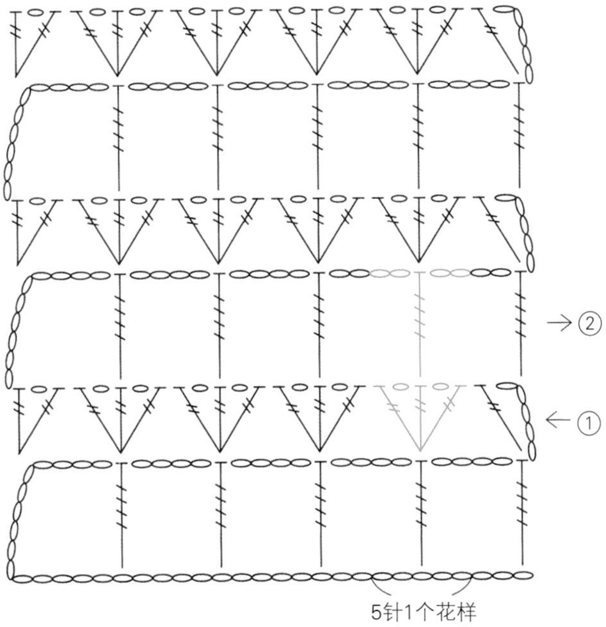
②
①
5针1个花样

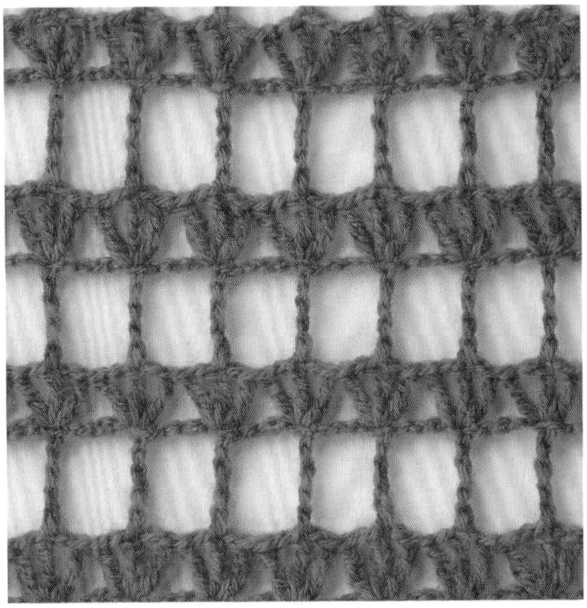

036

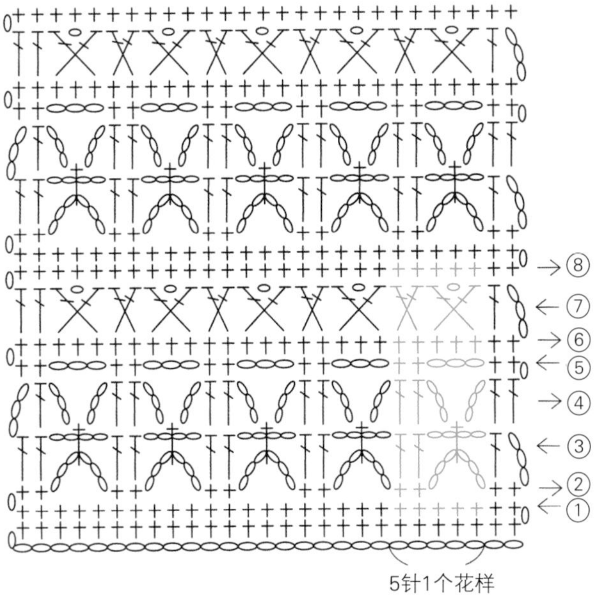
⑧
⑦
⑥
⑤
④
③
②
①
5针1个花样

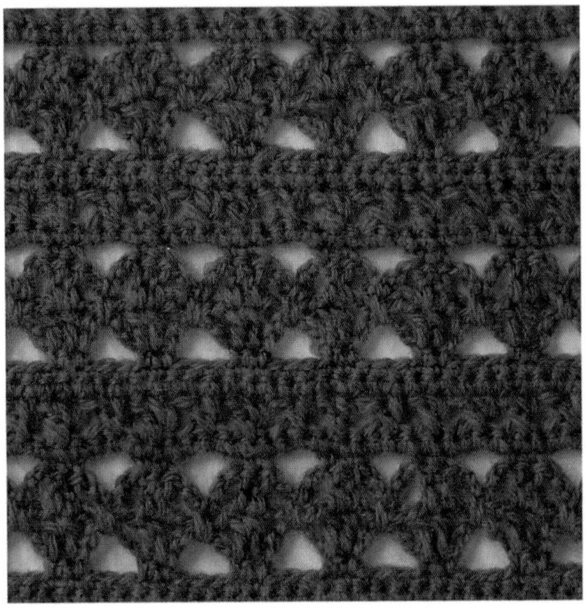

使用毛线：30克，约180米

037

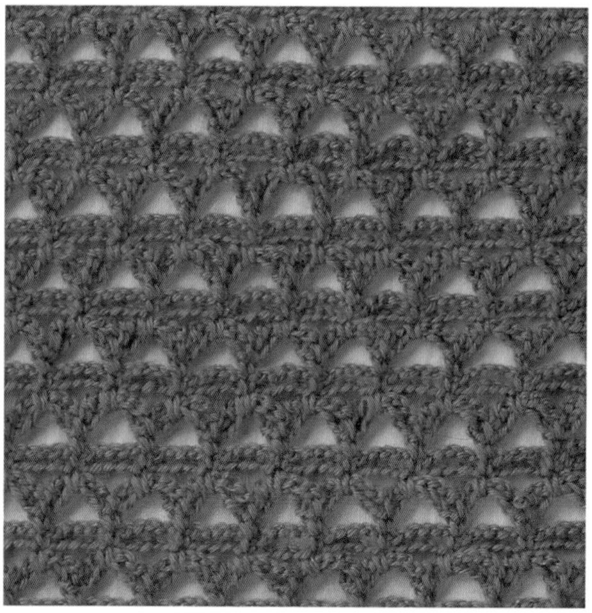

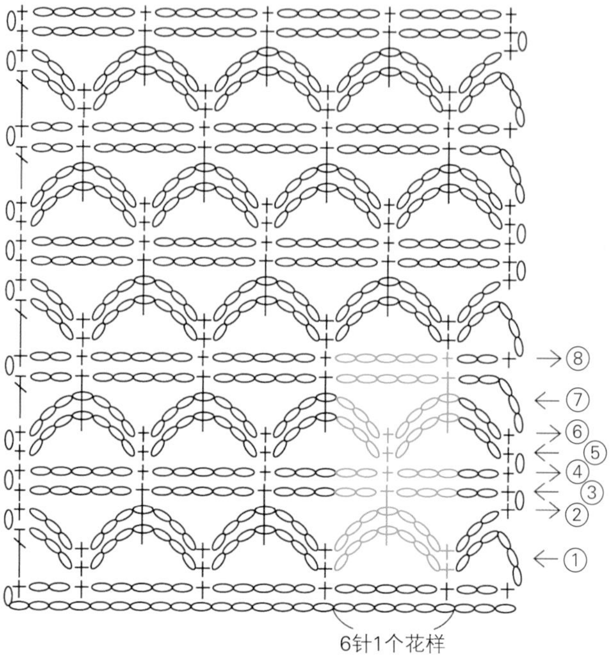
⑧
⑦
⑥
⑤
④
③
②
①
6针1个花样

038

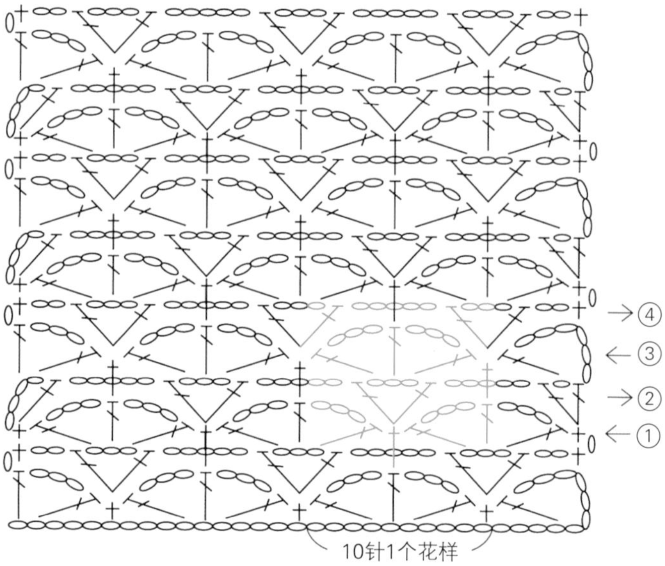
④
③
②
①
10针1个花样

039

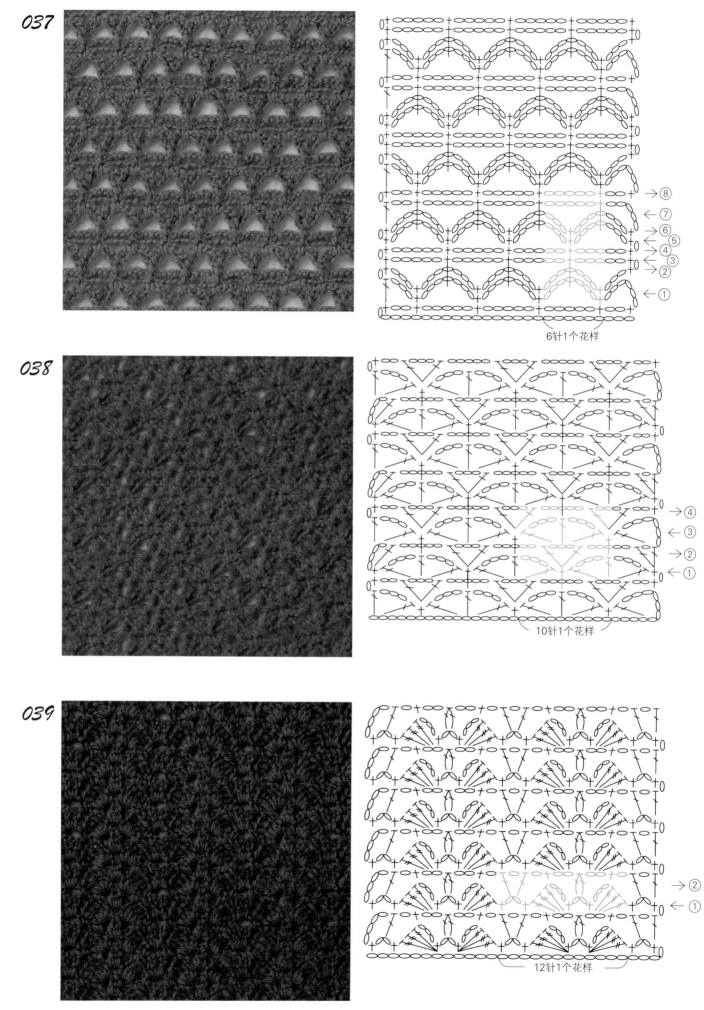

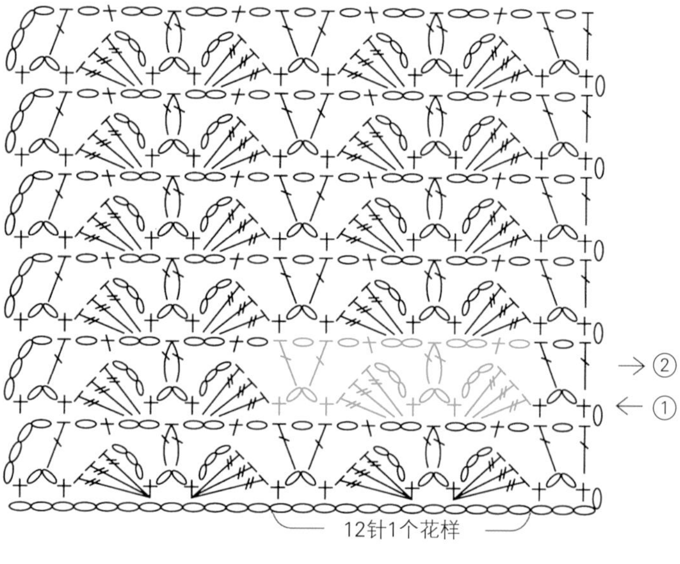
②
①
12针1个花样

使用毛线：40克，约240米

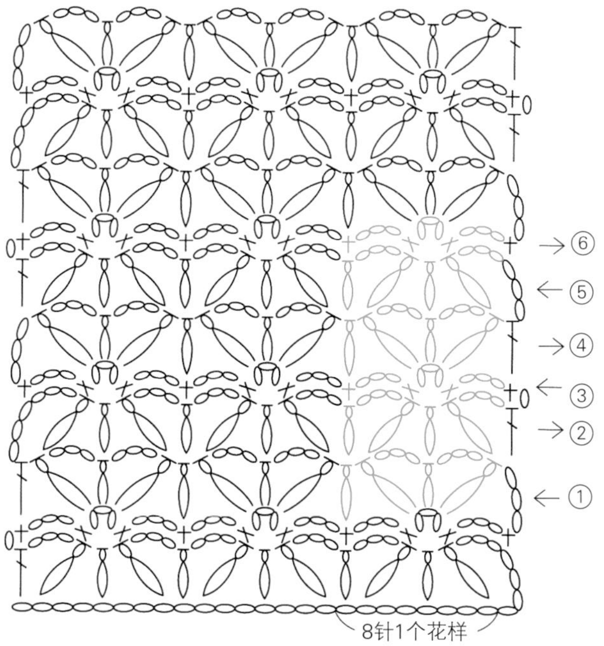
⑥
⑤
④
③
②
①
8针1个花样

040

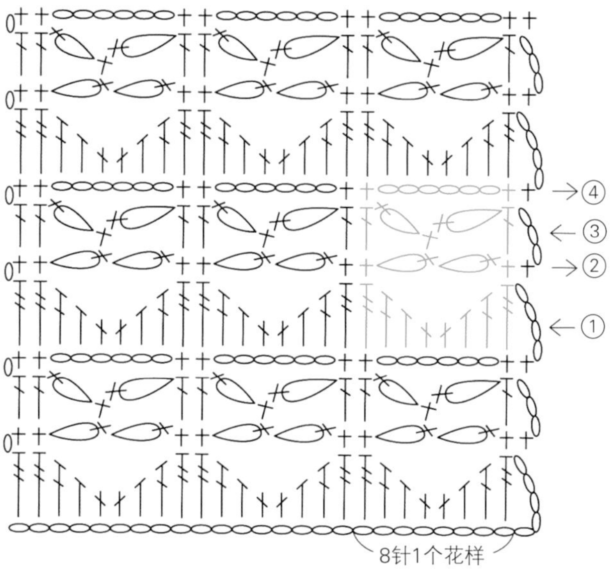
④
③
②
①
8针1个花样

041

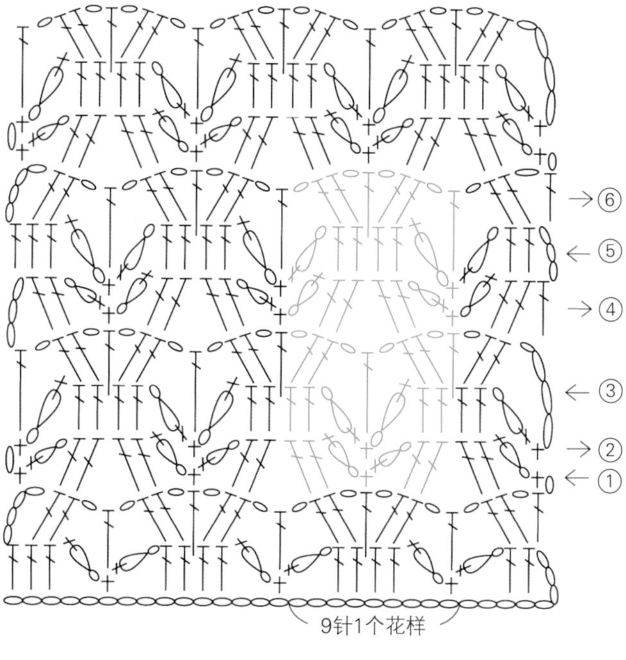
⑥
⑤
④
③
②
①
9针1个花样

042

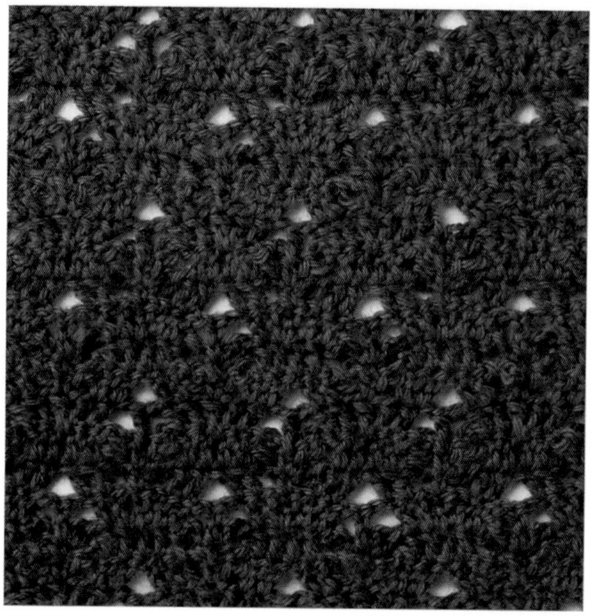

使用毛线：40克，约240米

枣形针花样

043

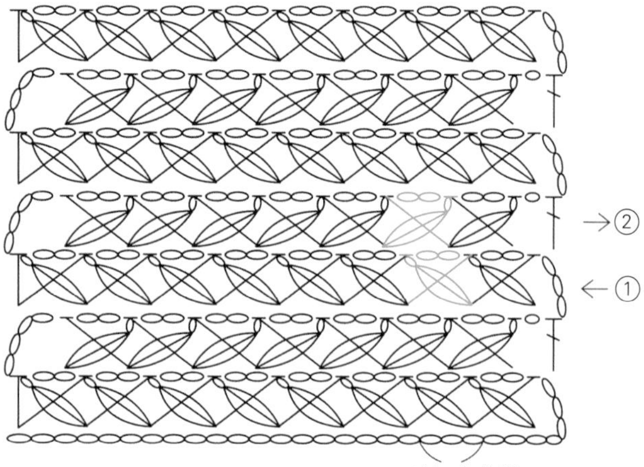

3针1个花样

044

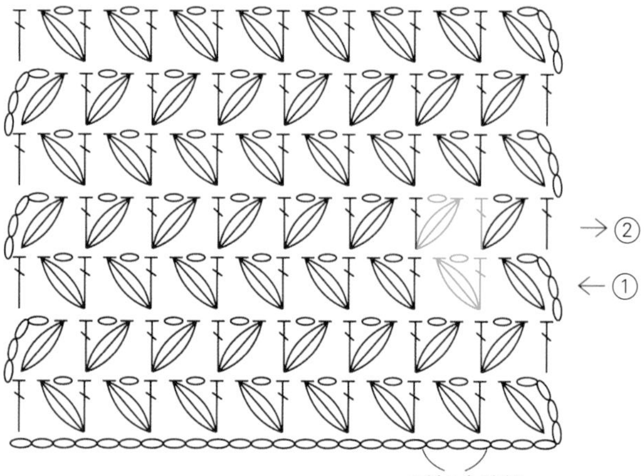

3针1个花样

045

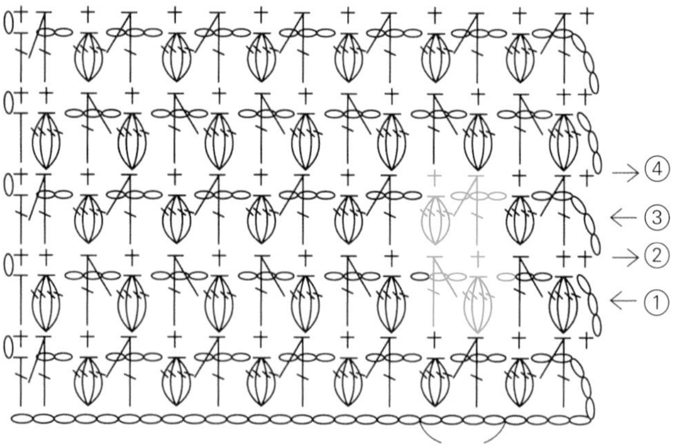

4针1个花样

使用毛线：40克，约142米

正面　反面

046

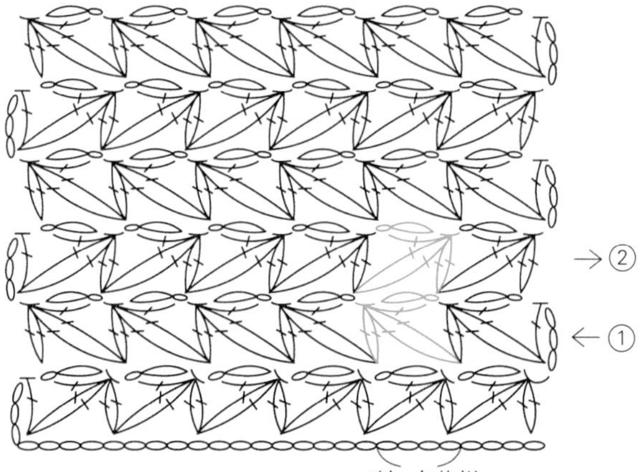

4针1个花样

047

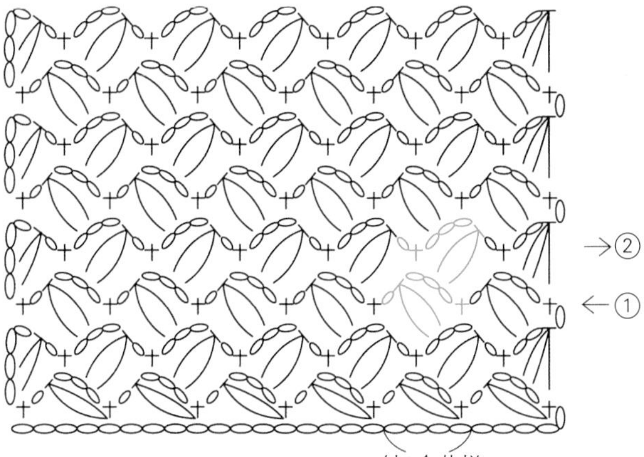

4针1个花样

048

5针1个花样

049

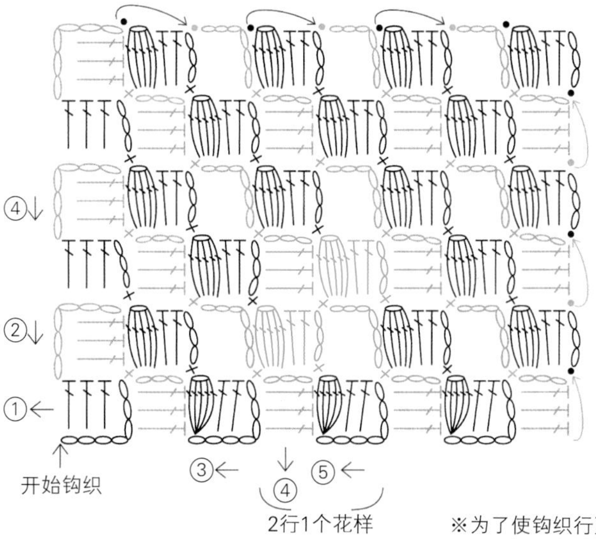

2行1个花样

※为了使钩织行更清楚，变换了符号图的颜色

使用毛线：40克，约142米

050

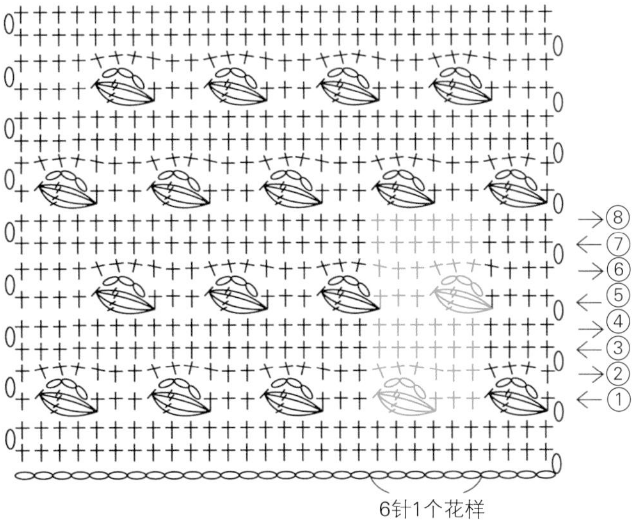
⑧
⑦
⑥
⑤
④
③
②
①
6针1个花样

051

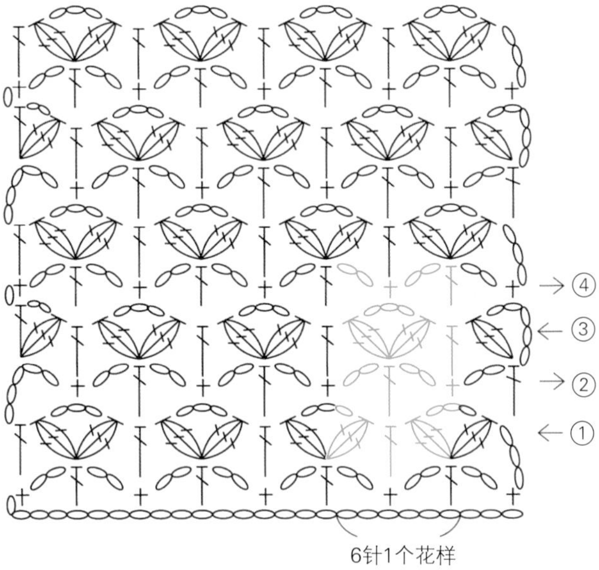
④
③
②
①
6针1个花样

052

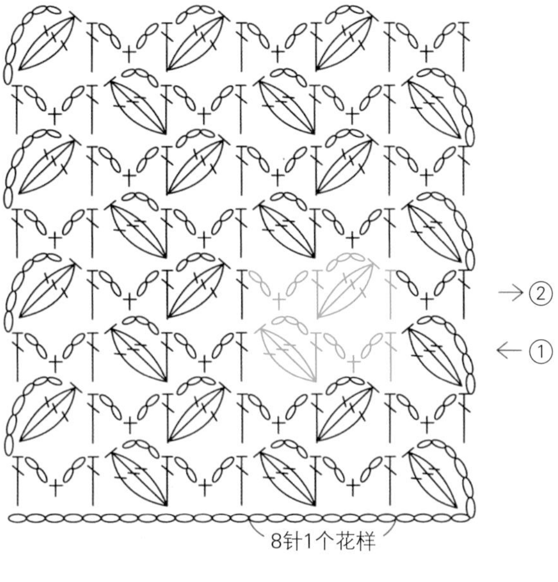
②
①
8针1个花样

 使用毛线：40克，约150米

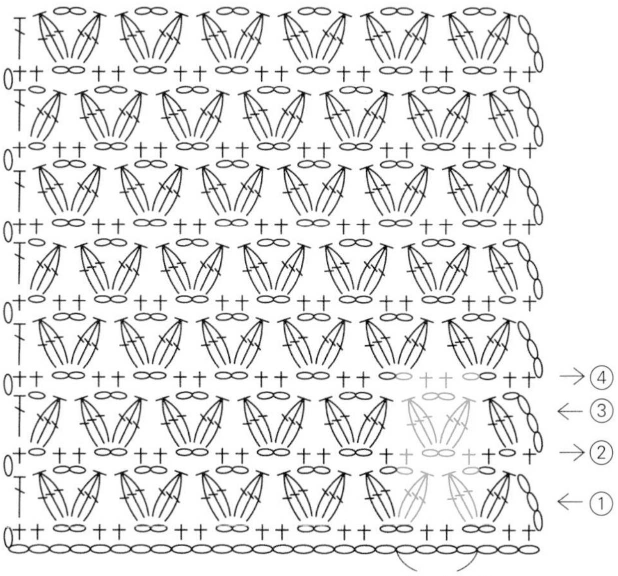
→④
←③
→②
←①
4针1个花样

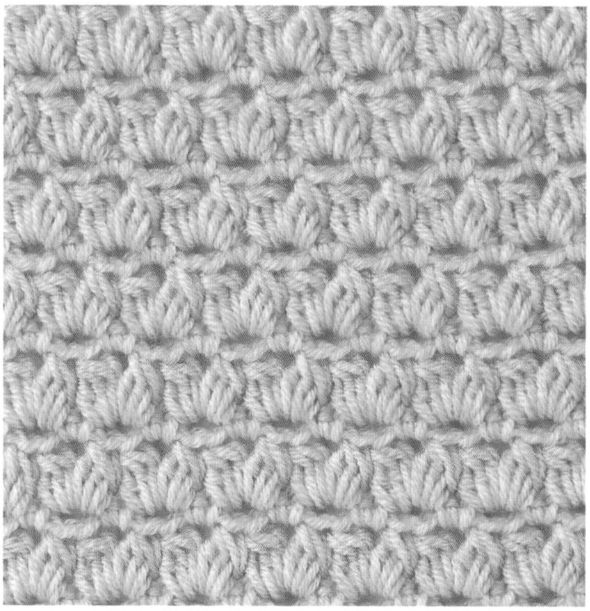

053

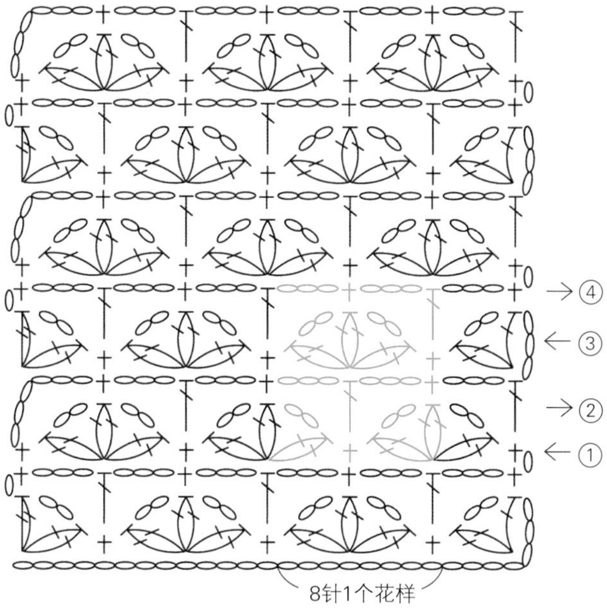
→④
←③
→②
←①
8针1个花样

054

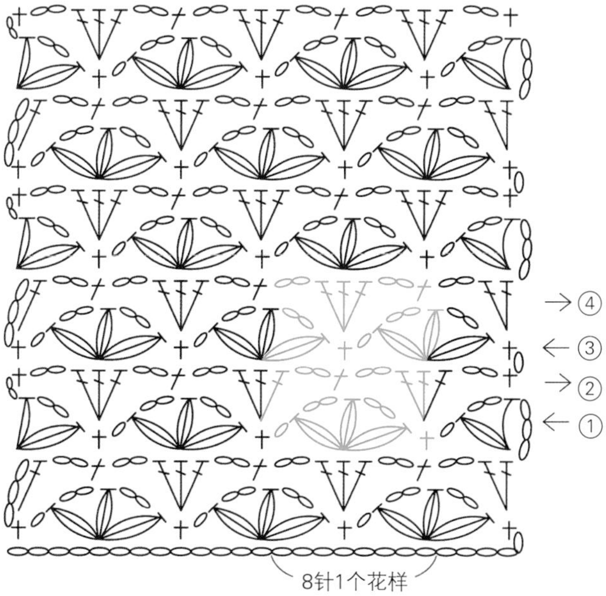
→④
←③
→②
←①
8针1个花样

055

使用毛线：40克，约150米

056

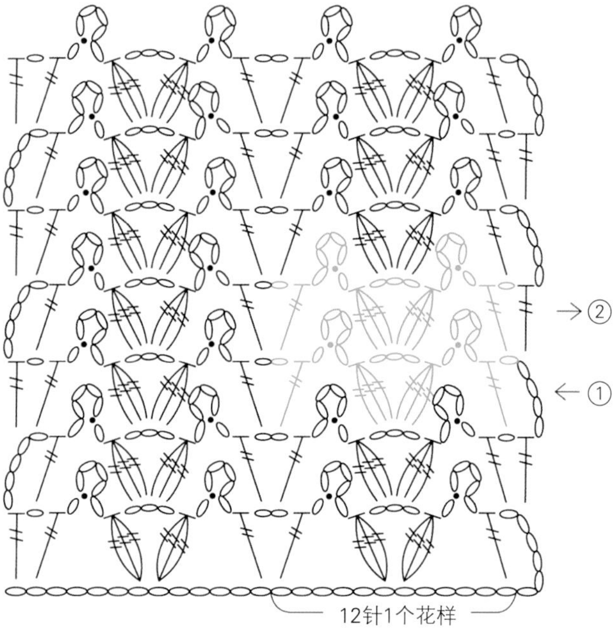
→②
←①
12针1个花样

057

正面　反面

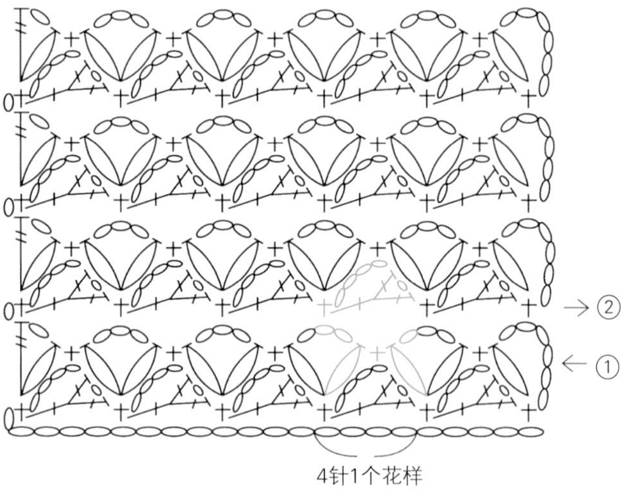
→②
←①
4针1个花样

058

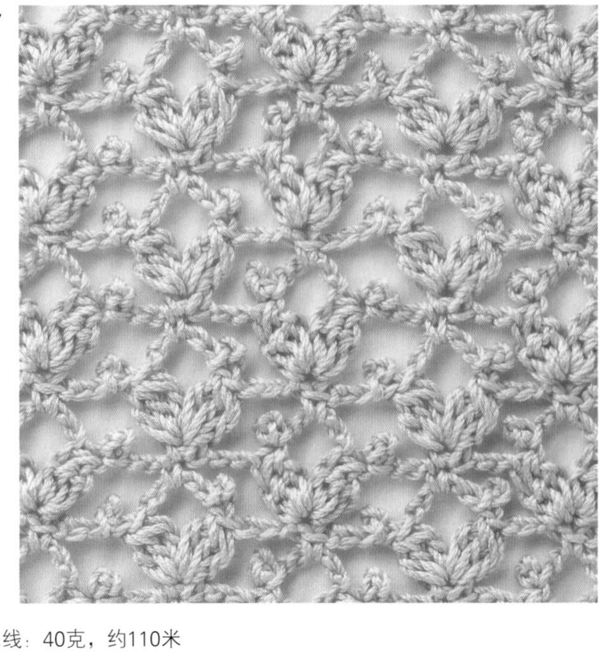

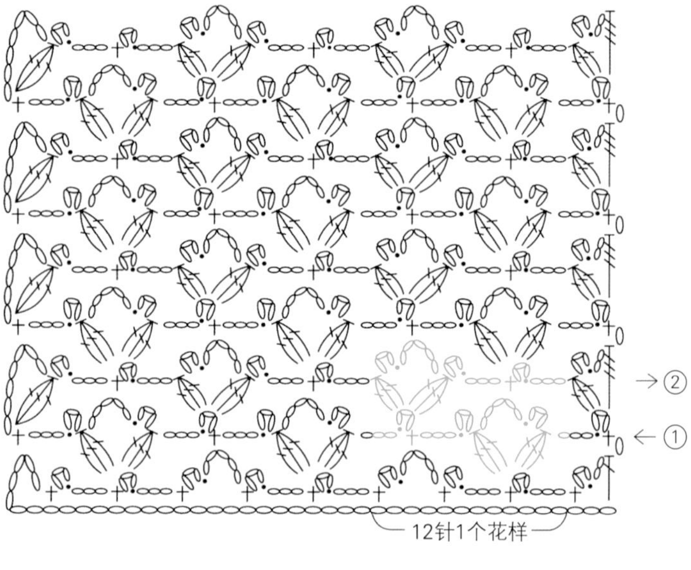
→②
←①
12针1个花样

使用毛线：40克，约110米

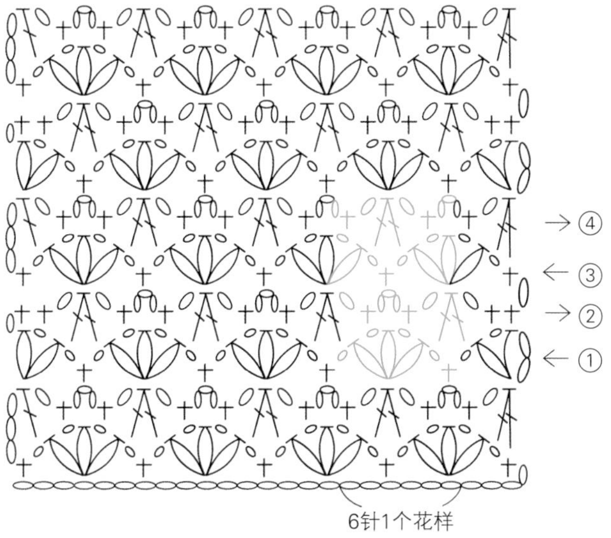
④
③
②
①
6针1个花样

059

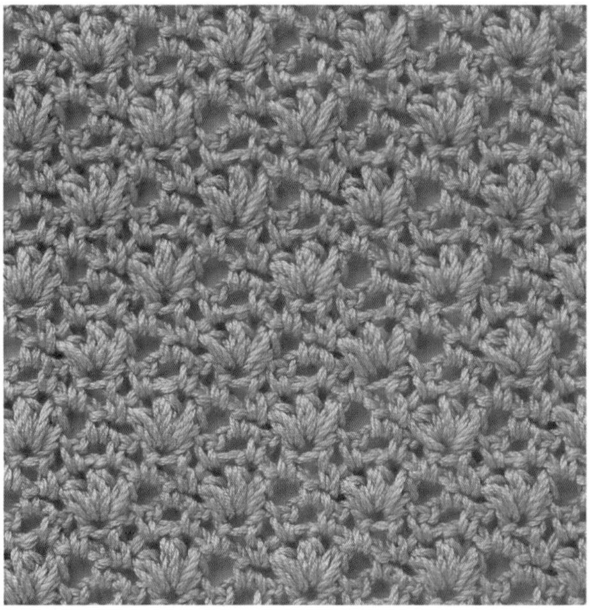

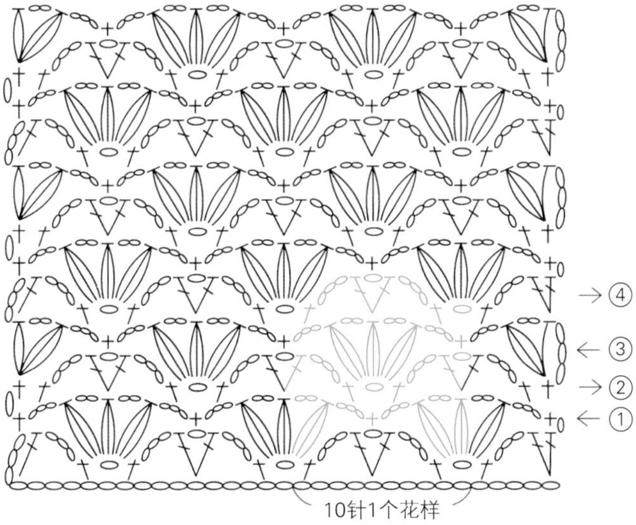
④
③
②
①
10针1个花样

060

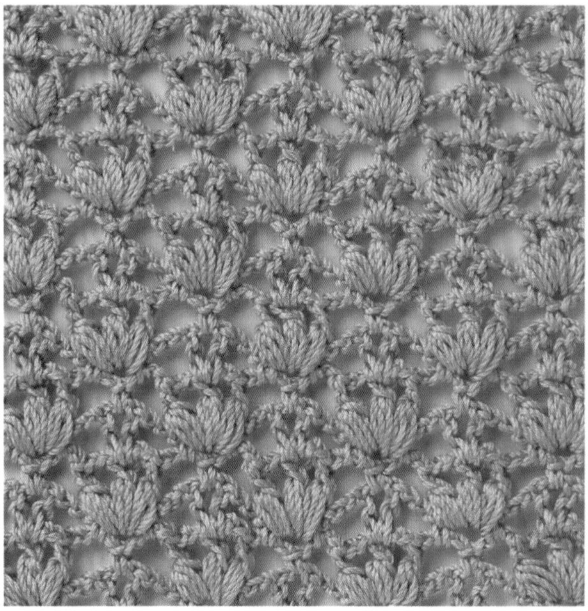

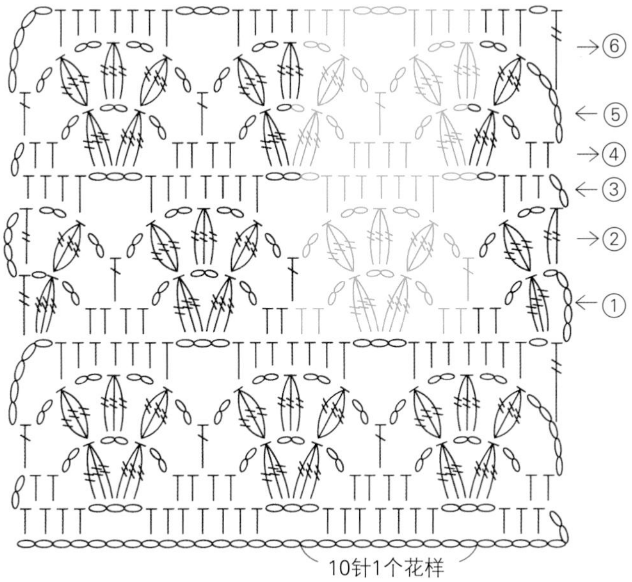
⑥
⑤
④
③
②
①
10针1个花样

061

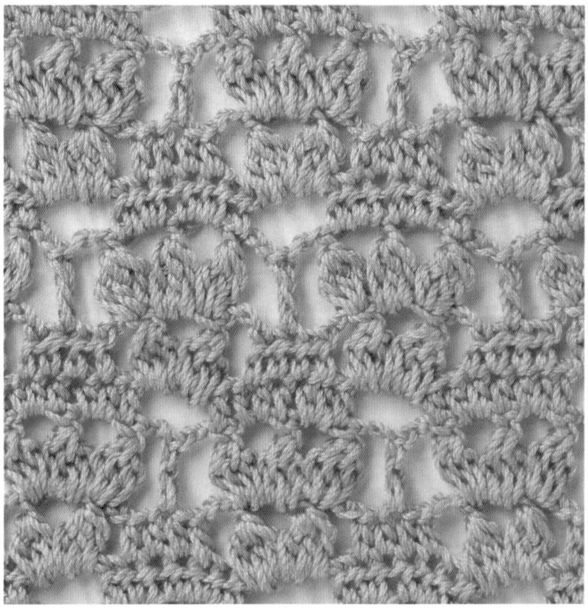

062

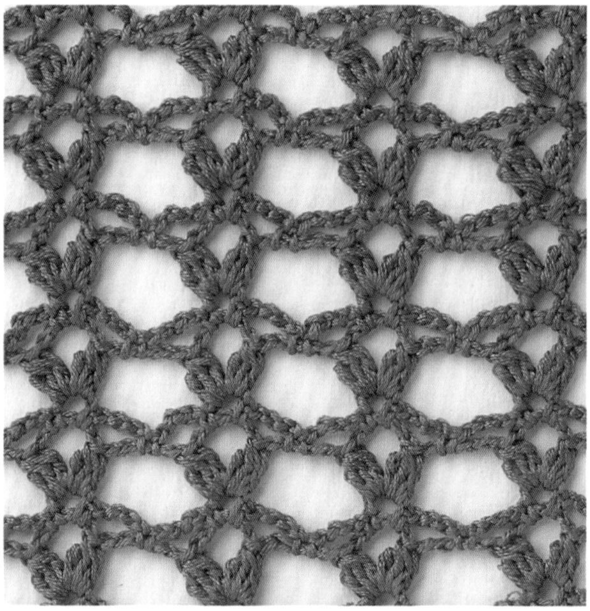

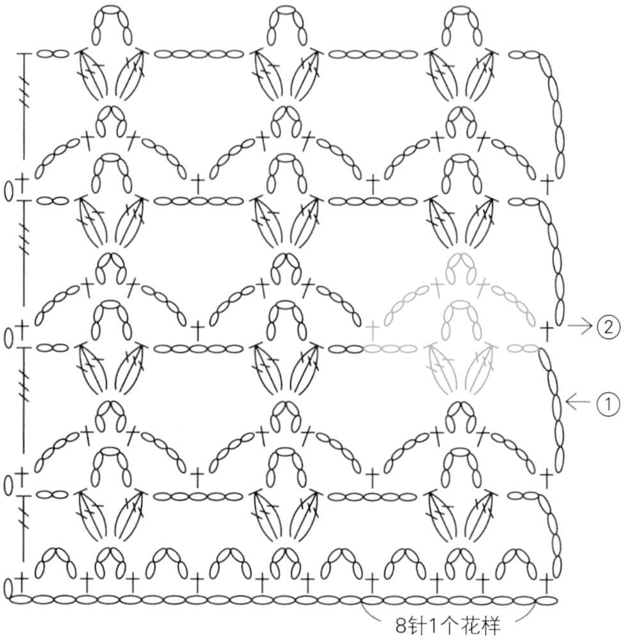
→②
←①
8针1个花样

063

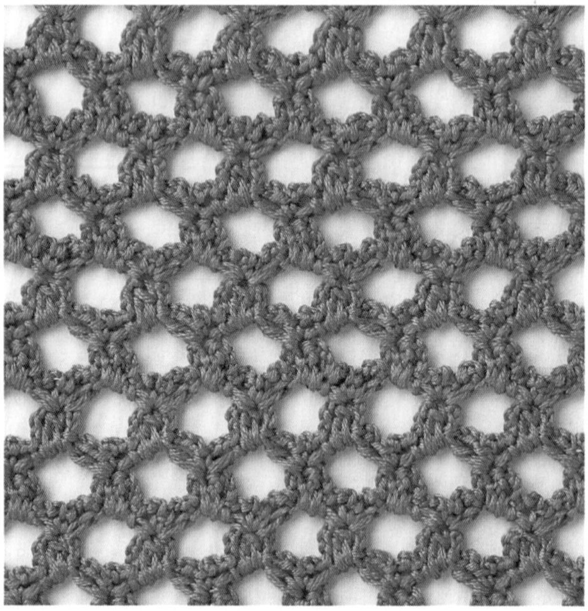

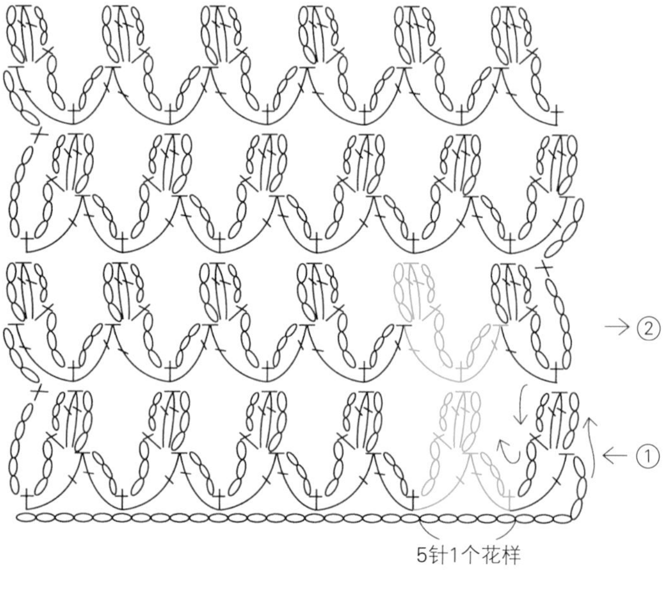
→②
←①
5针1个花样

064

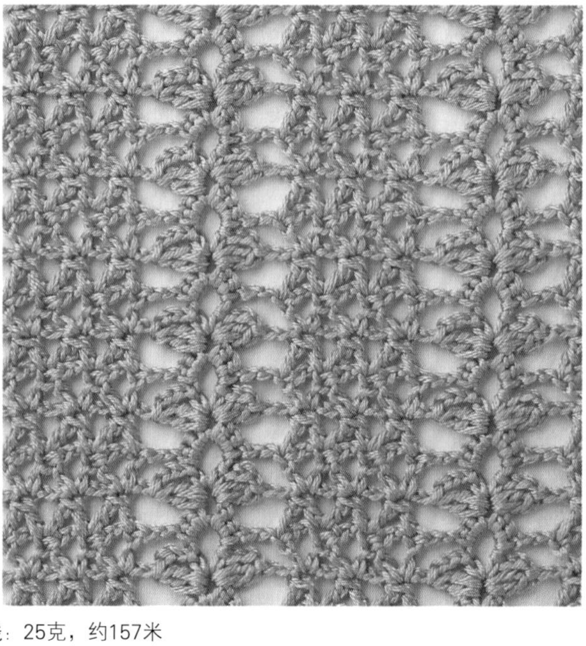

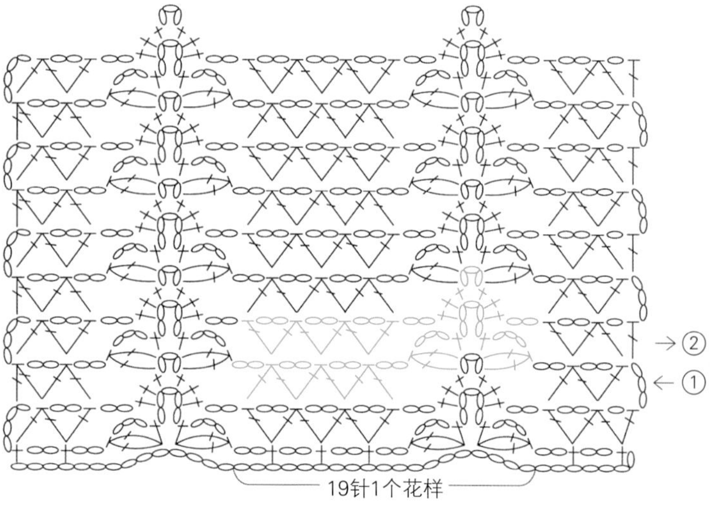
→②
←①
19针1个花样

使用毛线：25克，约157米

→④
←③
→②
←①
22针1个花样

065

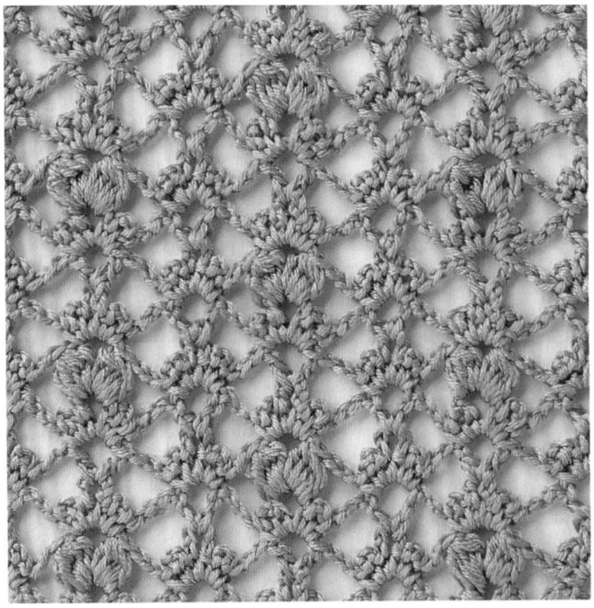

066

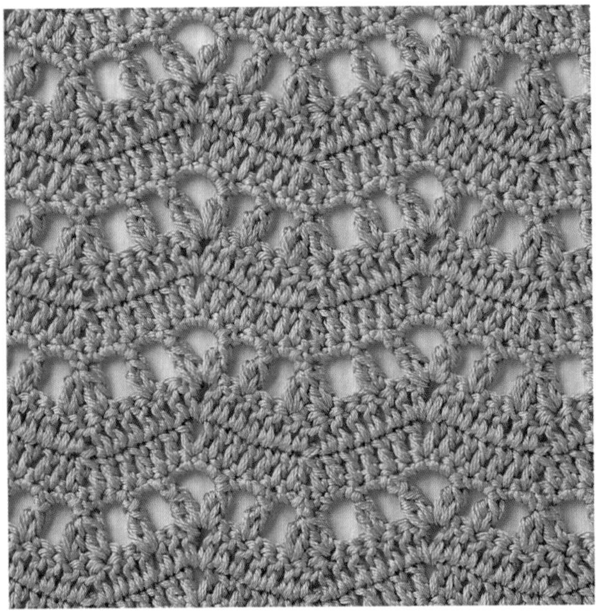

067

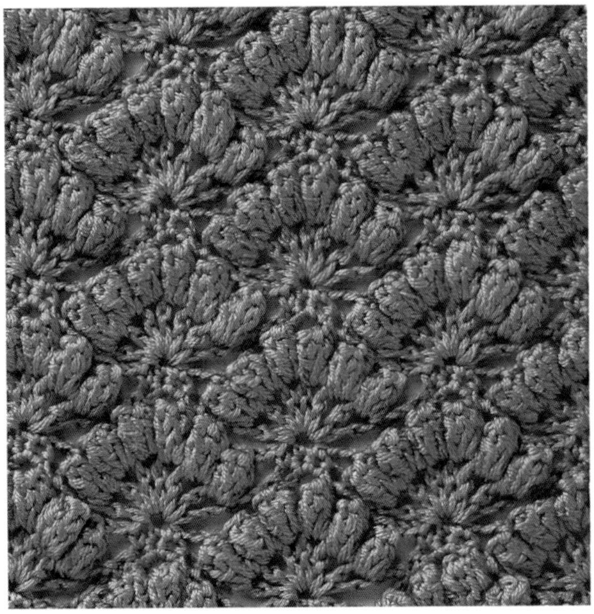

066 参照第108页

067

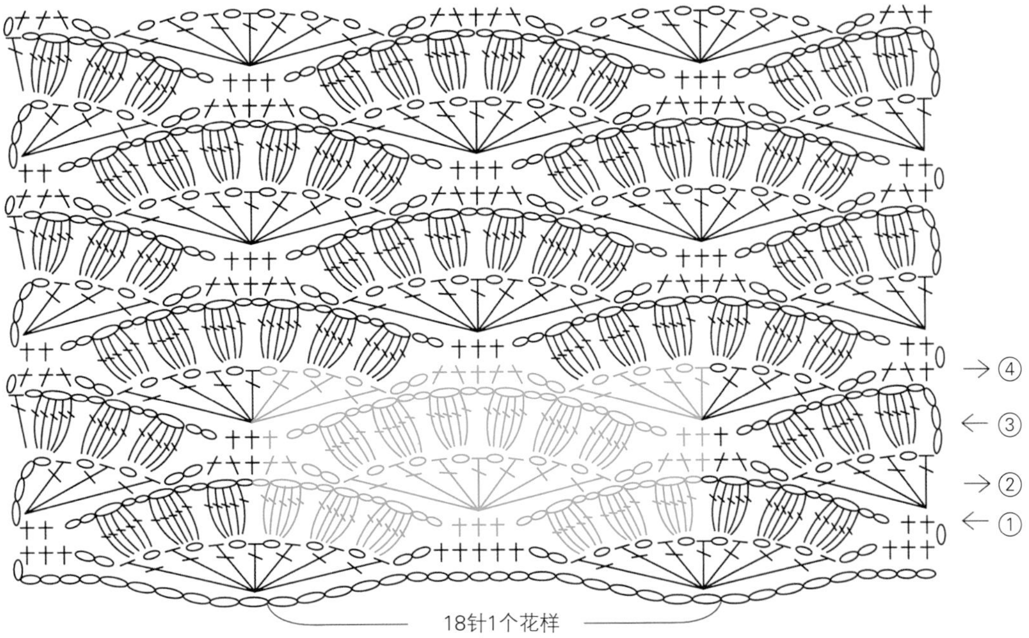
→④
←③
→②
←①
18针1个花样

使用毛线：25克，约157米

拉针花样

068

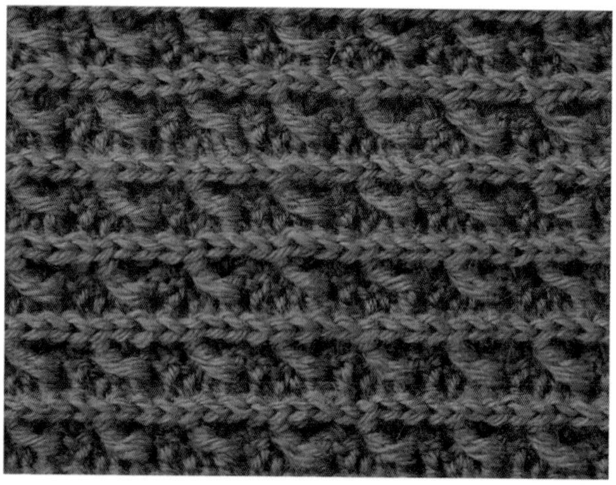

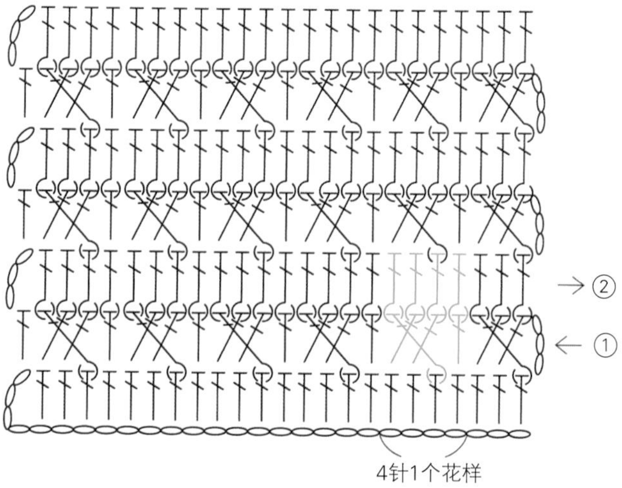
→ ②
← ①
4针1个花样

069

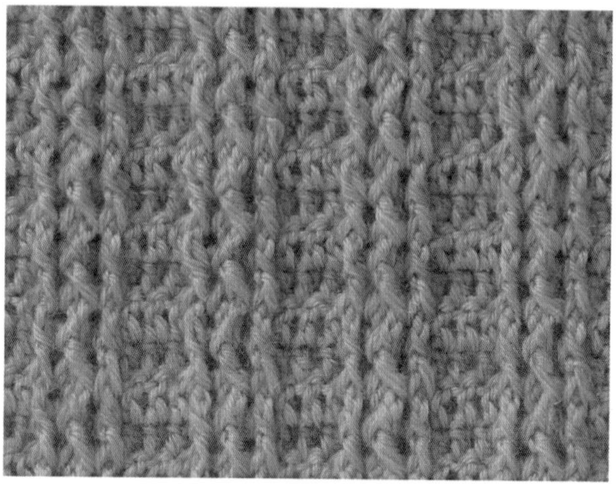

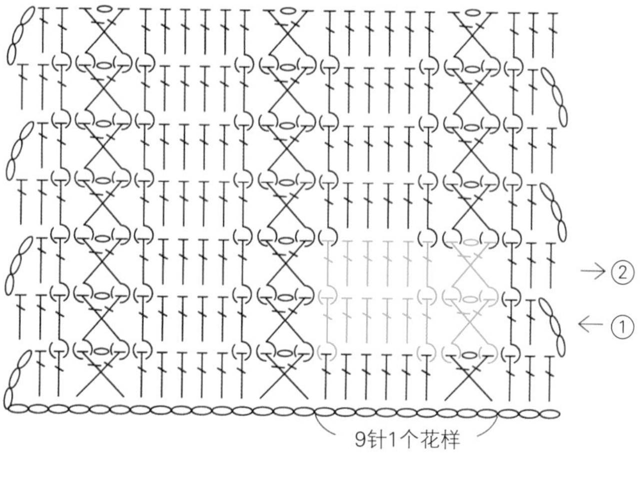
→ ②
← ①
9针1个花样

070

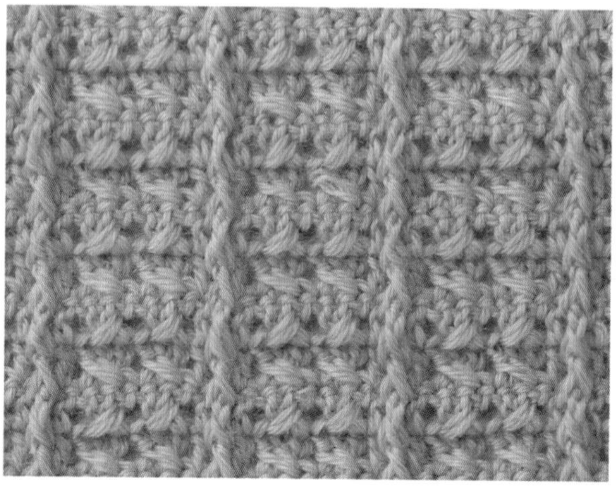

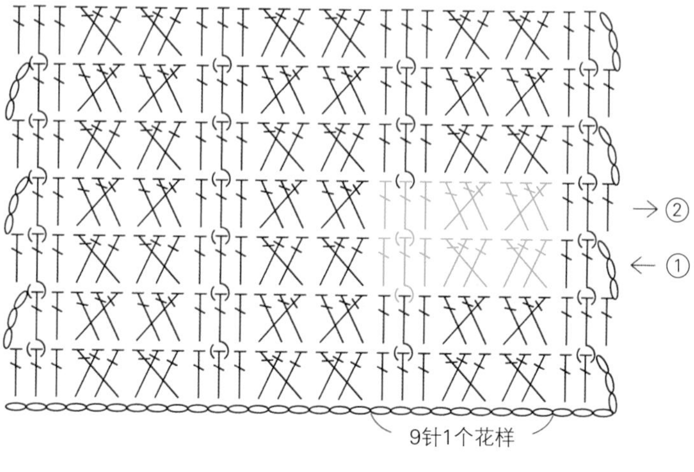
→ ②
← ①
9针1个花样

使用毛线：40克，约150米

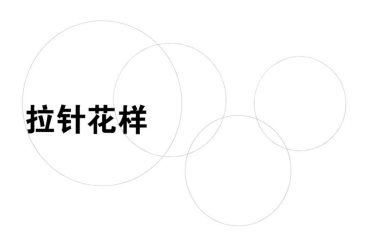

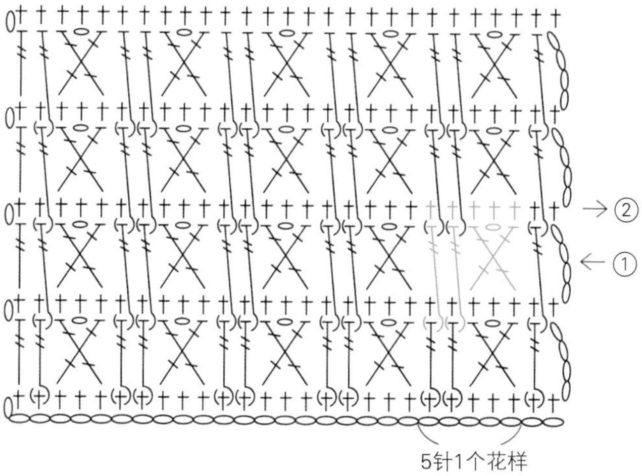
→②
←①
5针1个花样

071

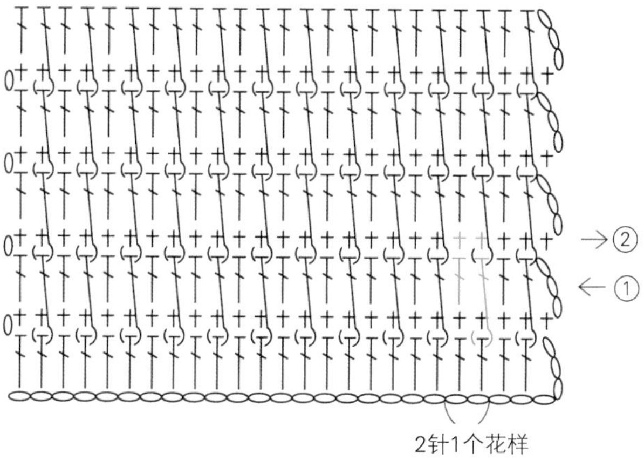
→②
←①
2针1个花样

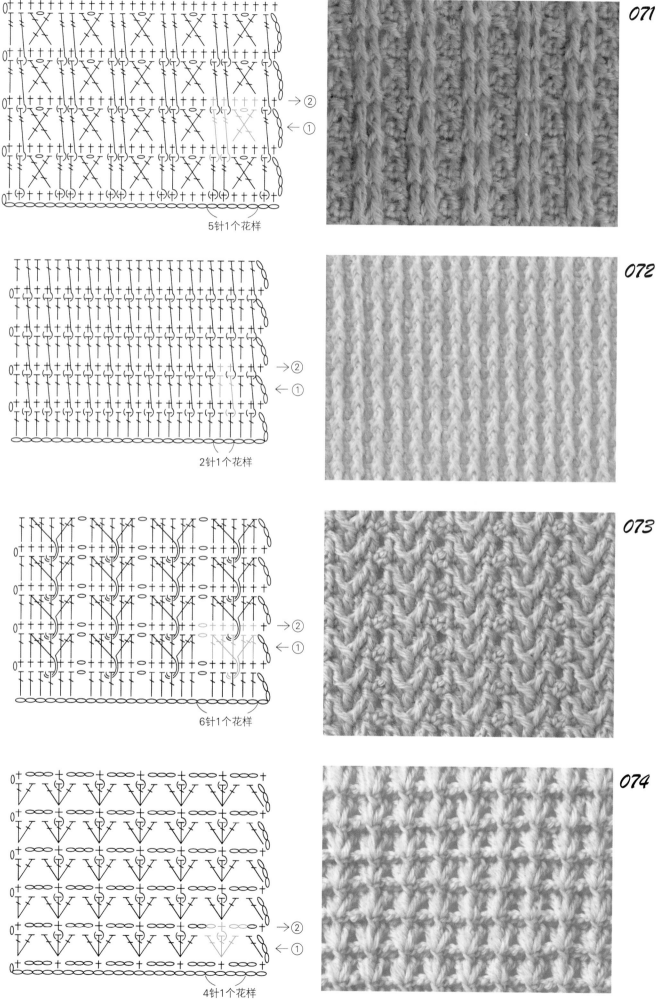

072

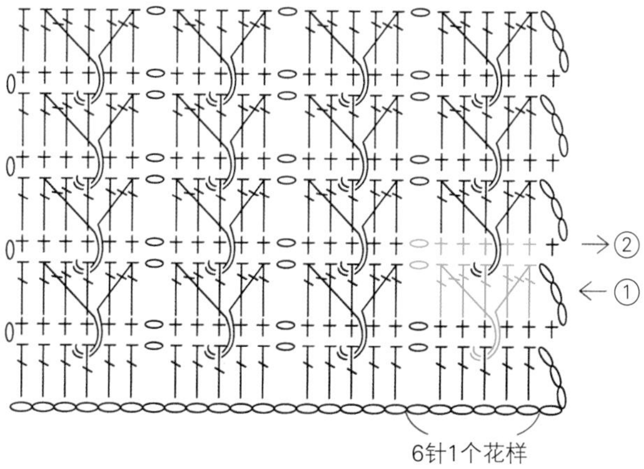
→②
←①
6针1个花样

073

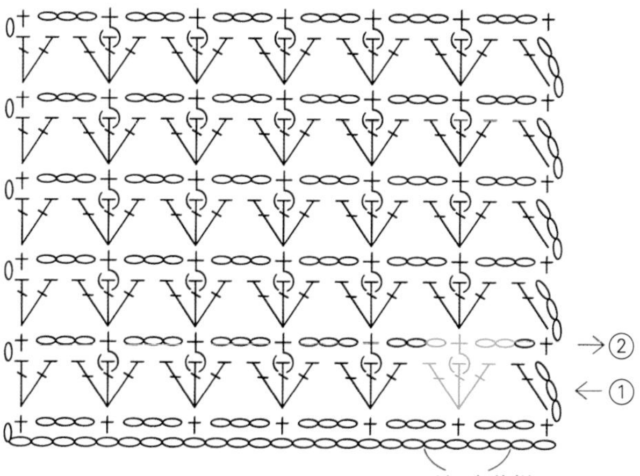
→②
←①
4针1个花样

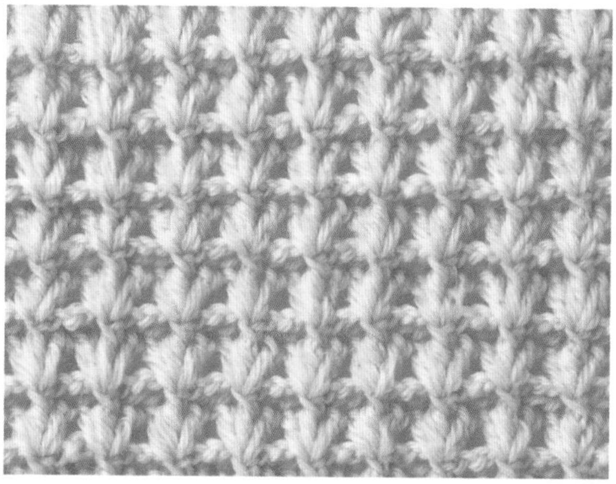

074

使用毛线：40克，约150米

075

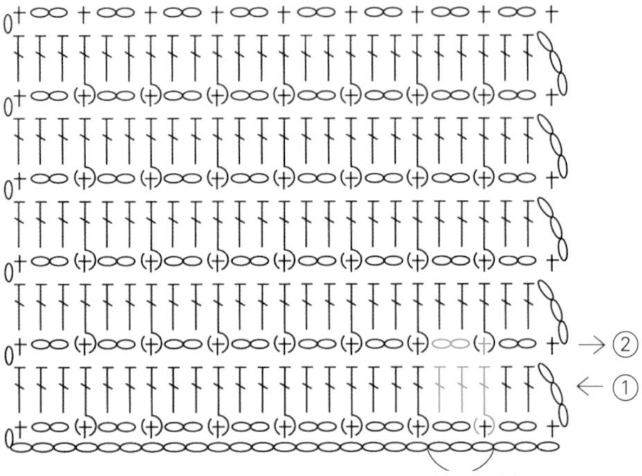

3针1个花样

076

※照片是实物尺寸的65%

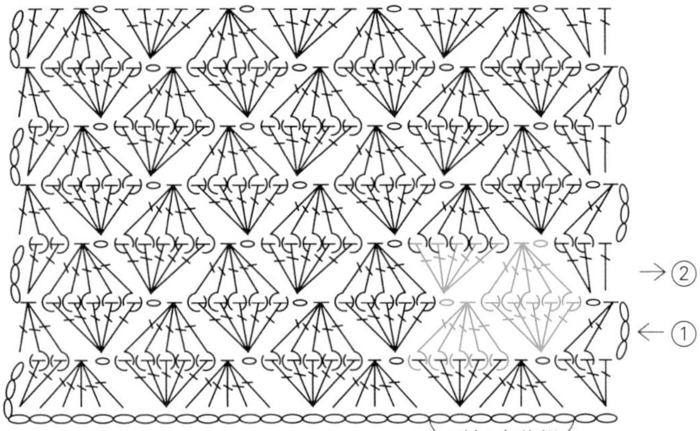

7针1个花样

077

※照片是实物尺寸的65%

正面　反面

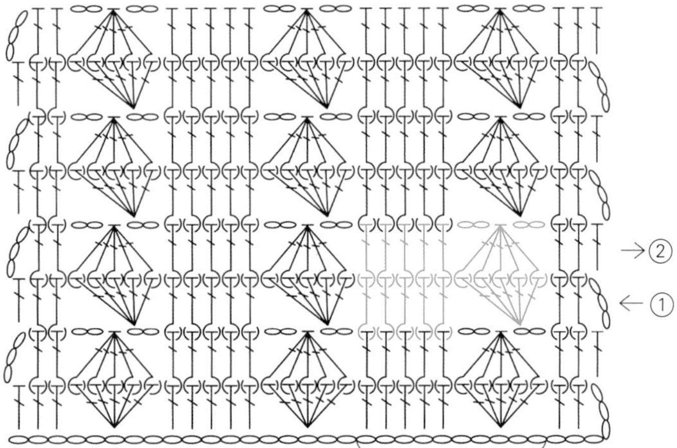

10针1个花样

078

※照片是实物尺寸的65%

正面　反面

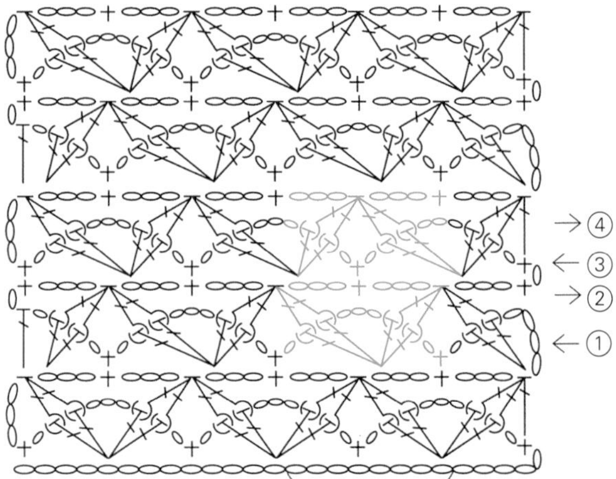

8针1个花样

使用毛线：40克，约120米

079

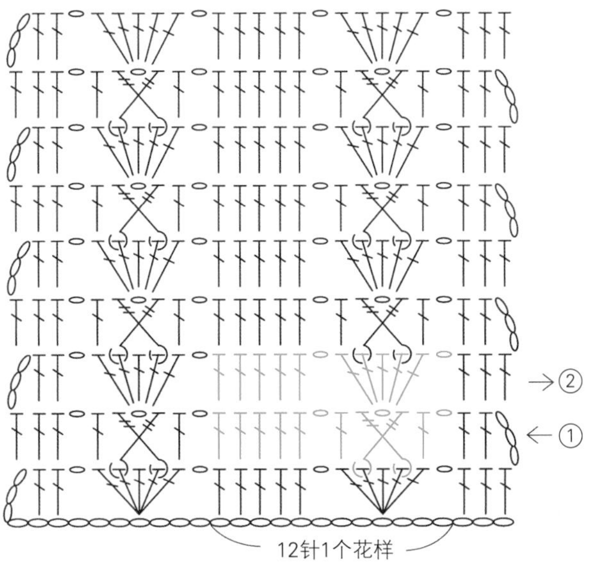

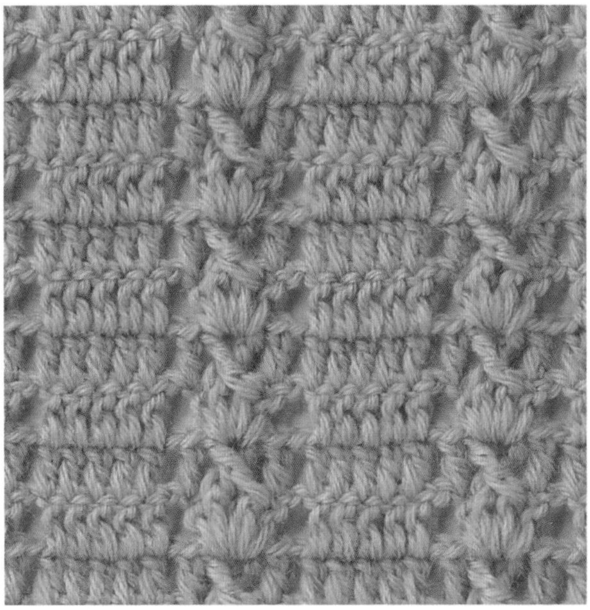

080 参照第104页

080

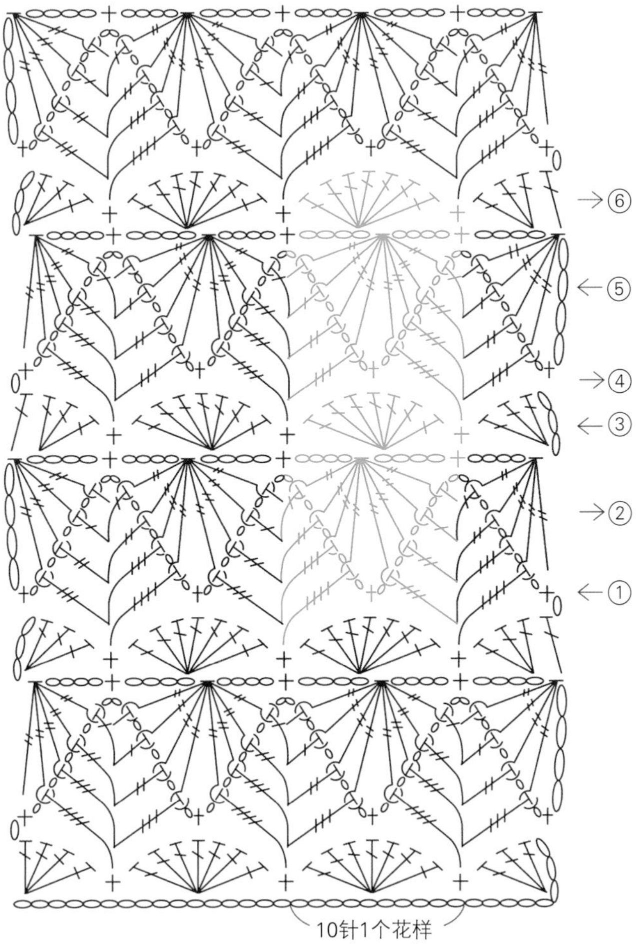

081

使用毛线：40克，约120米

082

083

※照片是实物尺寸的65%

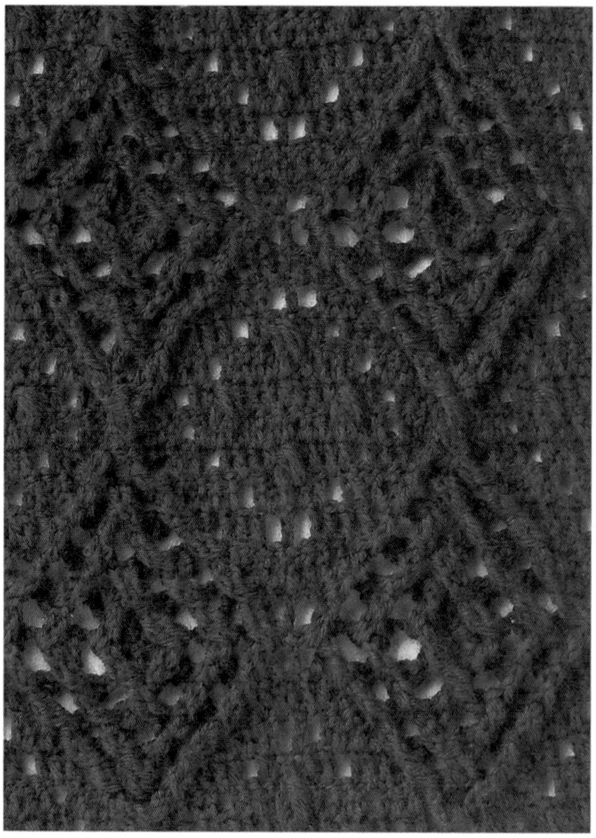

082 参照第104页

083

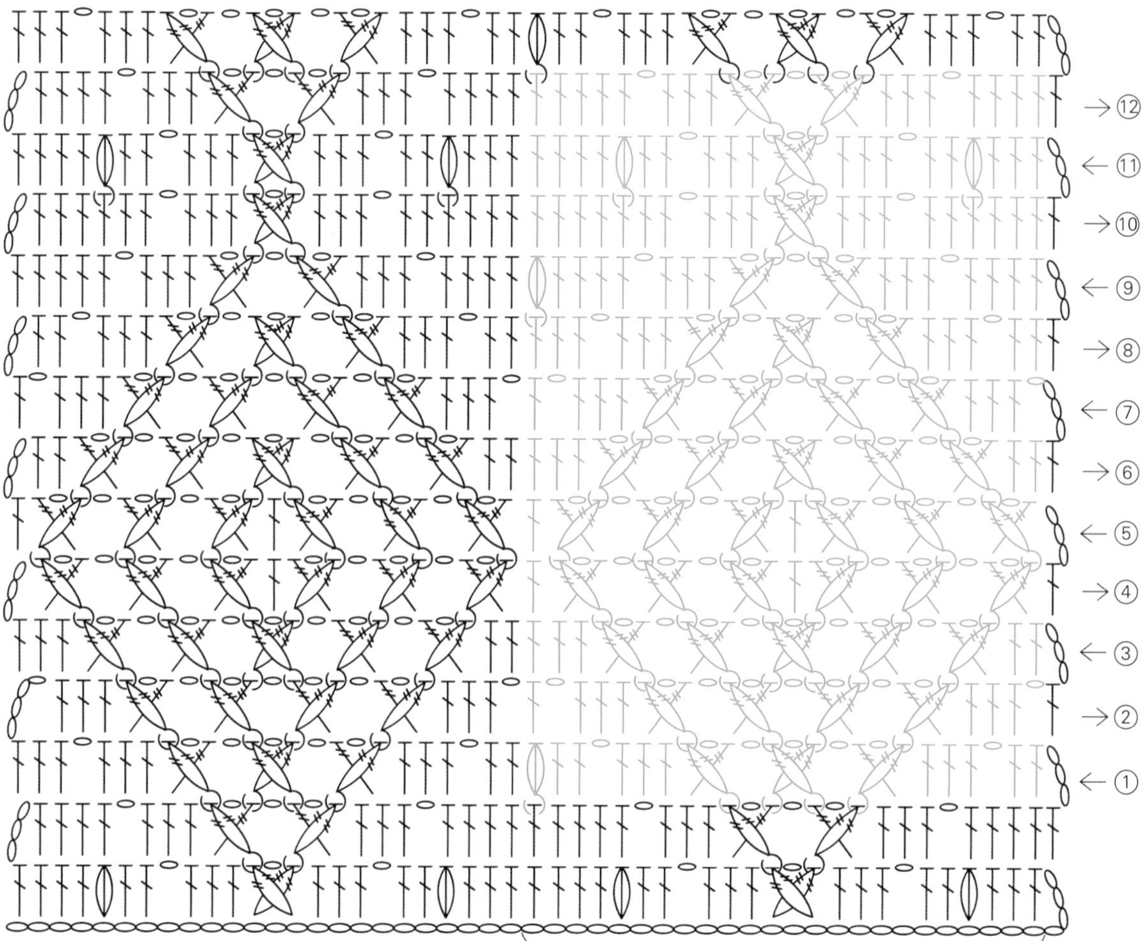

→⑫
←⑪
→⑩
←⑨
→⑧
←⑦
→⑥
←⑤
→④
←③
→②
←①
24针1个花样

 使用毛线：40克，约240米

084

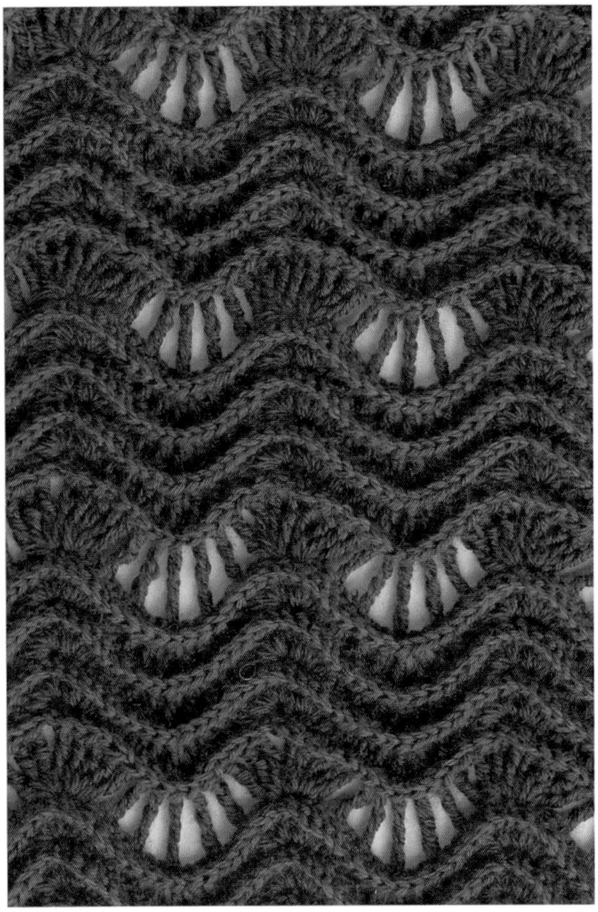

085

084 参照第104页

085

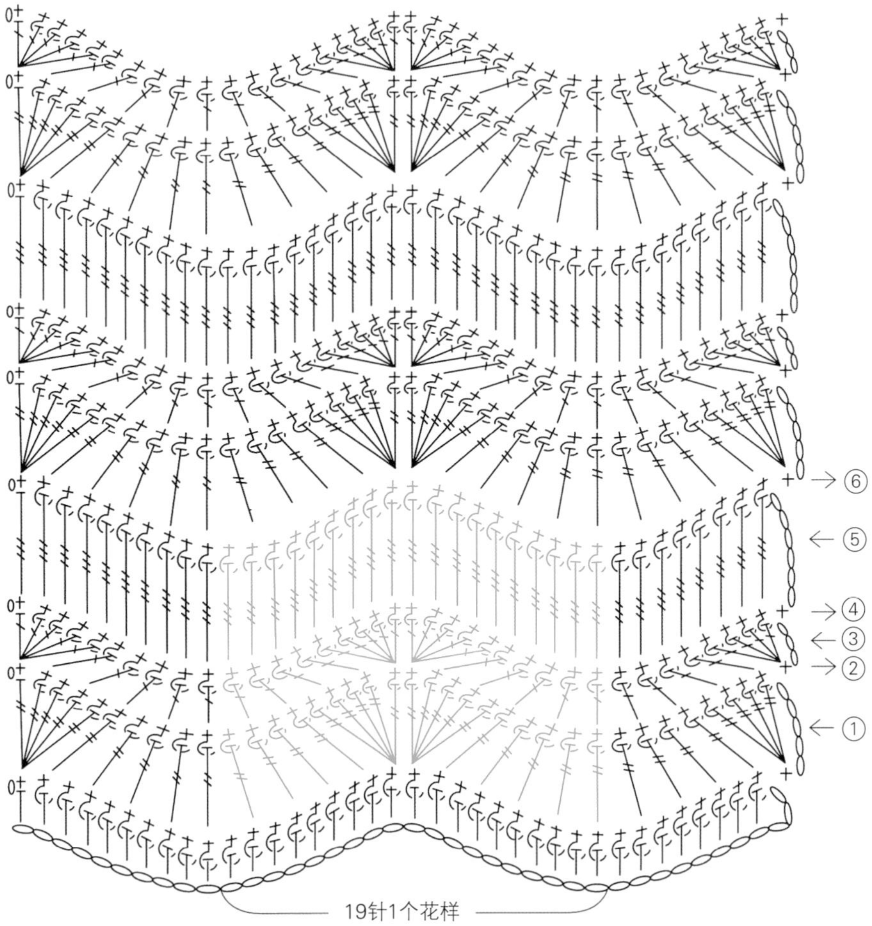

使用毛线：40克，约240米

方格花样

086

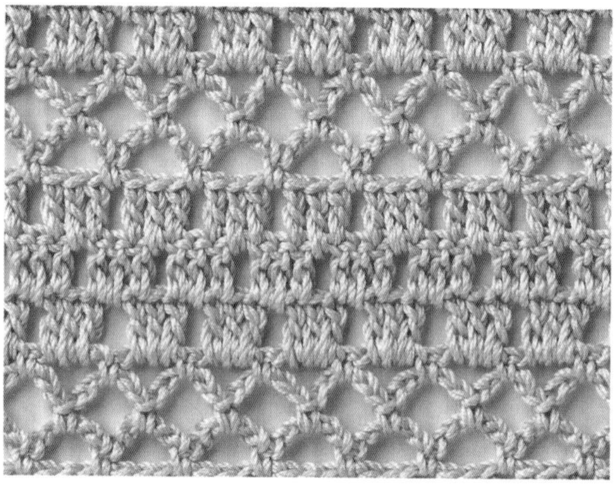

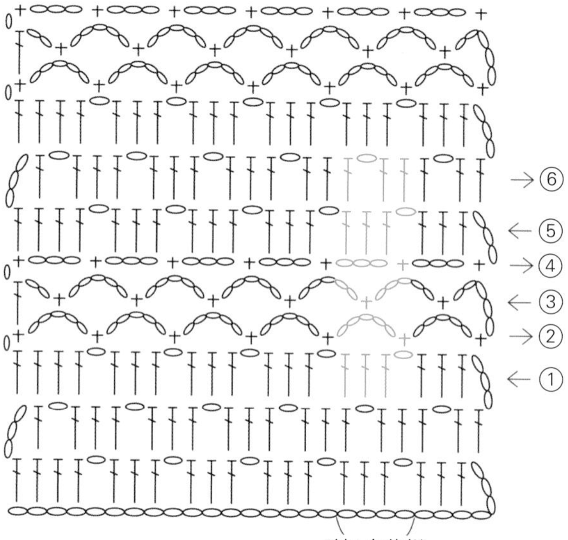

4针1个花样

087

087 参照第104页

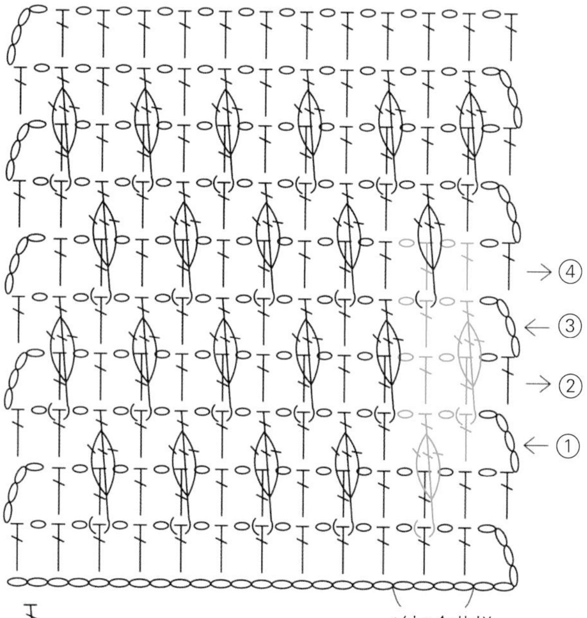

4针1个花样

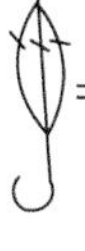
= 挂2次线，钩织拉针的枣形针，在剩下的线圈上钩织长长针

088

使用毛线：40克，约110米

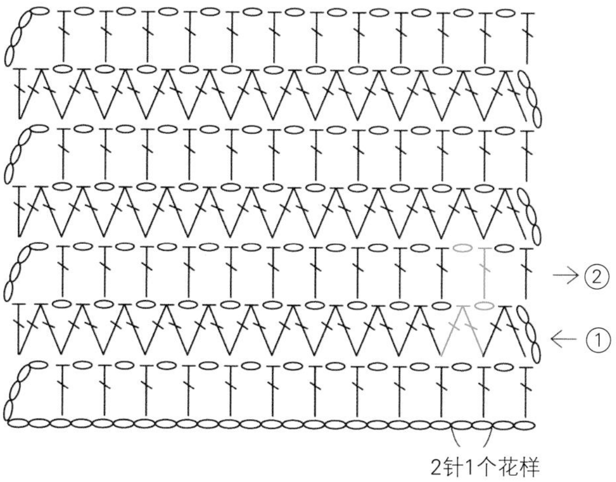

089

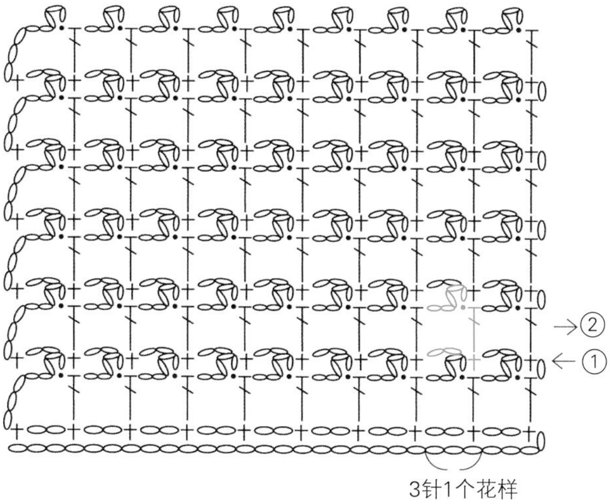

090

091

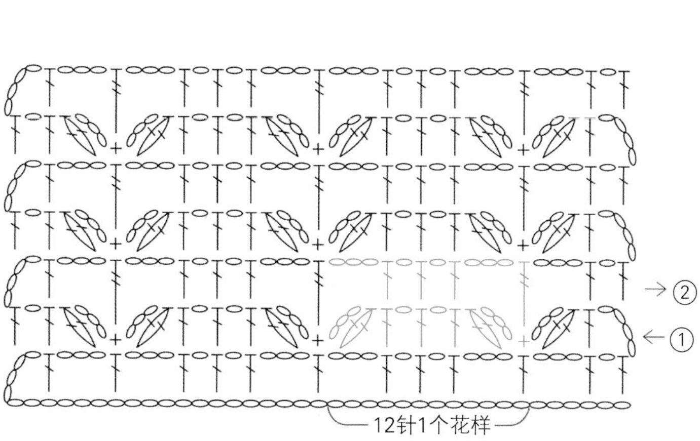

092

093

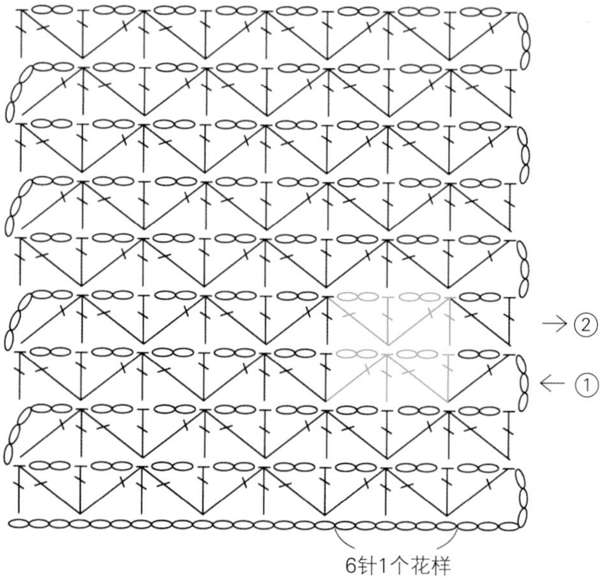
→②
←①
6针1个花样

094

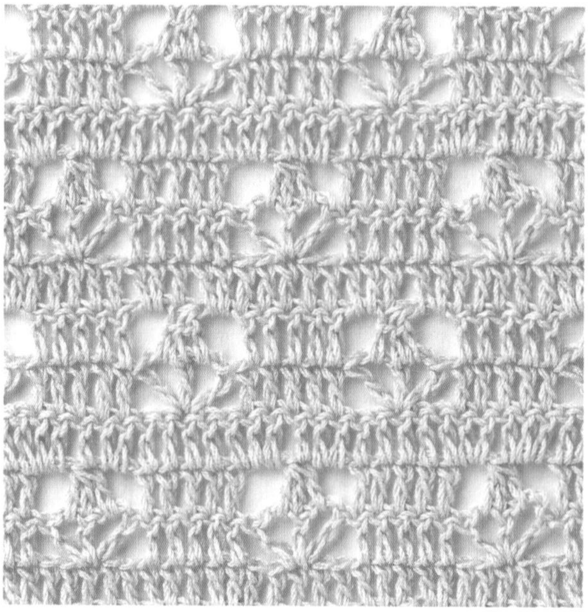

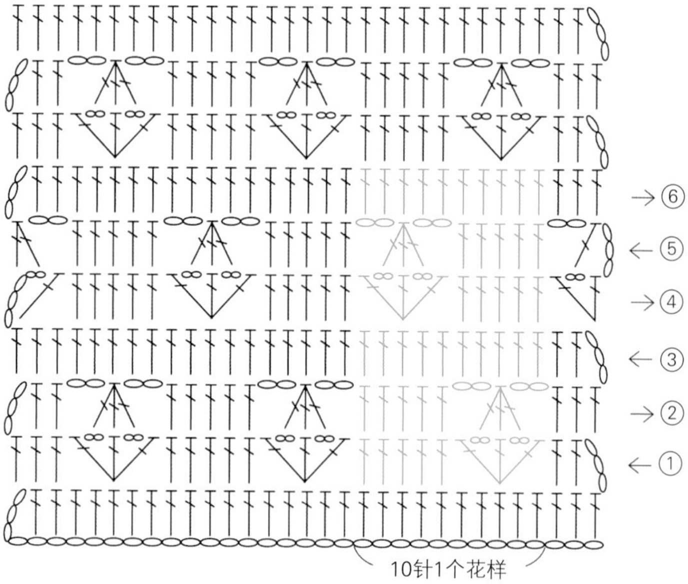
→⑥
←⑤
→④
←③
→②
←①
10针1个花样

095

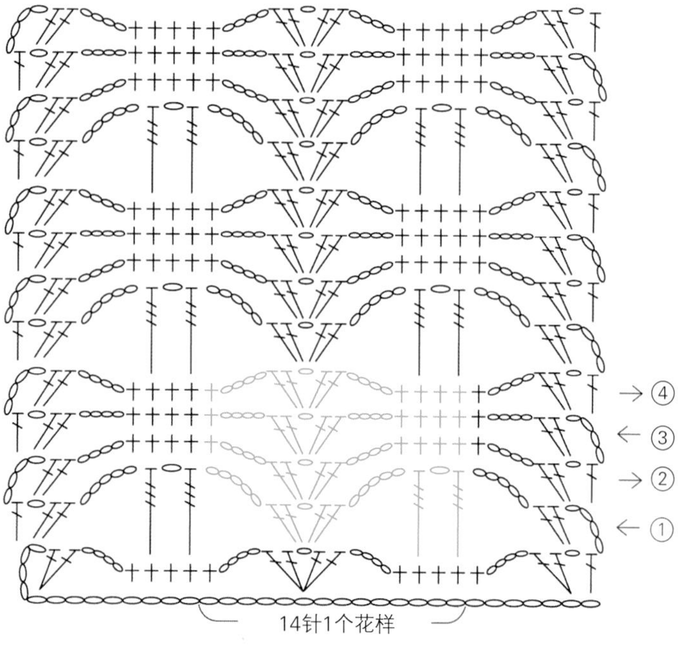
→④
←③
→②
←①
14针1个花样

使用毛线：25克，约150米

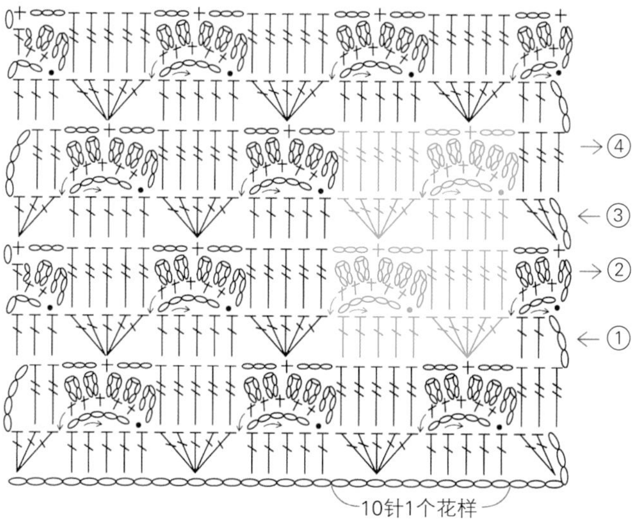
→④
←③
→②
←①
10针1个花样

096

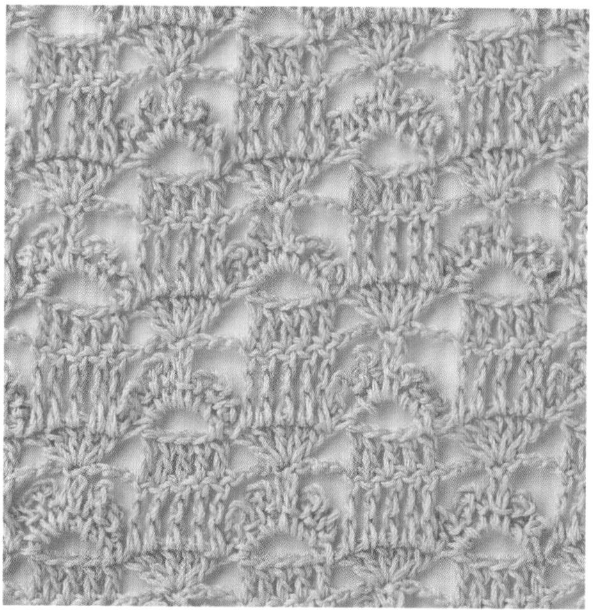

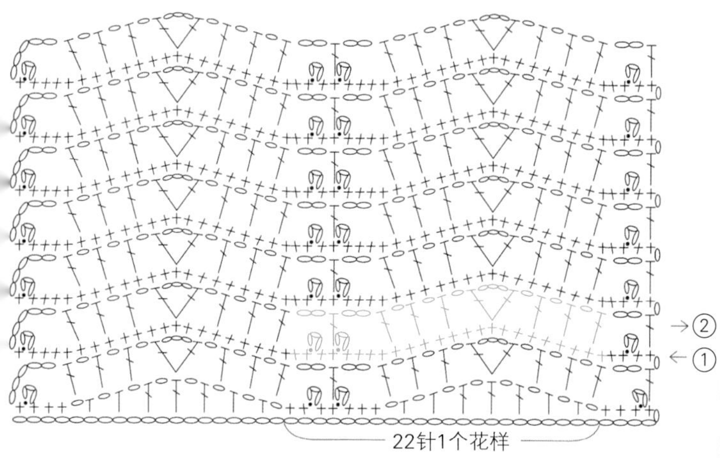
→②
←①
22针1个花样

097

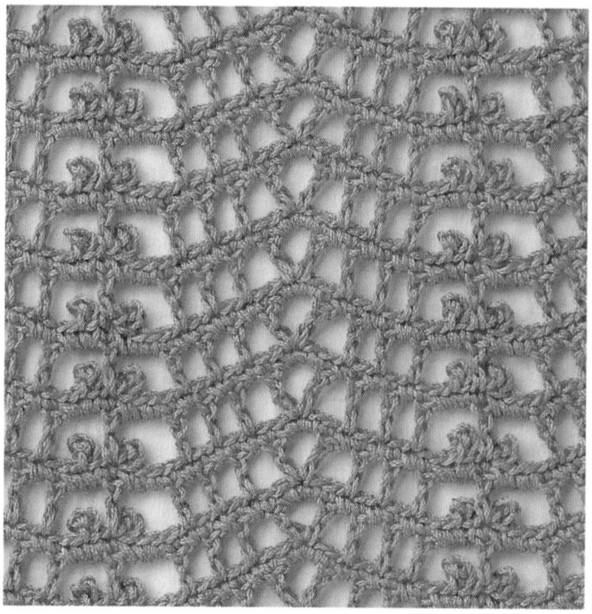

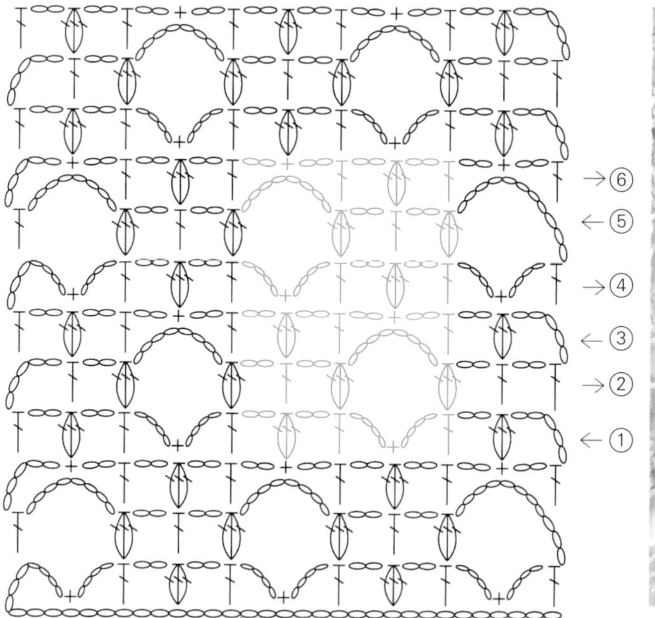
→⑥
←⑤
→④
←③
→②
←①
12针1个花样

098

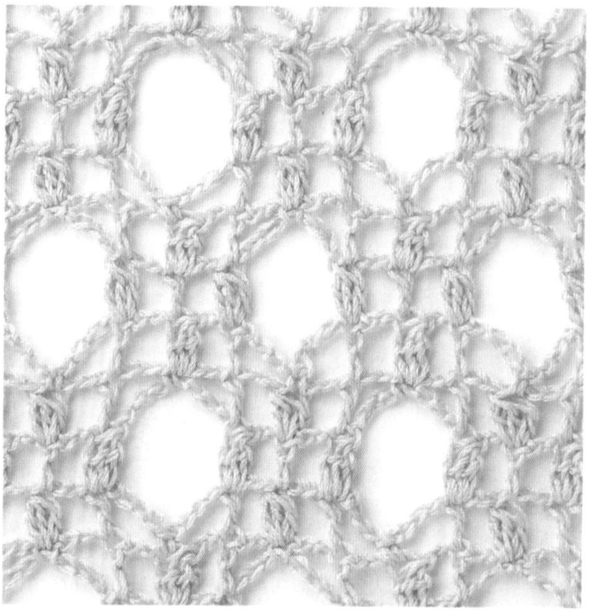

使用毛线：25克，约150米

099

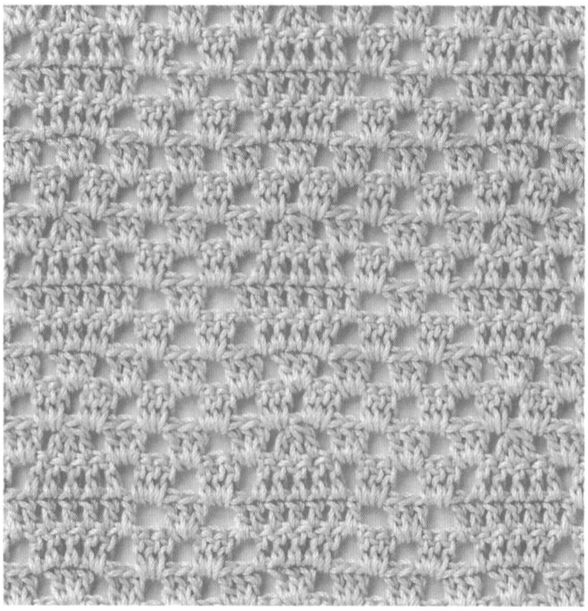

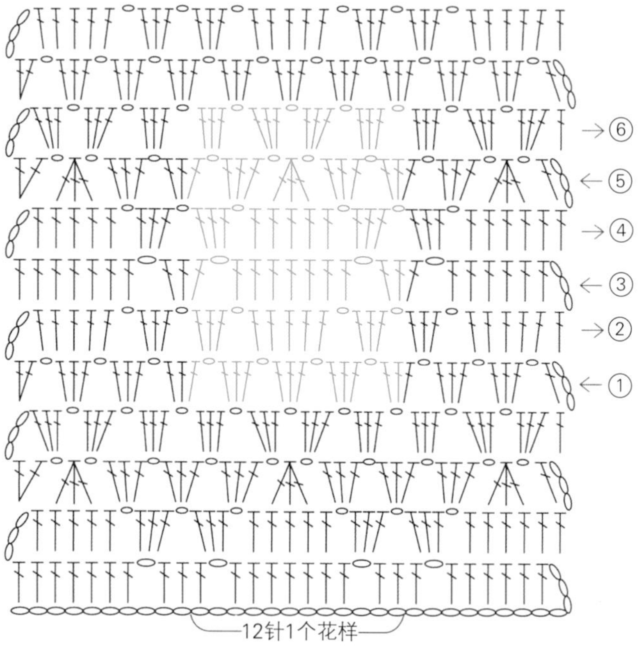
→⑥
←⑤
→④
←③
→②
←①
12针1个花样

100

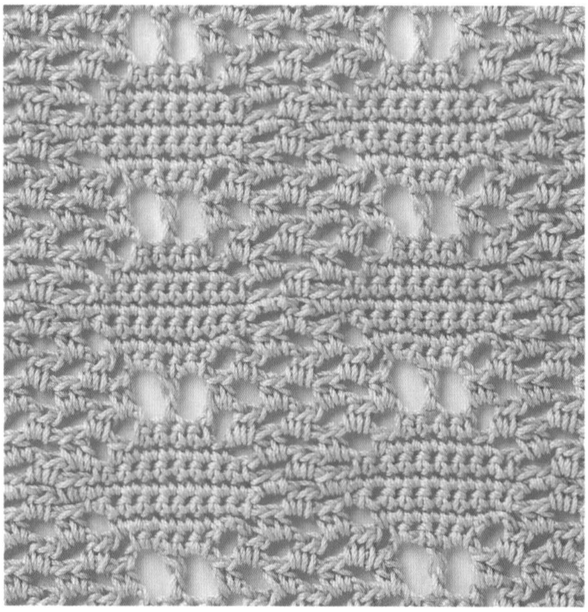

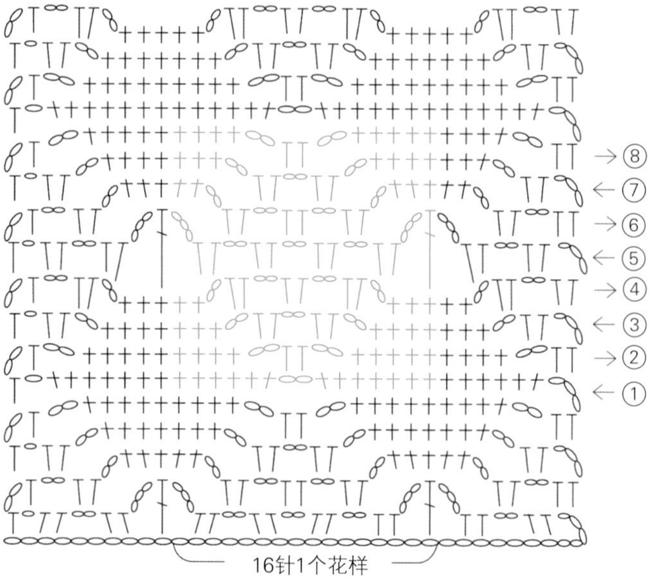
→⑧
←⑦
→⑥
←⑤
→④
←③
→②
←①
16针1个花样

101

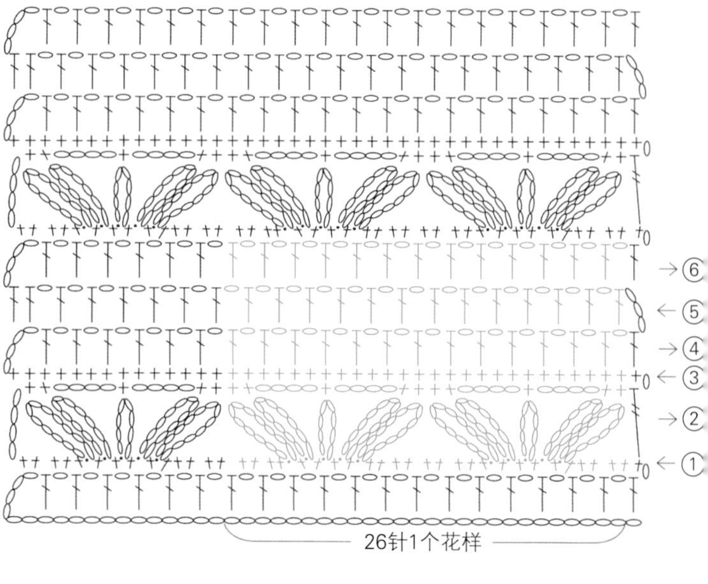
→⑥
←⑤
→④
←③
→②
←①
26针1个花样

 使用毛线：25克，约107米

102 ※照片是实物尺寸的65%

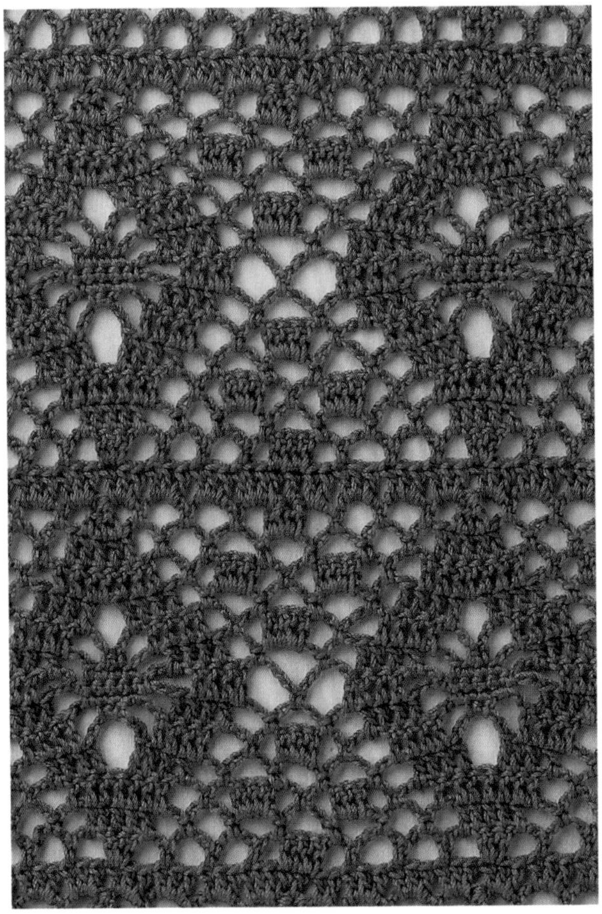

103 ※照片是实物尺寸的65%

102 参照第104页

103

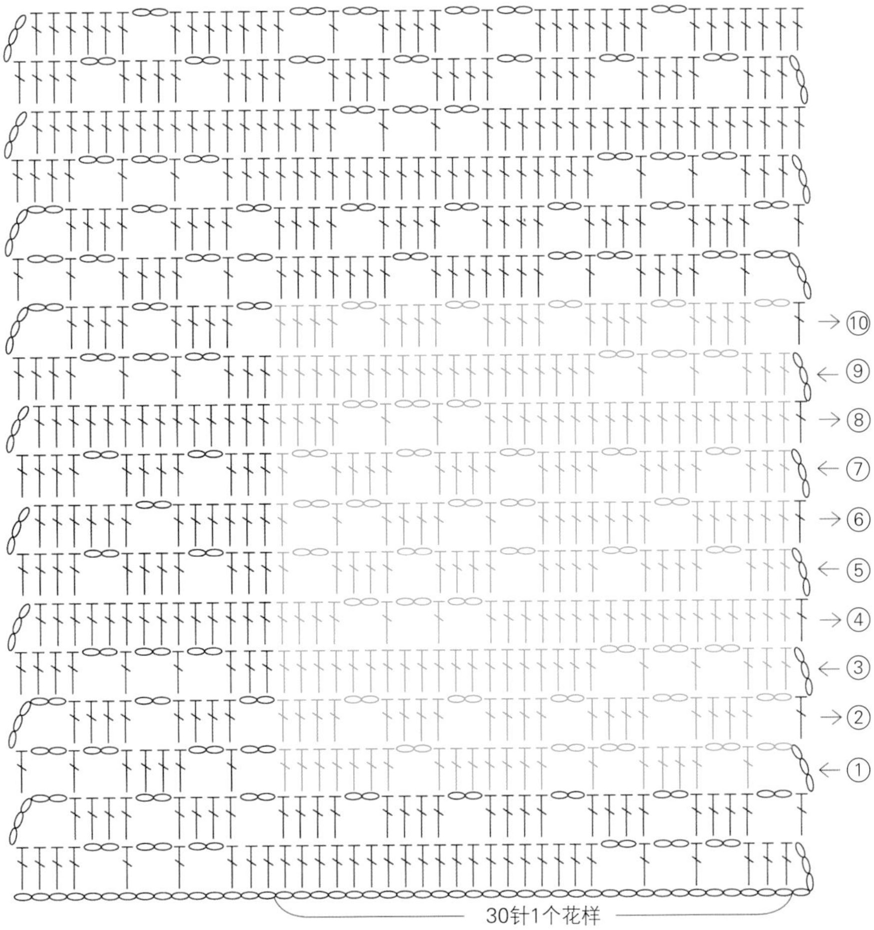

使用毛线：25克，约107米

104 ※照片是实物尺寸的65%

105 ※照片是实物尺寸的65%

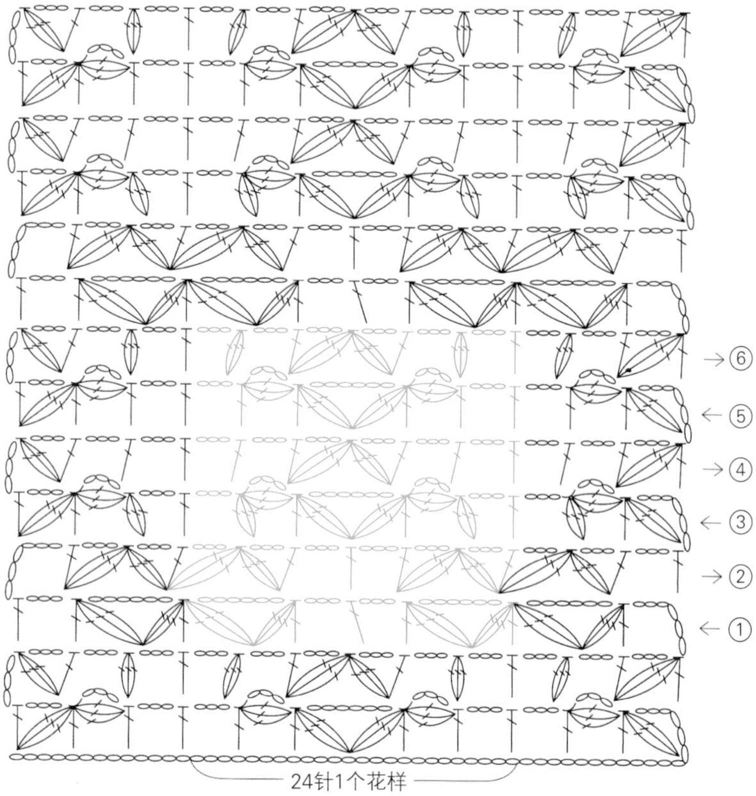

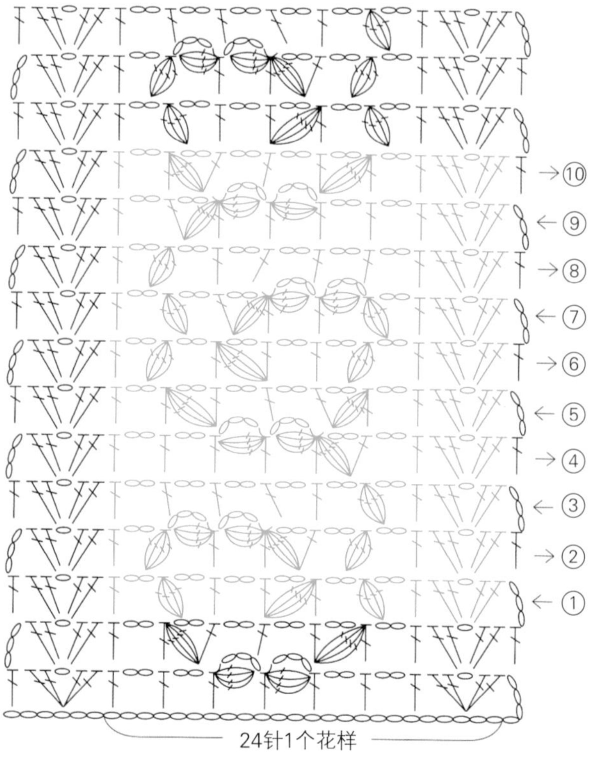

 使用毛线：25克，约157米

106 ※照片是实物尺寸的65%

107 ※照片是实物尺寸的65%

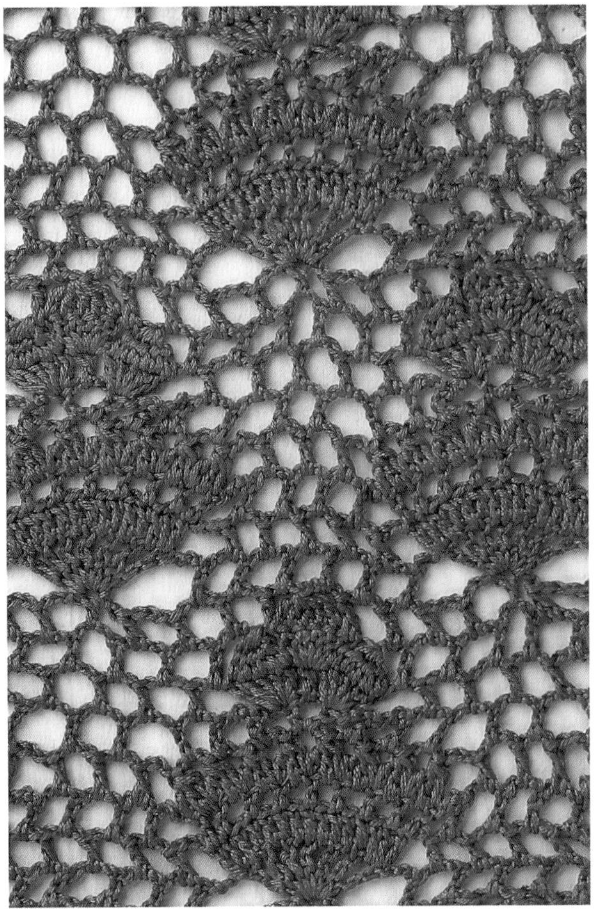

106 参照第106页

107

使用毛线：25克，约157米

网眼花样

108

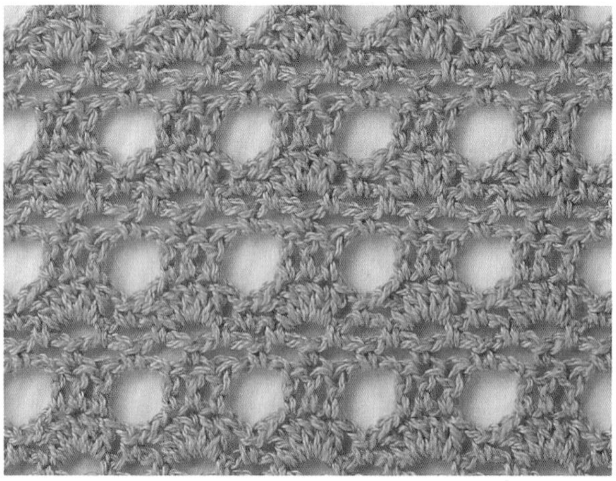

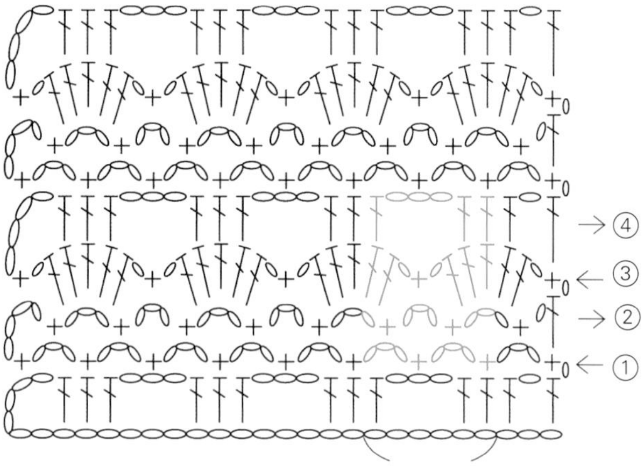

6针1个花样

109

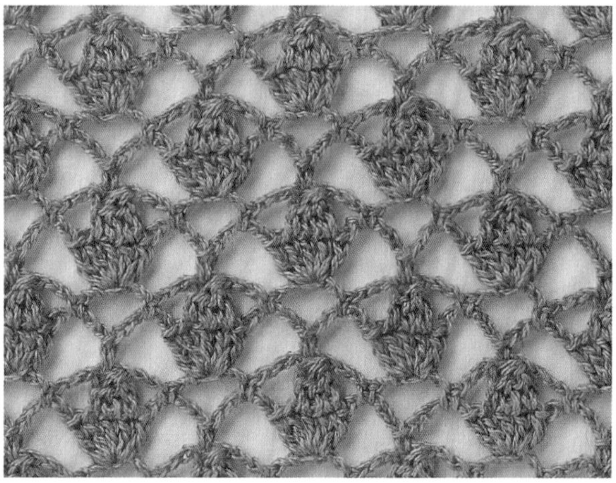

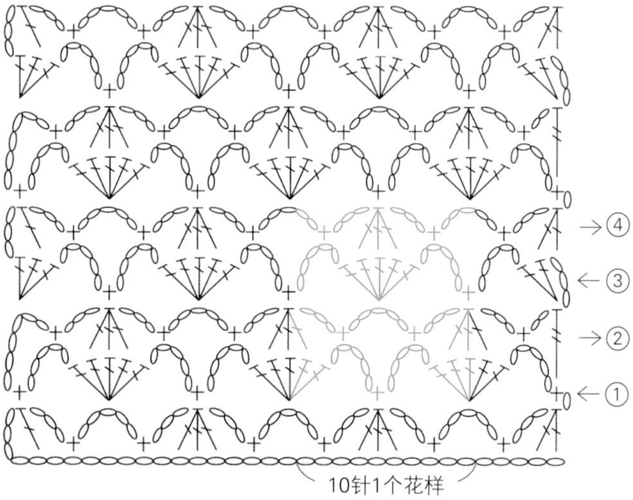

10针1个花样

110

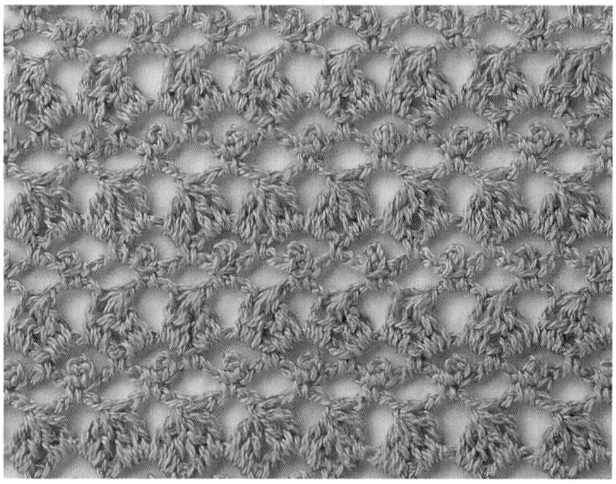

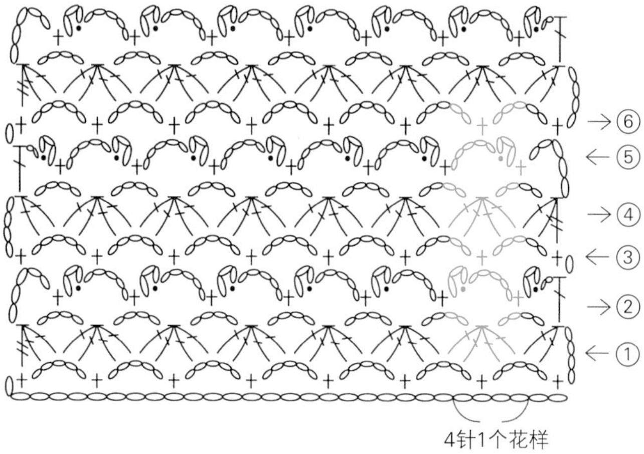

4针1个花样

使用毛线：40克，约170米

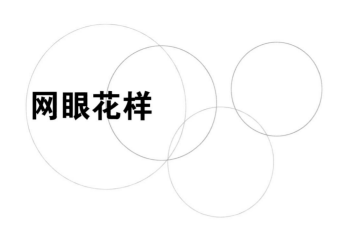

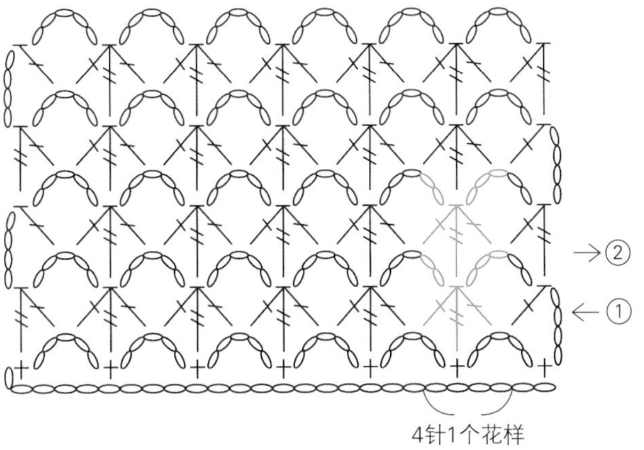

111

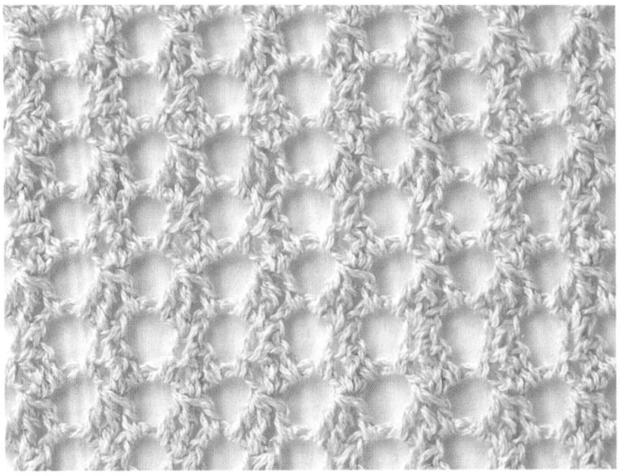

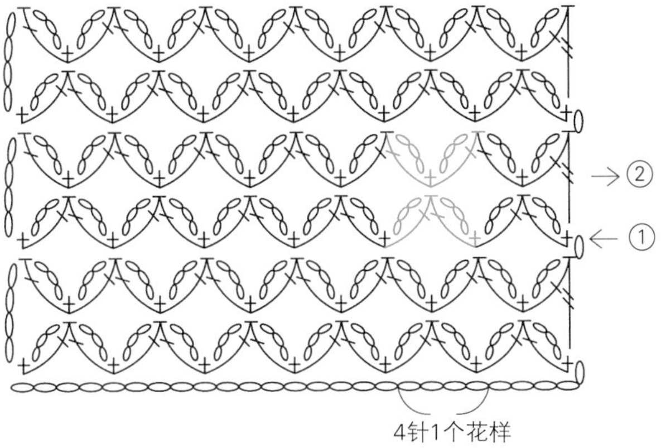

112

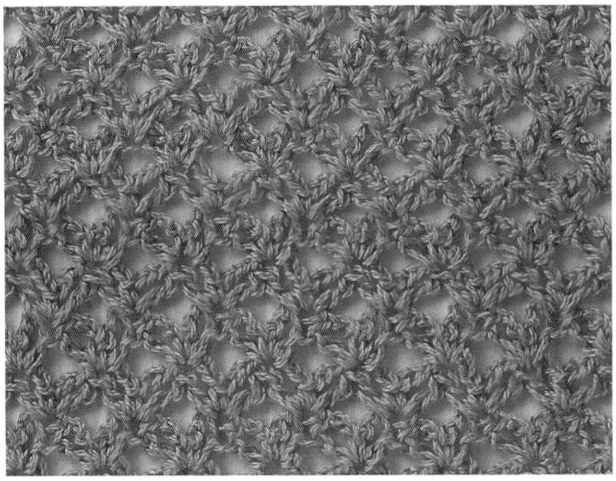

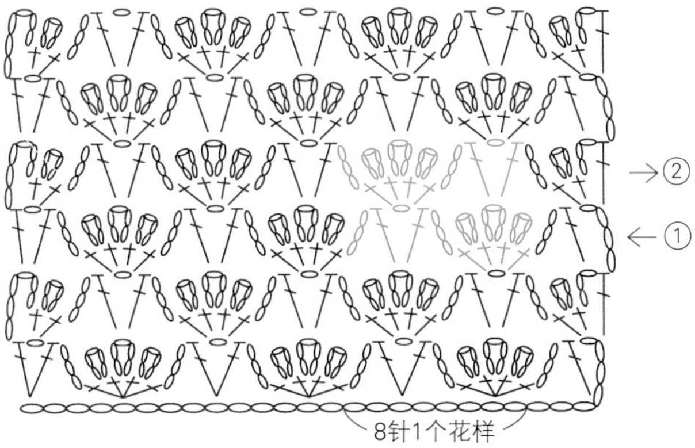

113

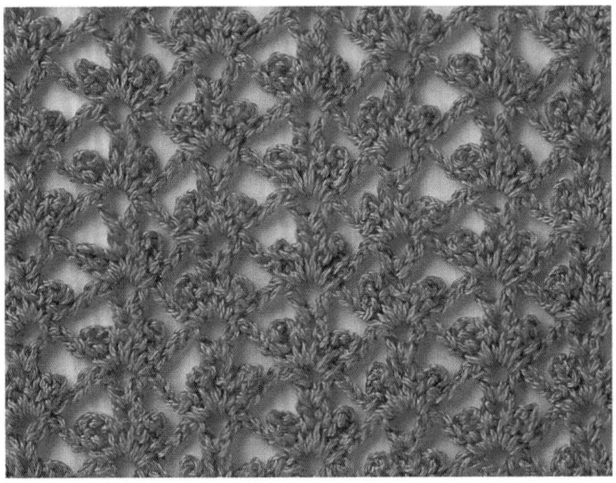

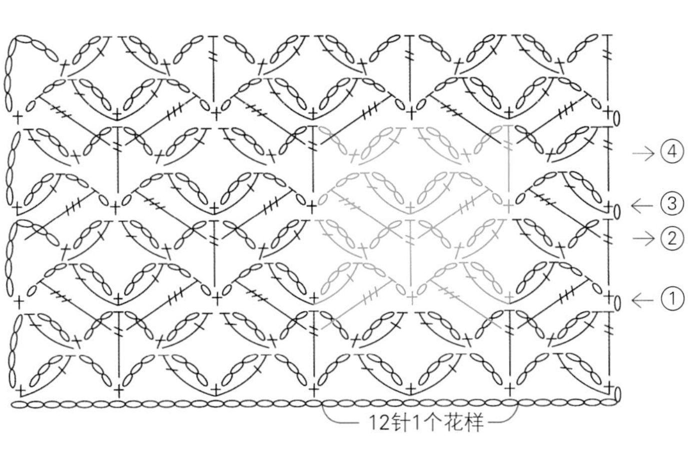

114

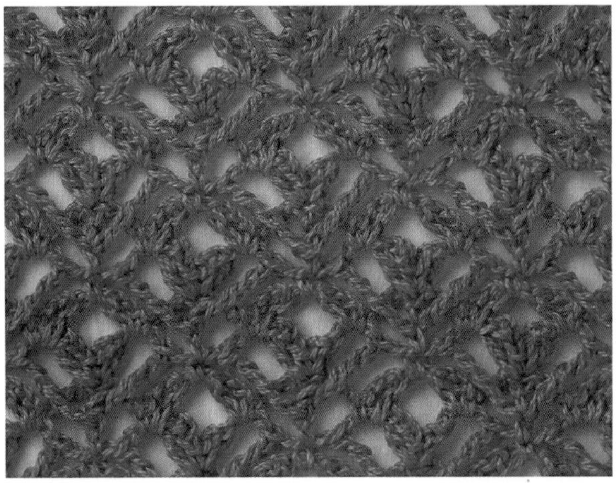

使用毛线：40克，约170米

115

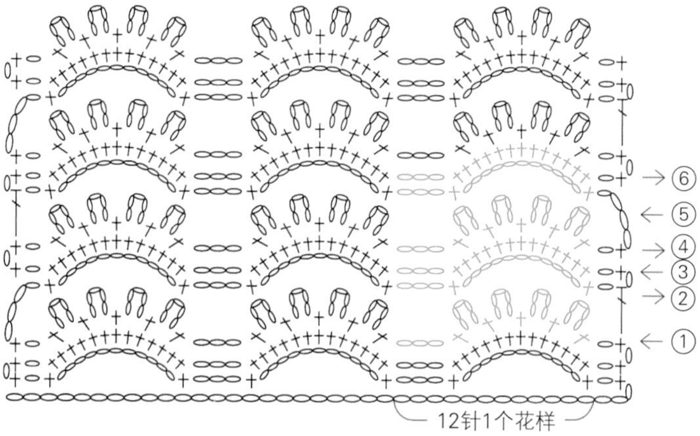
①
②
③
④
⑤
⑥
12针1个花样

116

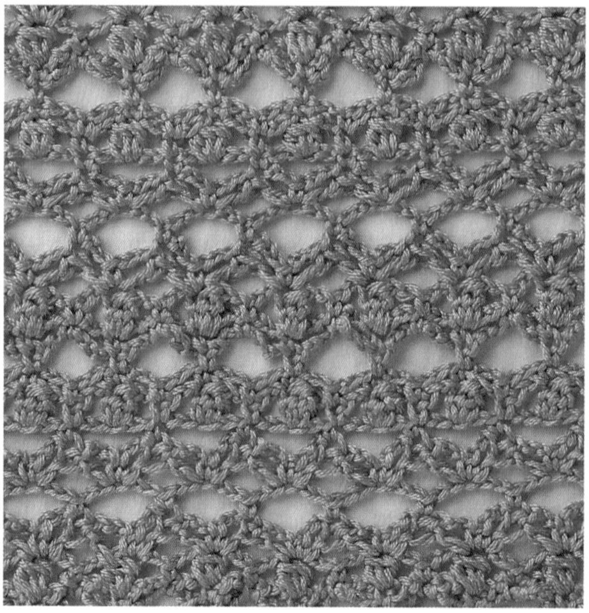

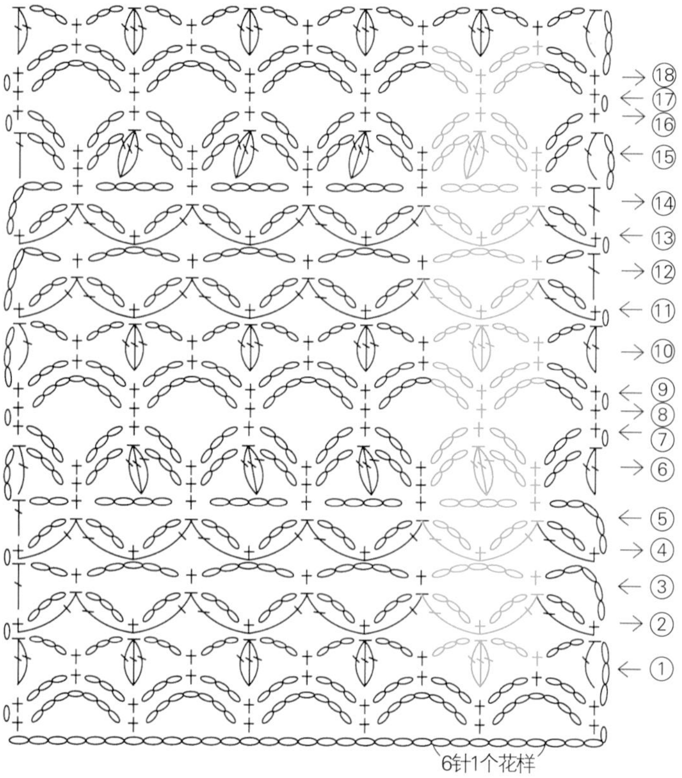
①
②
③
④
⑤
⑥
⑦
⑧
⑨
⑩
⑪
⑫
⑬
⑭
⑮
⑯
⑰
⑱
6针1个花样

117

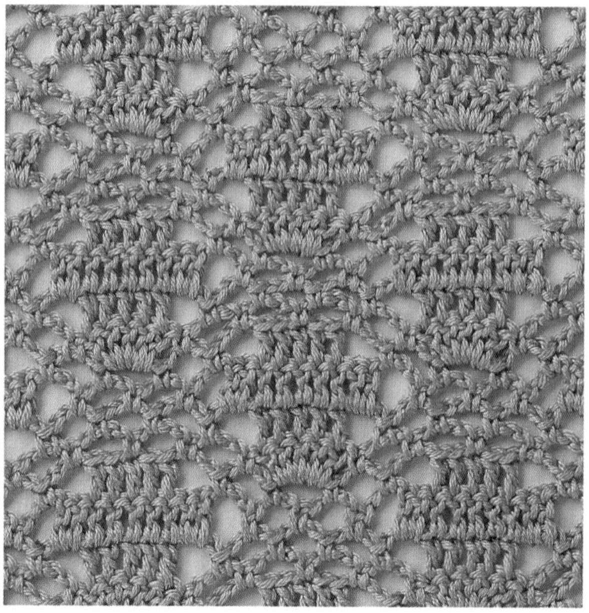

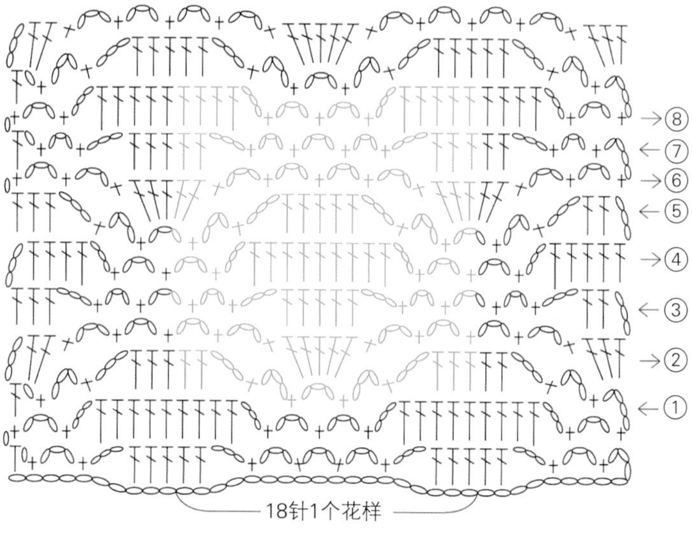
①
②
③
④
⑤
⑥
⑦
⑧
18针1个花样

使用毛线：25克，约157米

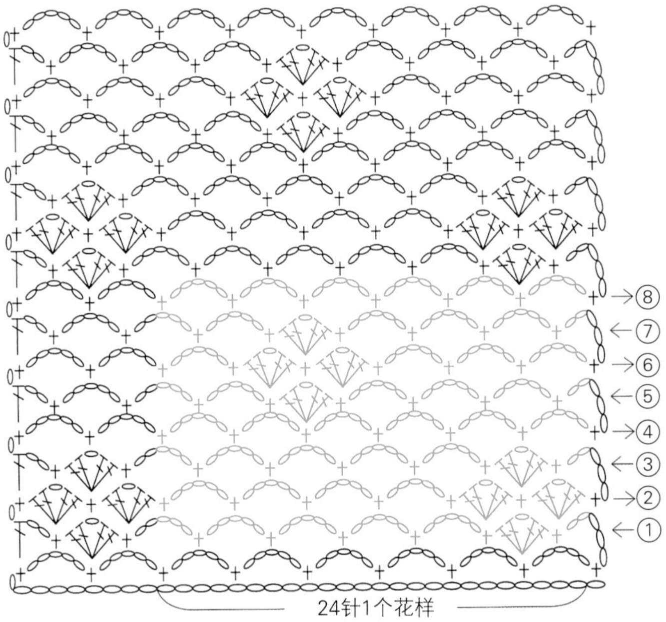

⑧
⑦
⑥
⑤
④
③
②
①
24针1个花样

118

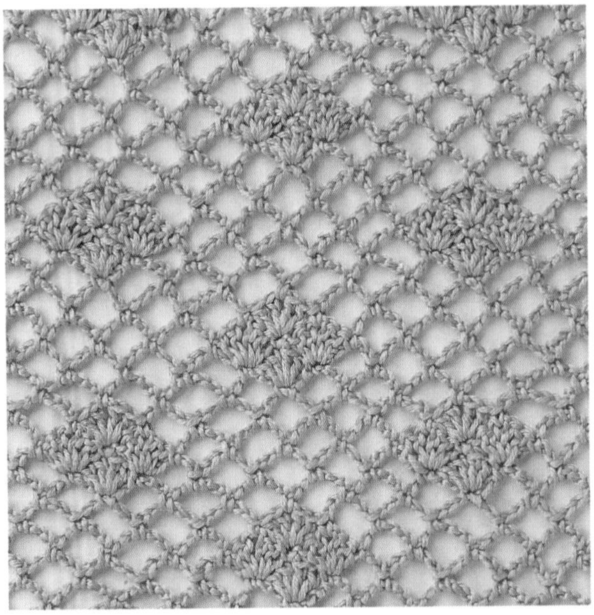

※照片是实物尺寸的65%

119

119 参照第105页

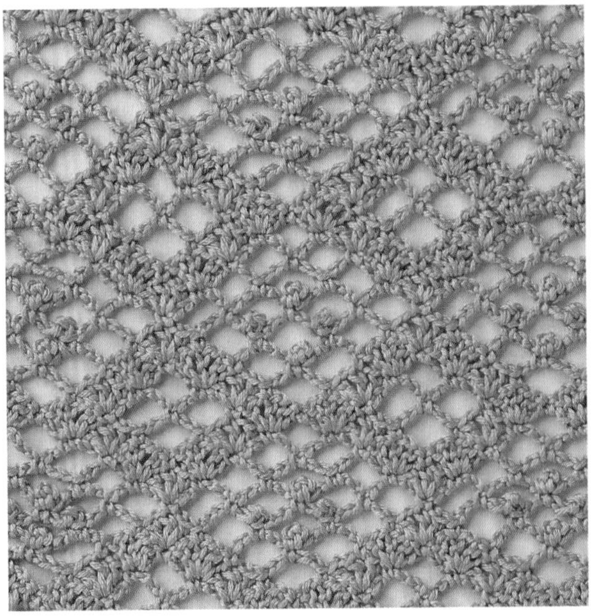

※照片是实物尺寸的65%

⑯
⑮
⑭
⑬
⑫
⑪
⑩
⑨
⑧
⑦
⑥
⑤
④
③
②
①
16针1个花样

120

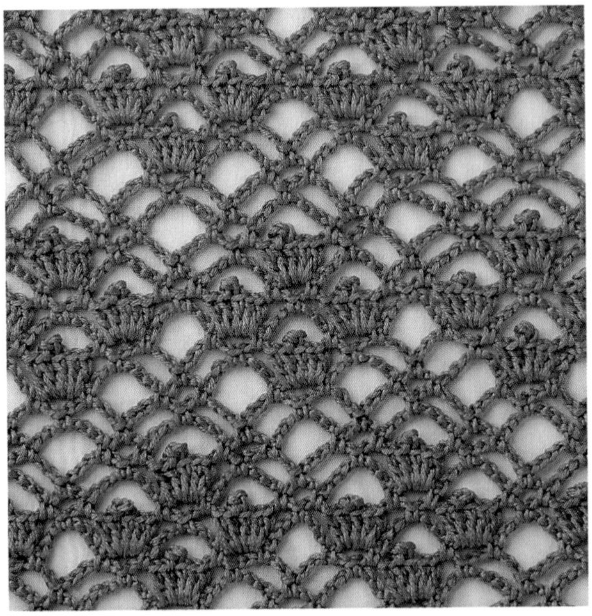

※照片是实物尺寸的65%

使用毛线：25克，约157米

121 ※照片是实物尺寸的65%

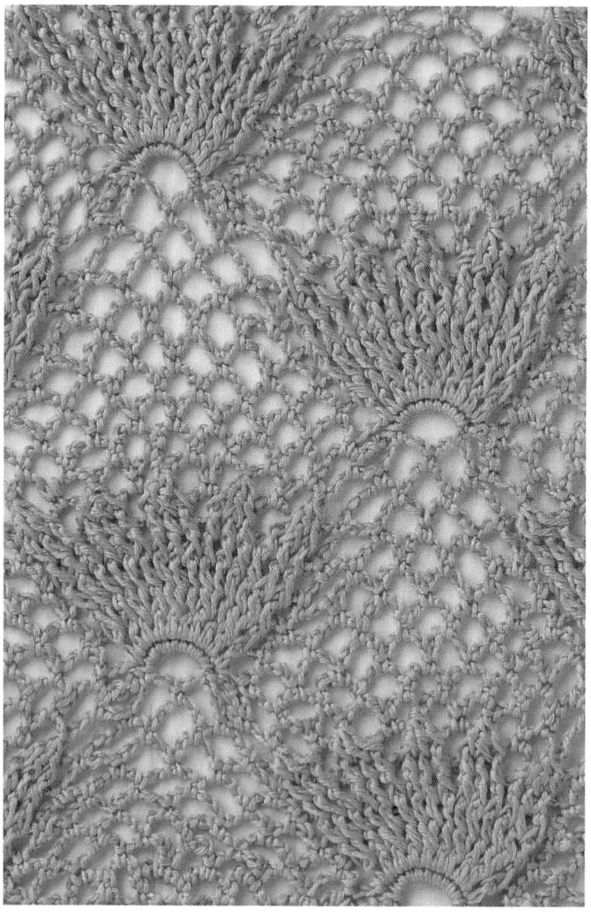

122 ※照片是实物尺寸的65%

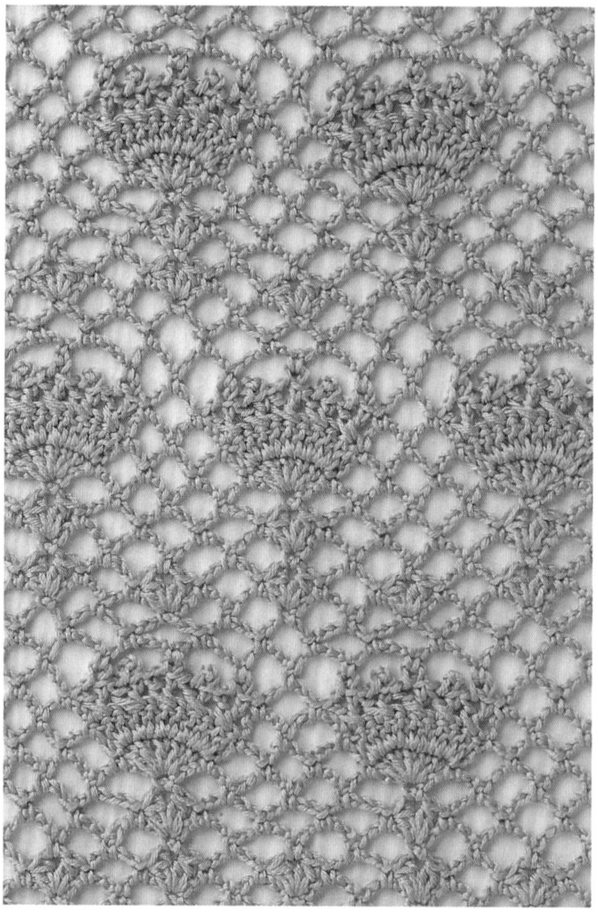

121

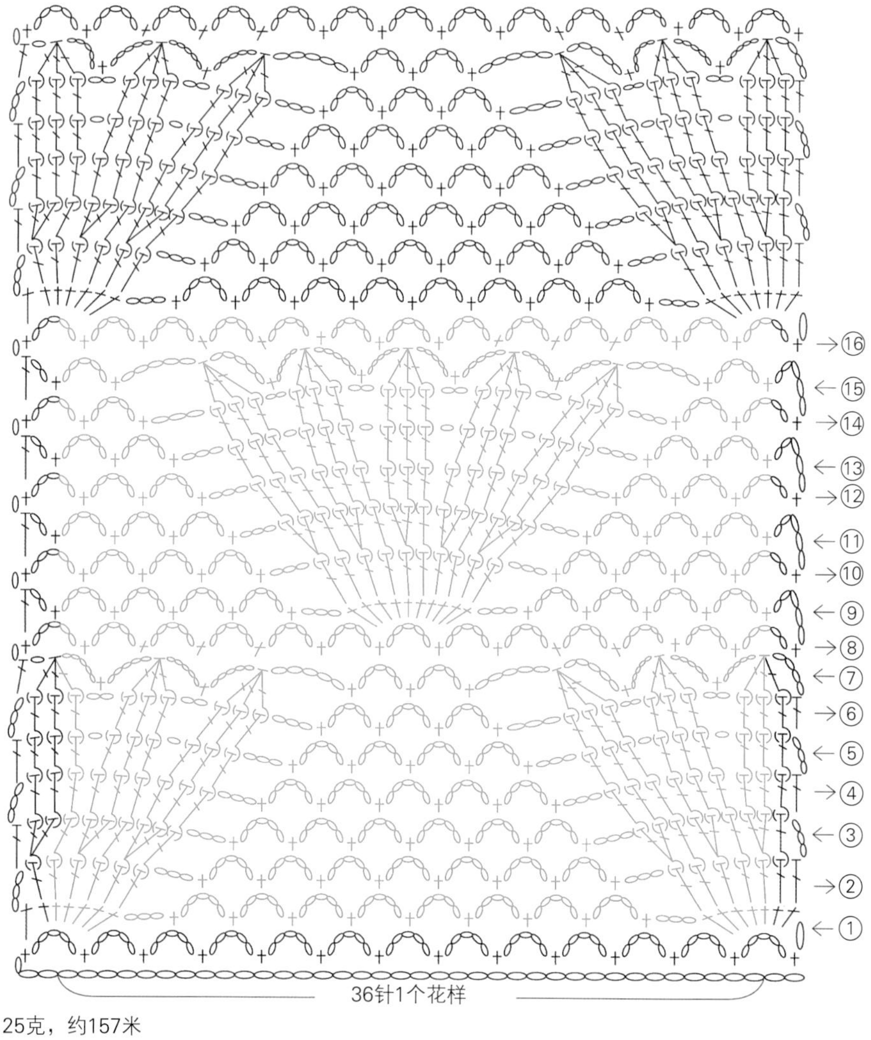

→⑯
←⑮
→⑭
←⑬
→⑫
←⑪
→⑩
←⑨
→⑧
←⑦
→⑥
←⑤
→④
←③
→②
←①
36针1个花样

122 参照第105页

使用毛线：25克，约157米

松叶针花样

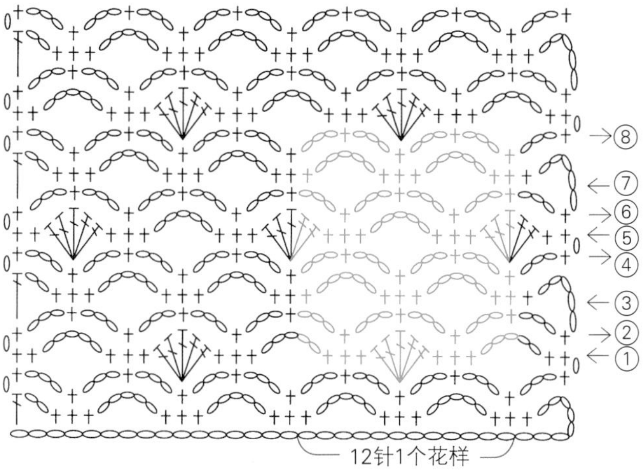

12针1个花样

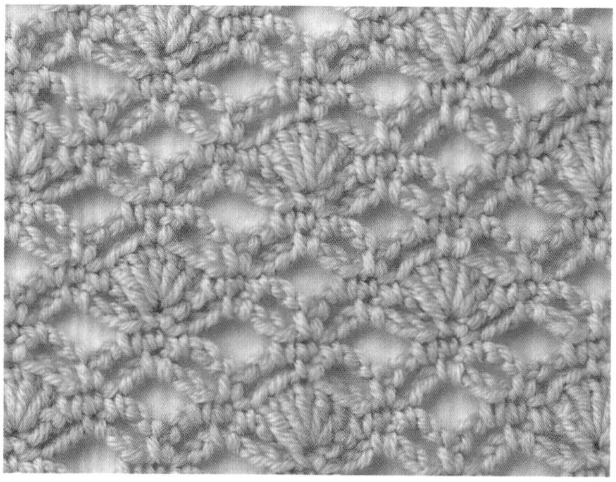

123

10针1个花样

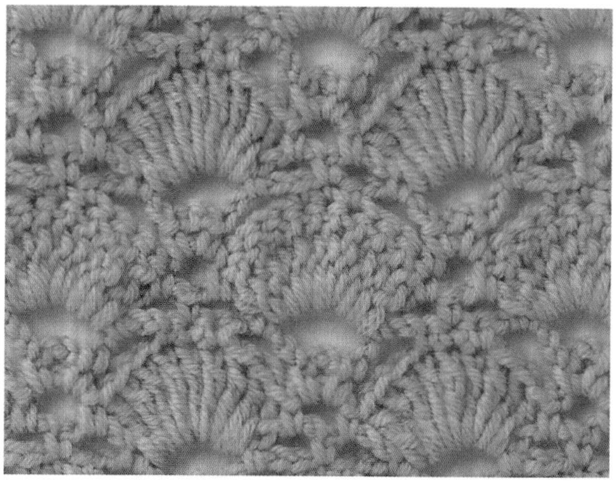

124

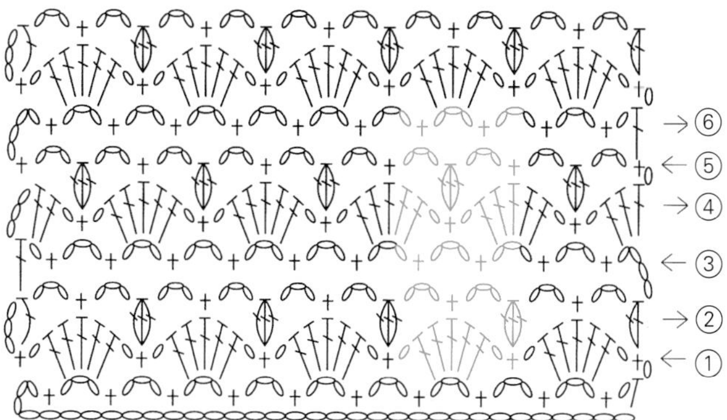

6针1个花样

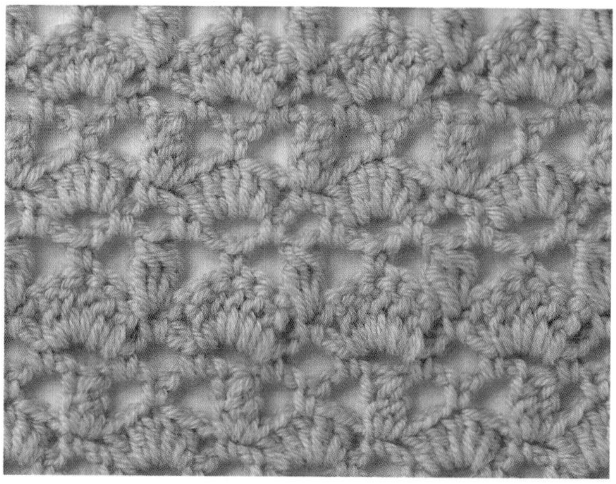

125

使用毛线：40克，约142米

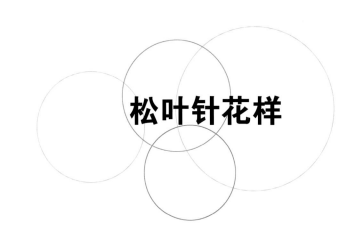

126

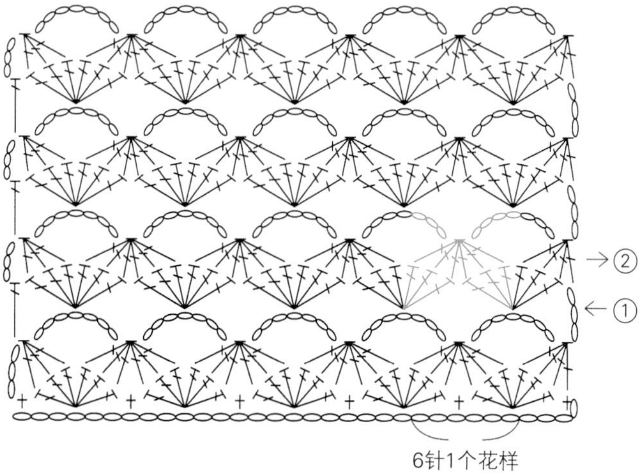

127

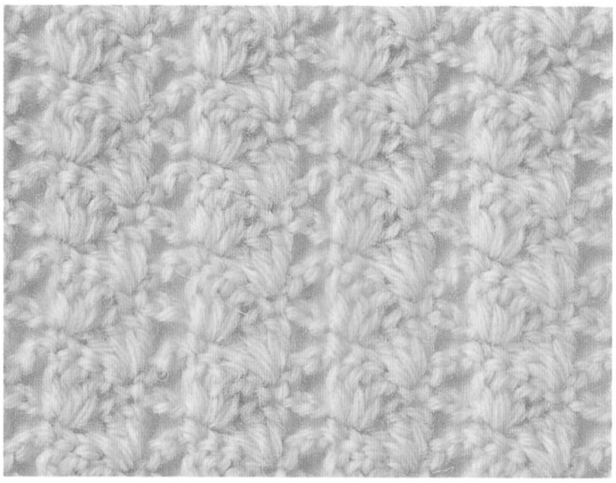

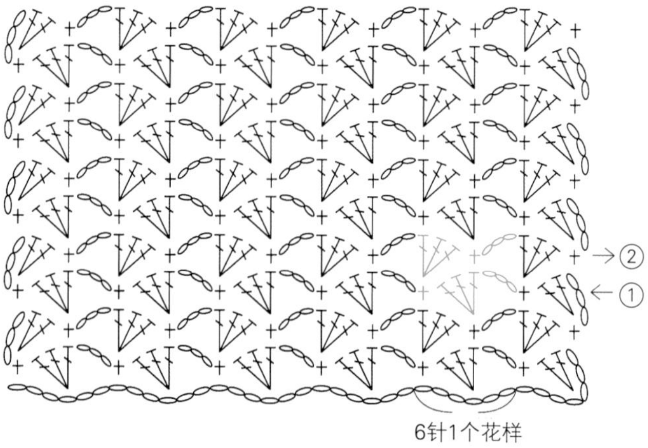

128

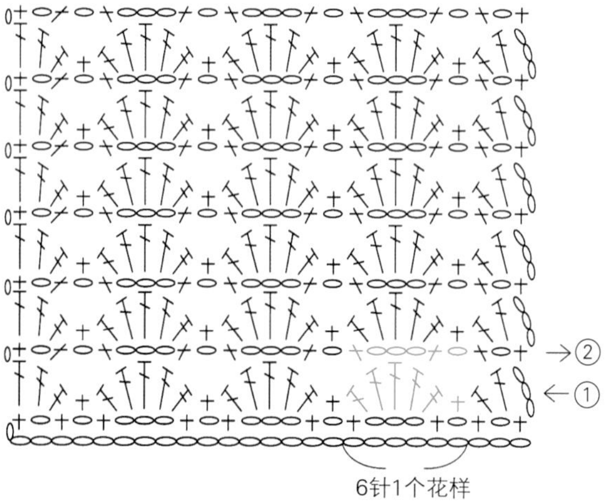

129

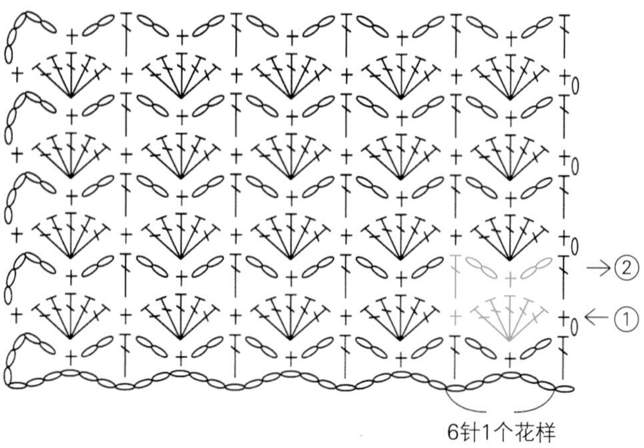

使用毛线：40克，约120米

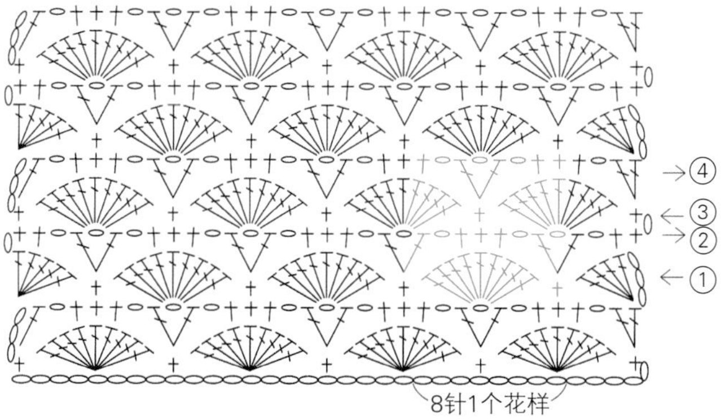
④
③
②
①
8针1个花样

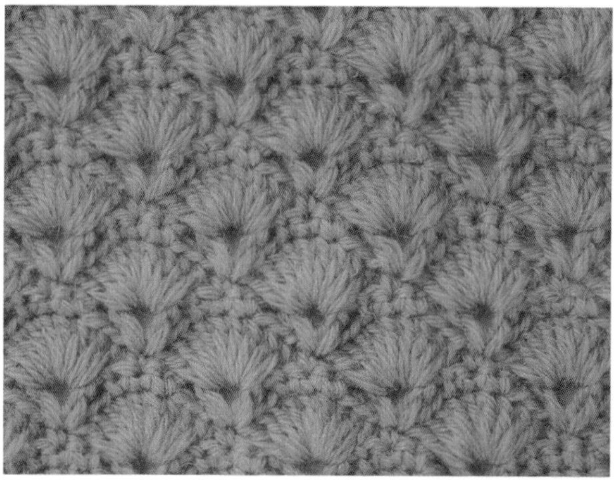

130

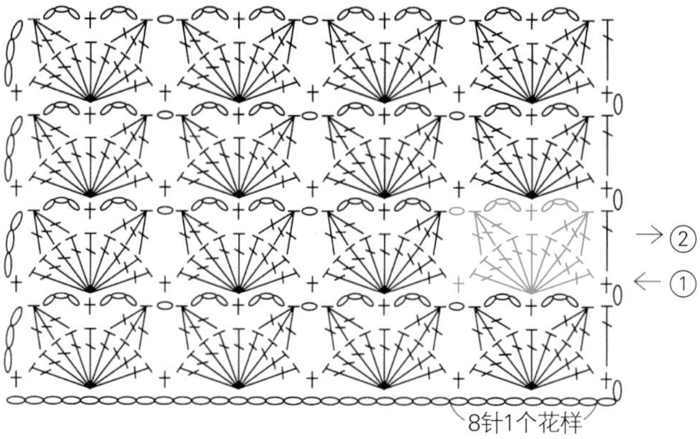
②
①
8针1个花样

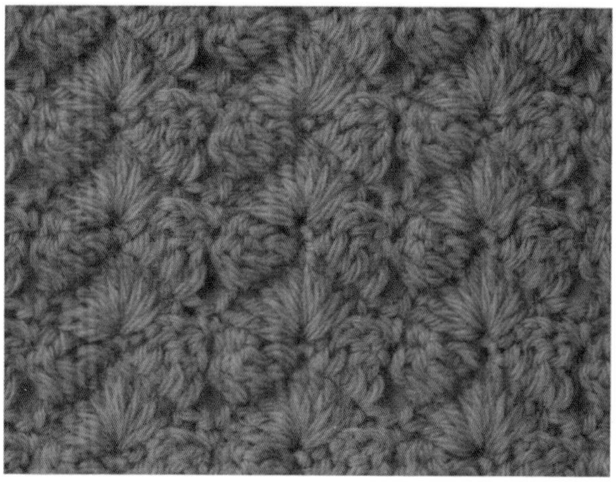

131

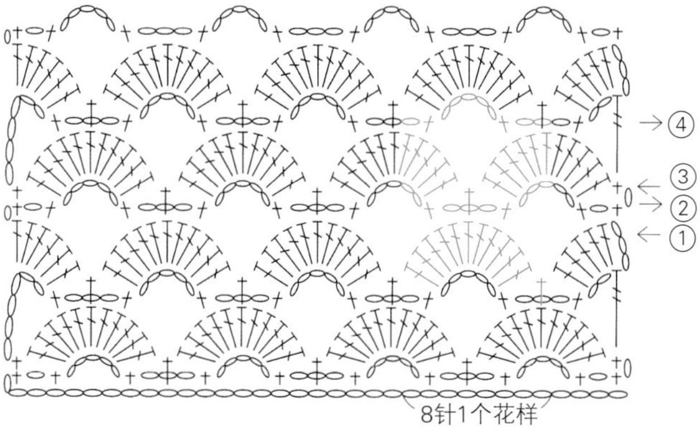
④
③
②
①
8针1个花样

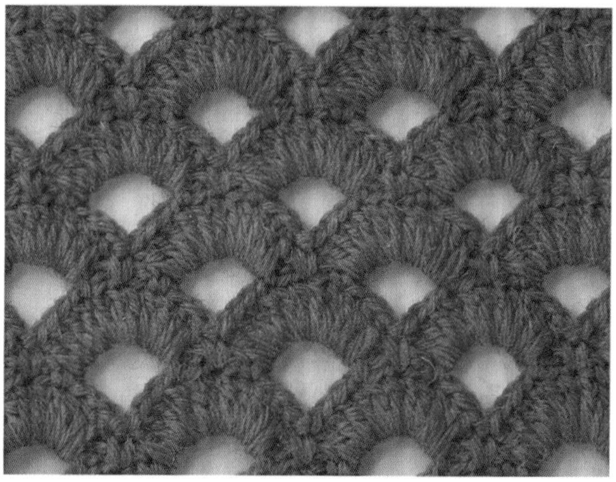

132

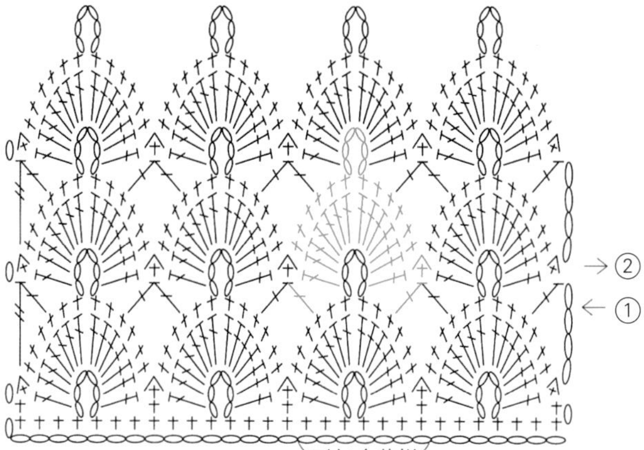
②
①
7针1个花样

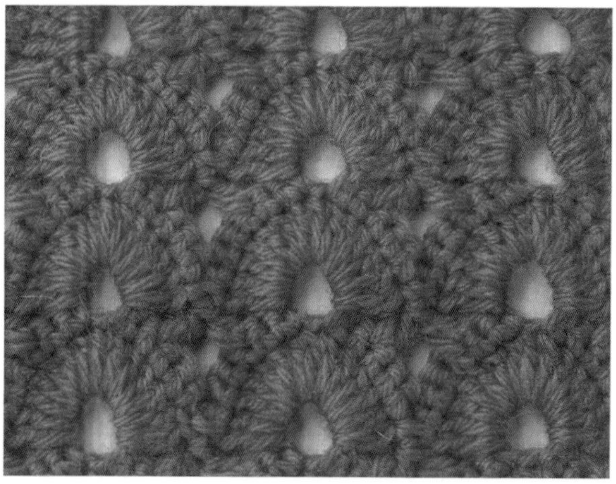

133

134

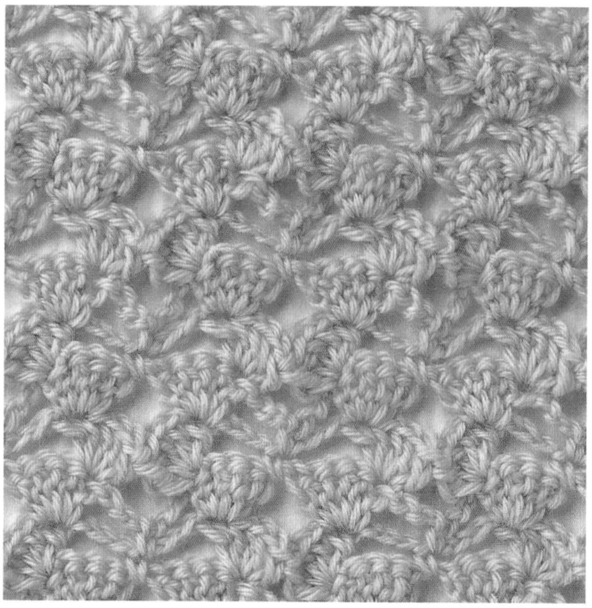

135

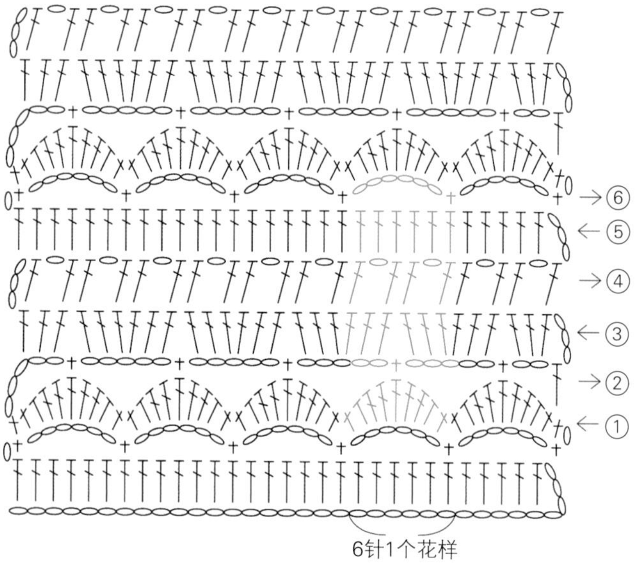

136

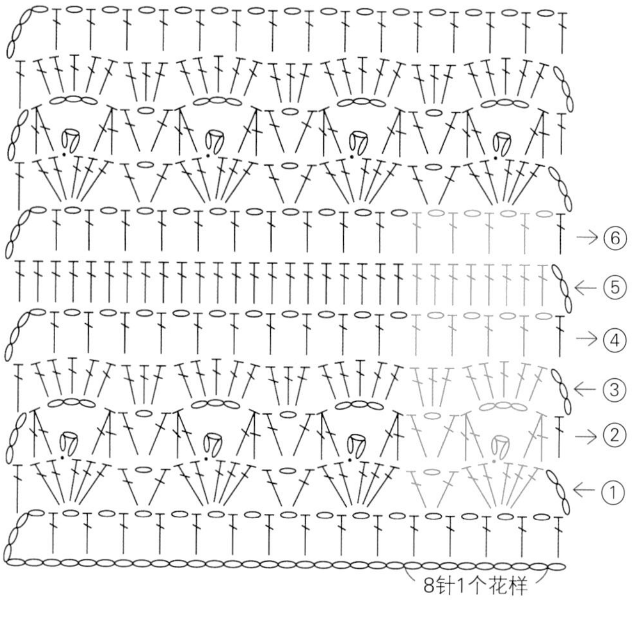

 使用毛线：40克，约164米

137

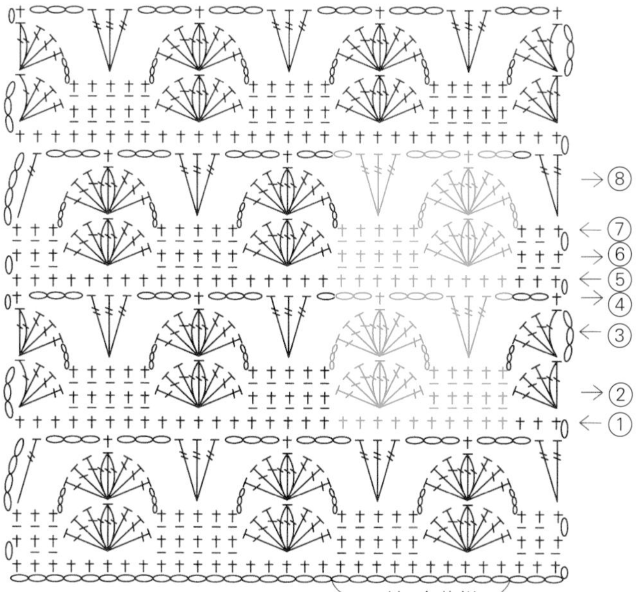

10针1个花样

138

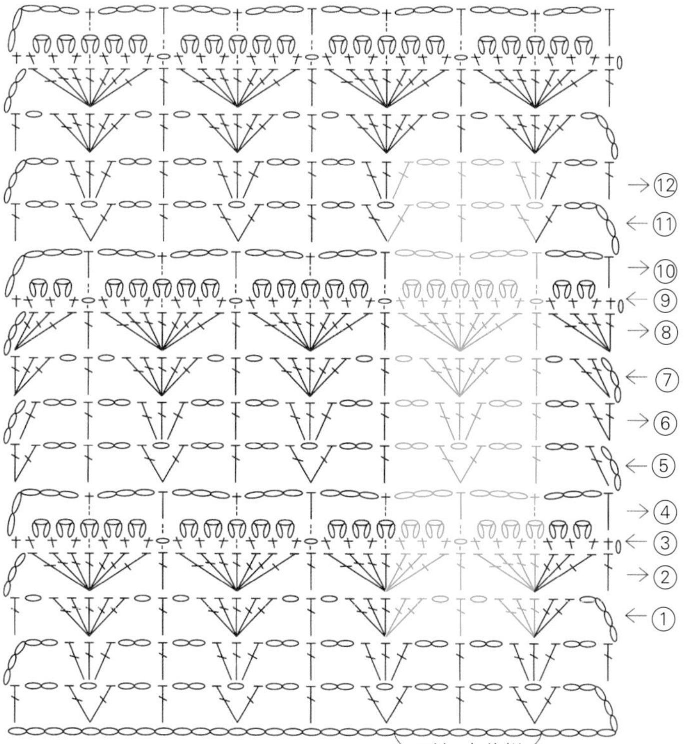

8针1个花样

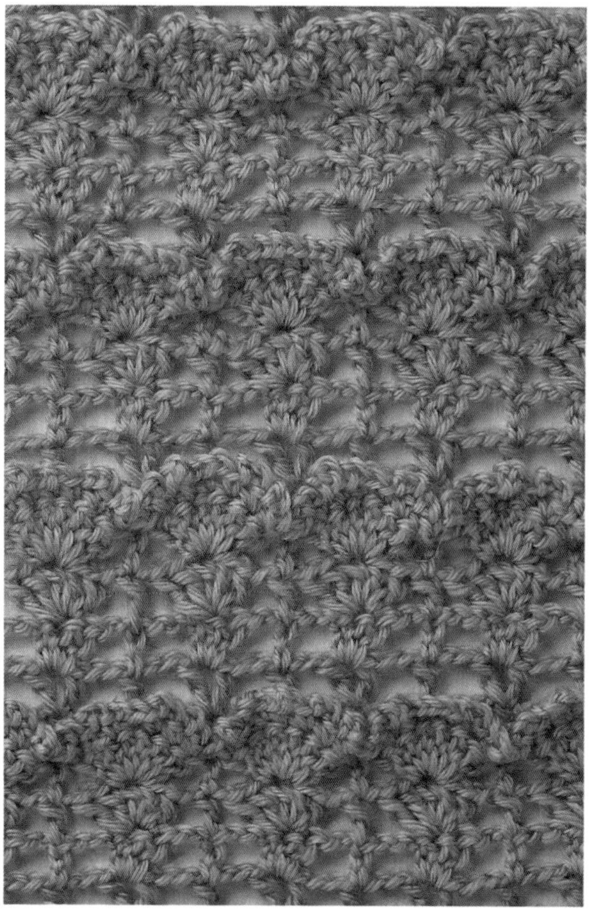

使用毛线：40克，约164米

贝壳针花样

139

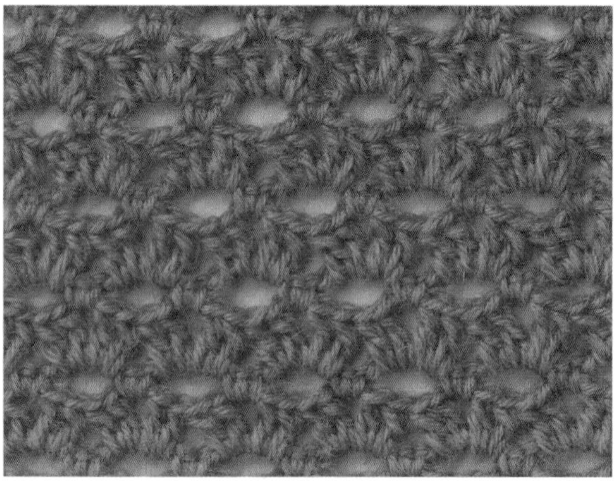

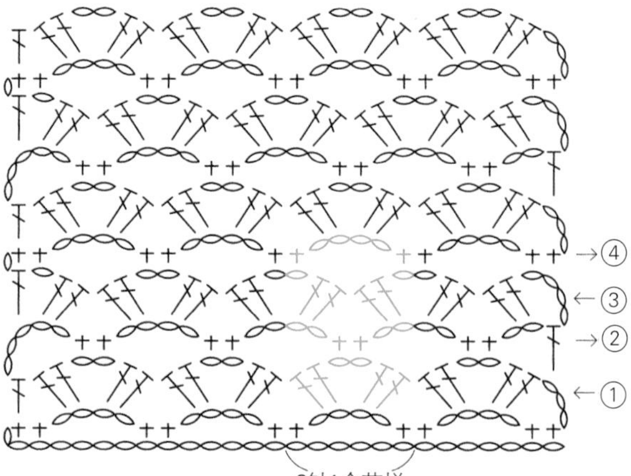

6针1个花样

140

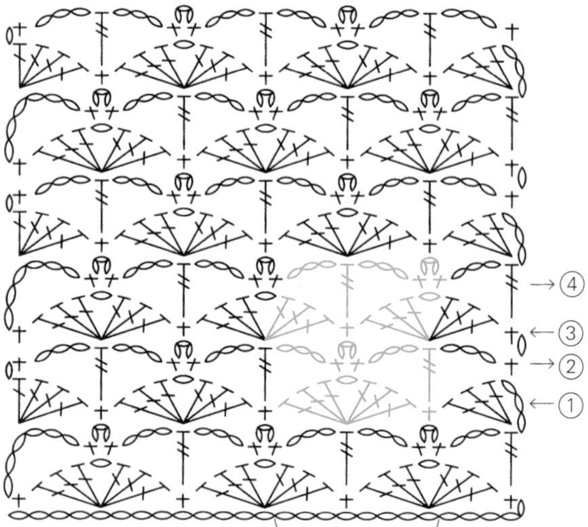

8针1个花样

141

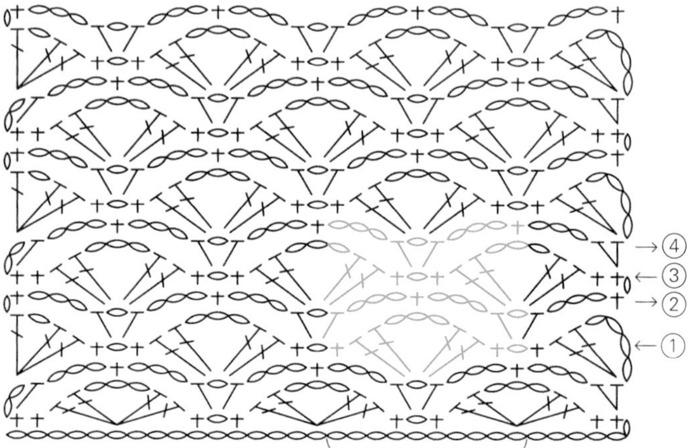

10针1个花样

 使用毛线：40克，约160米

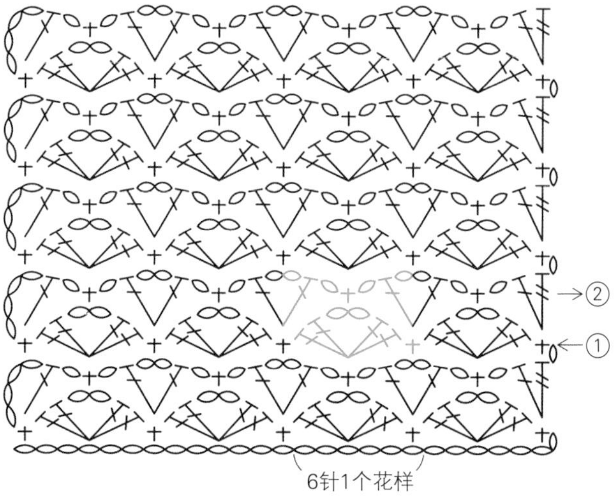

142

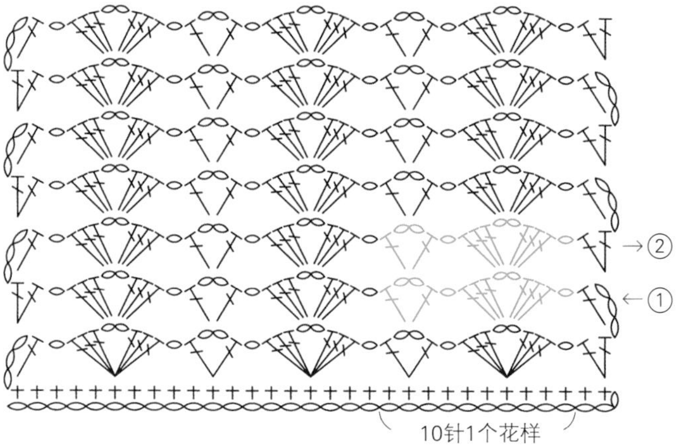

143

144

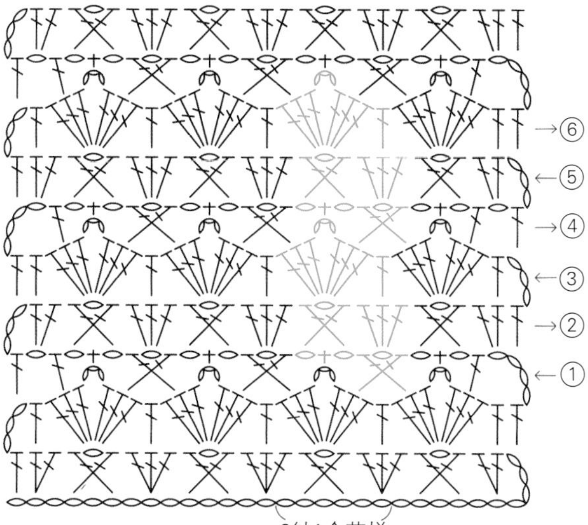

145

使用毛线：40克，约160米

146

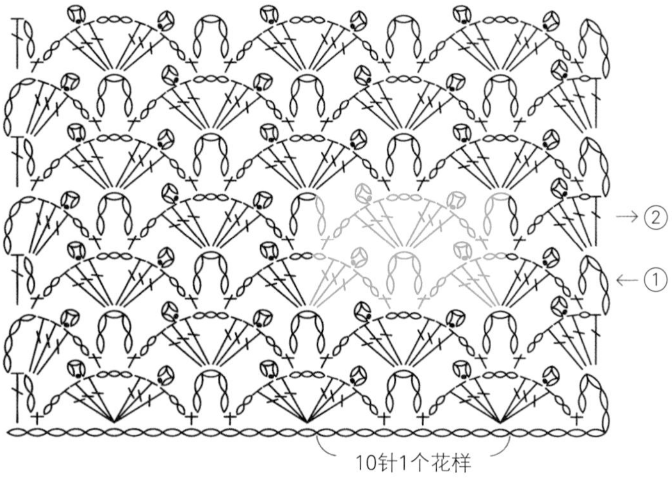
→②
←①
10针1个花样

147

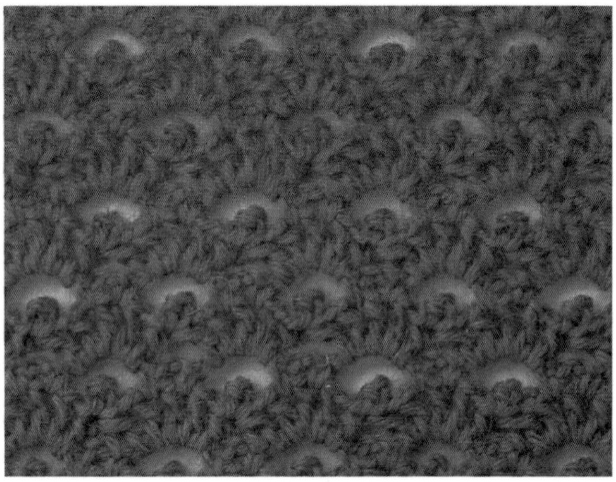

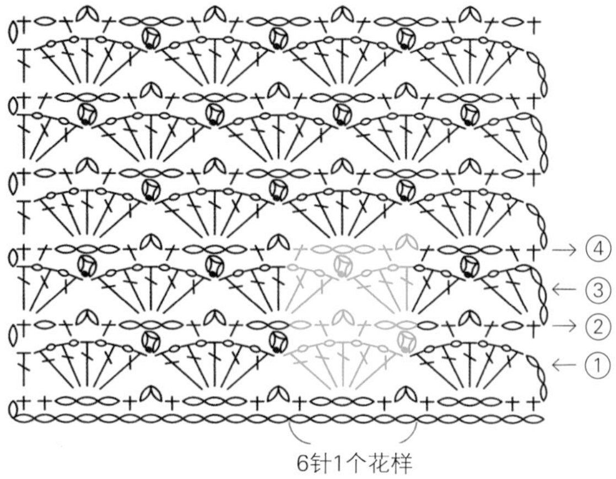
→④
←③
→②
←①
6针1个花样

148

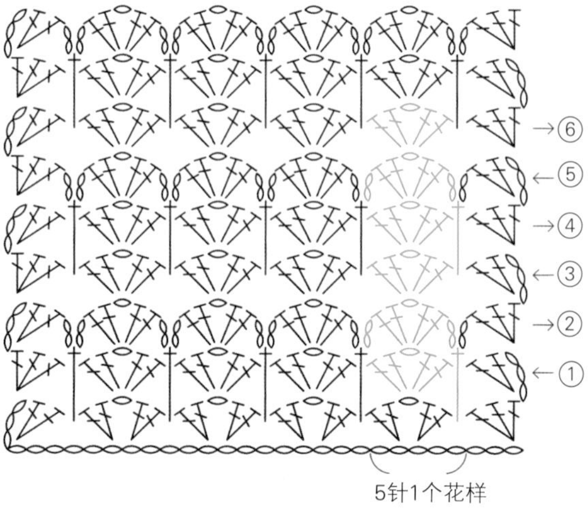
→⑥
←⑤
→④
←③
→②
←①
5针1个花样

149

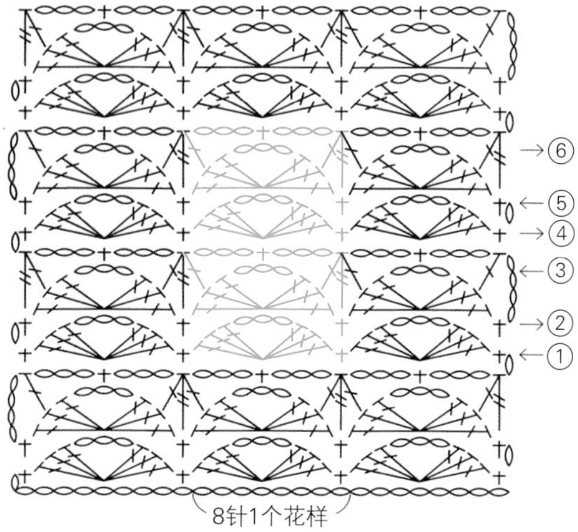
→⑥
←⑤
→④
←③
→②
←①
8针1个花样

使用毛线：40克，约160米

150

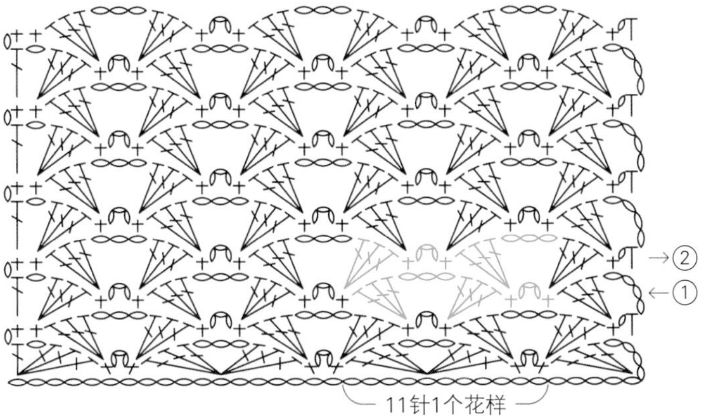
→②
←①
11针1个花样

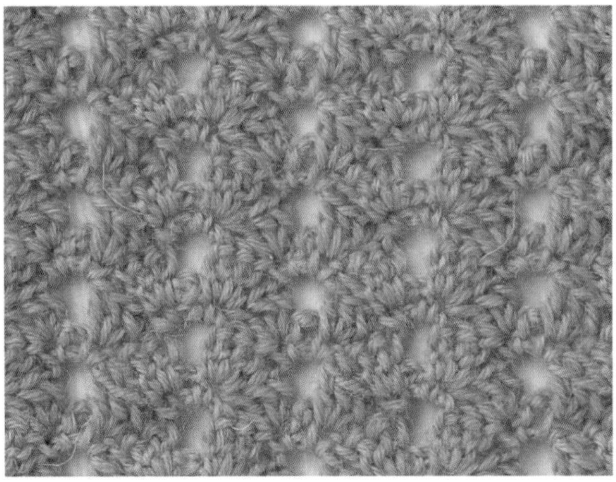

151

→②
←①
7针1个花样

152

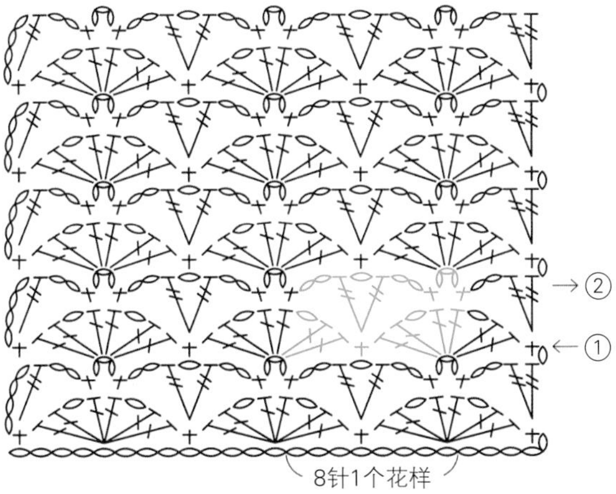
→②
←①
8针1个花样

153

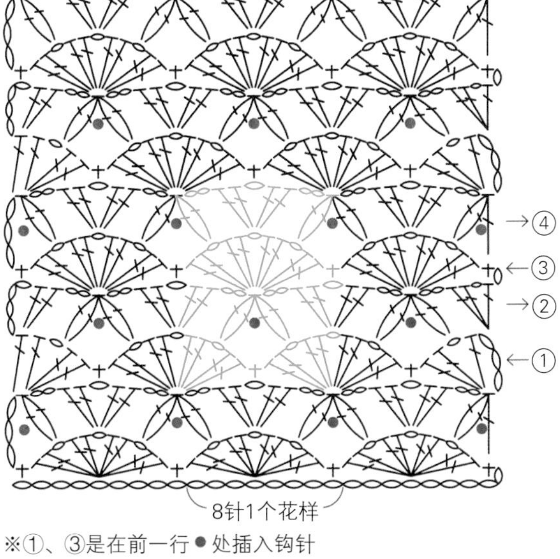
→④
←③
→②
←①
8针1个花样

※①、③是在前一行●处插入钩针

使用毛线：40克，约160米

154

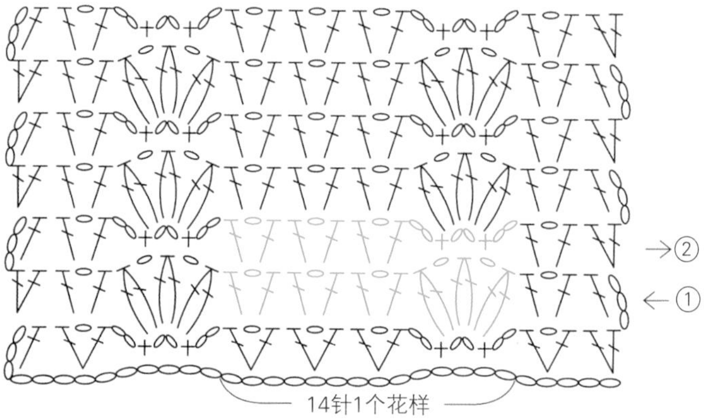
→②
←①
14针1个花样

155

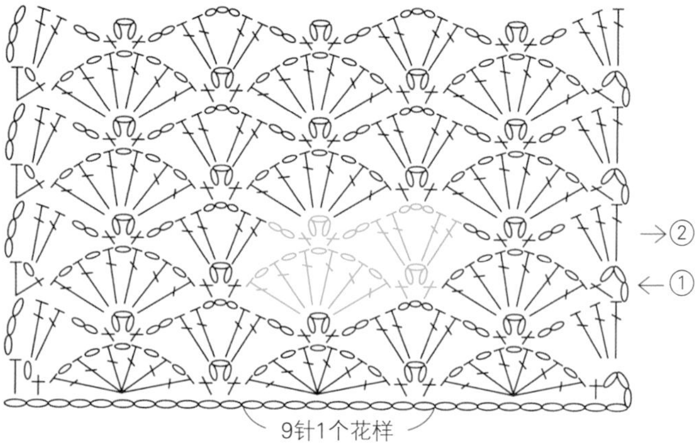
→②
←①
9针1个花样

156

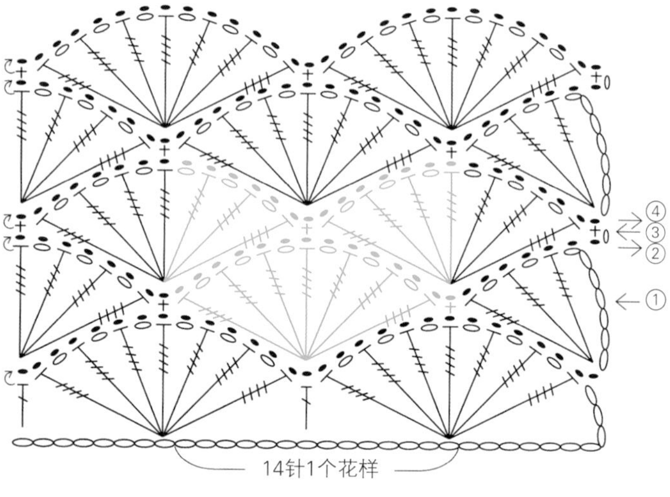
→④
③
→②
←①
14针1个花样

157

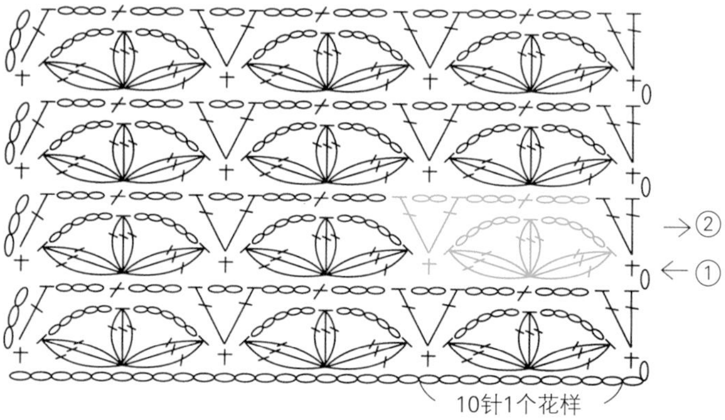
→②
←①
10针1个花样

使用毛线：40克，约110米

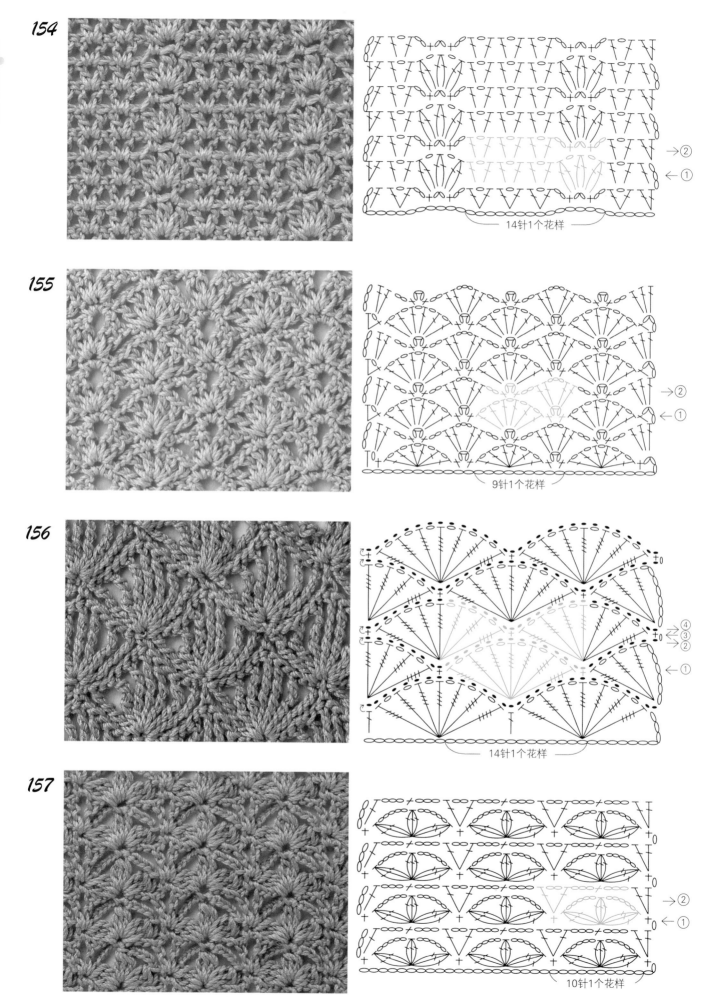

158

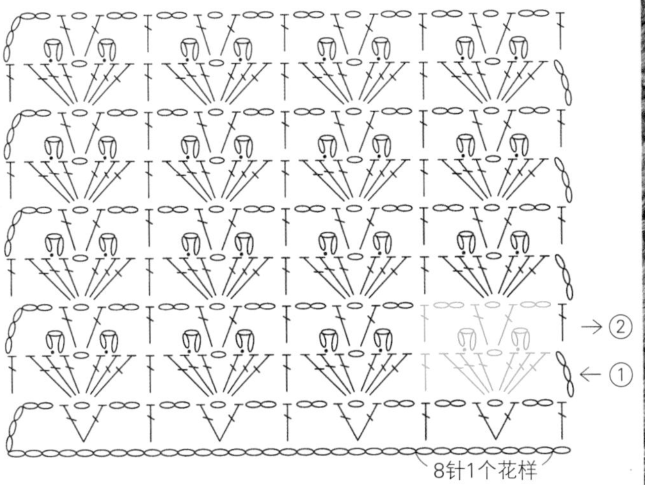

→②
←①
8针1个花样

159

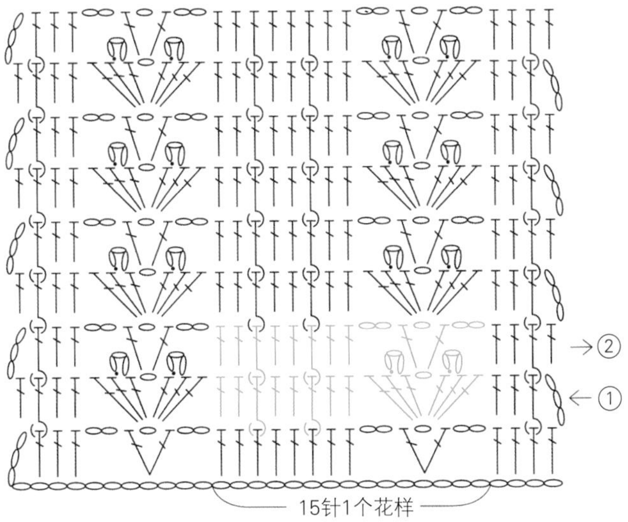

→②
←①
15针1个花样

160

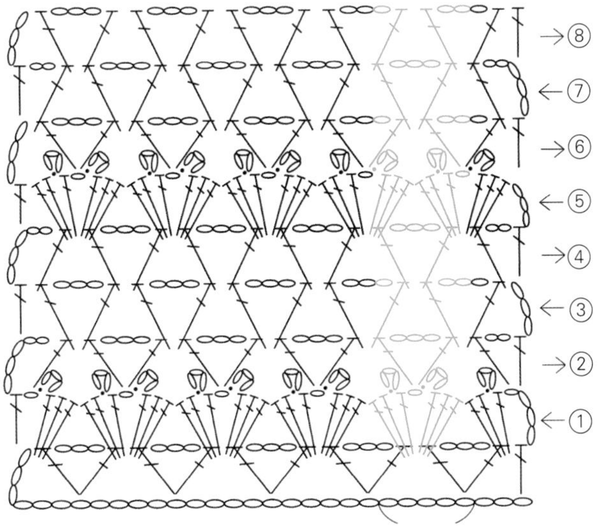

→⑧
←⑦
→⑥
←⑤
→④
←③
→②
←①
5针1个花样

使用毛线：40克，约110米

161

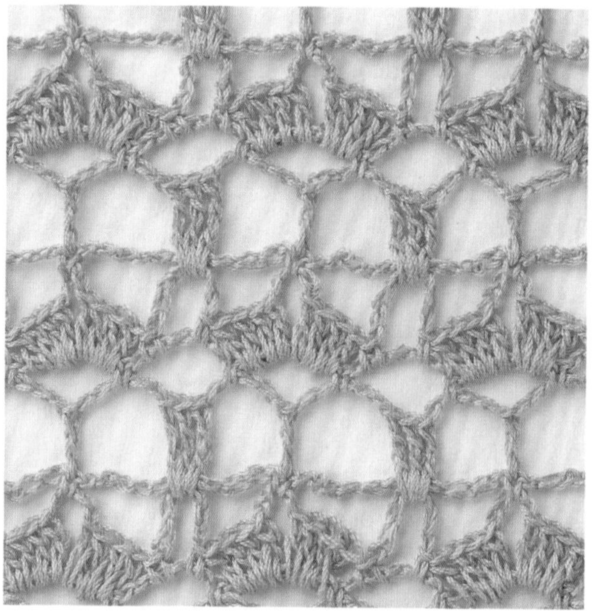

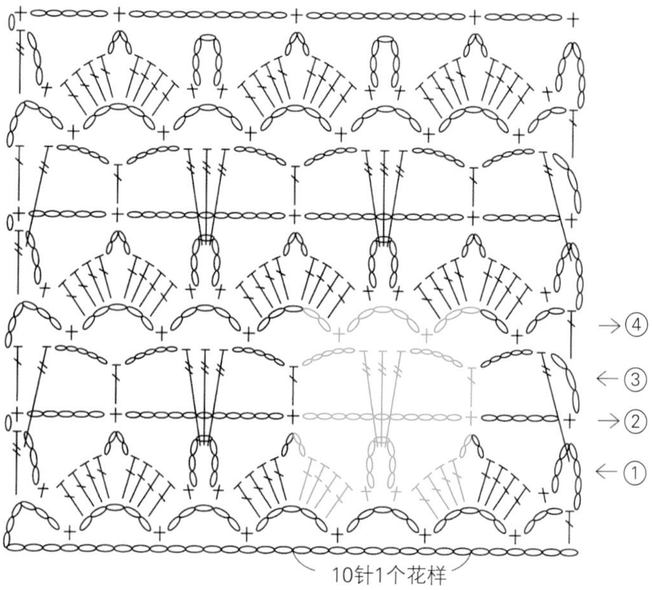
→④
←③
→②
←①
10针1个花样

162

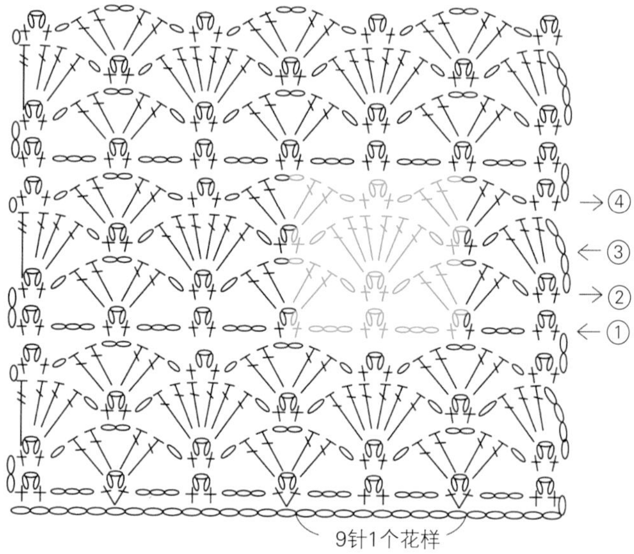
→④
←③
→②
←①
9针1个花样

163

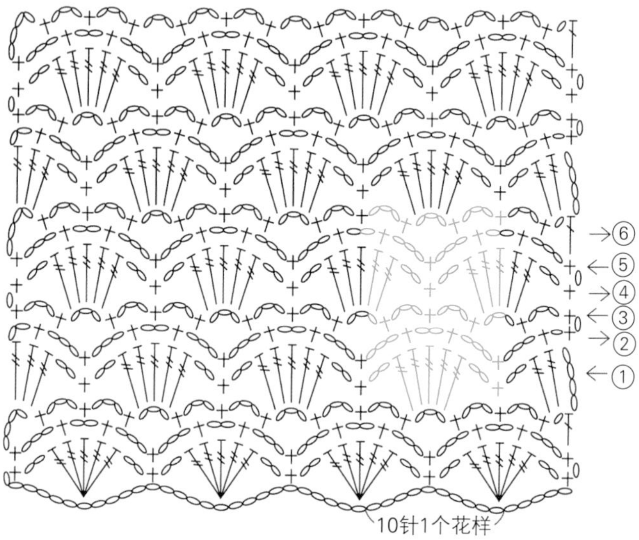
→⑥
←⑤
→④
←③
→②
←①
10针1个花样

使用毛线：25克，约150米

164

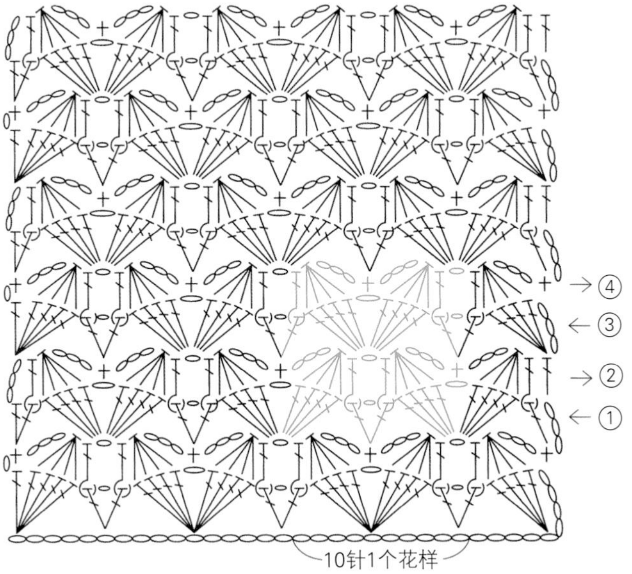
④
③
②
①
10针1个花样

165

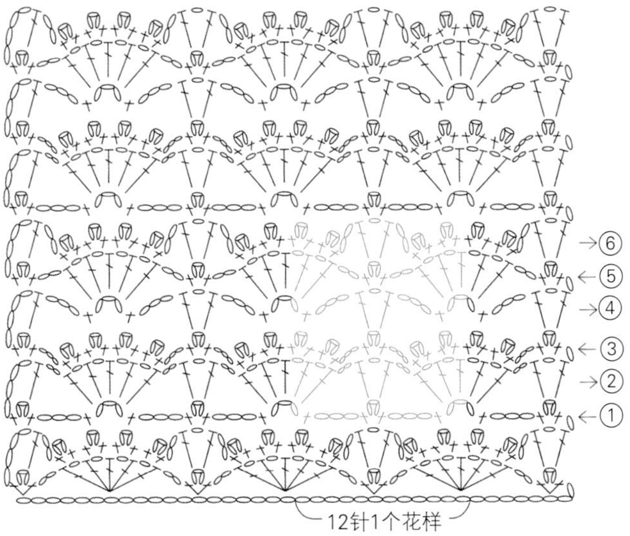
⑥
⑤
④
③
②
①
12针1个花样

166

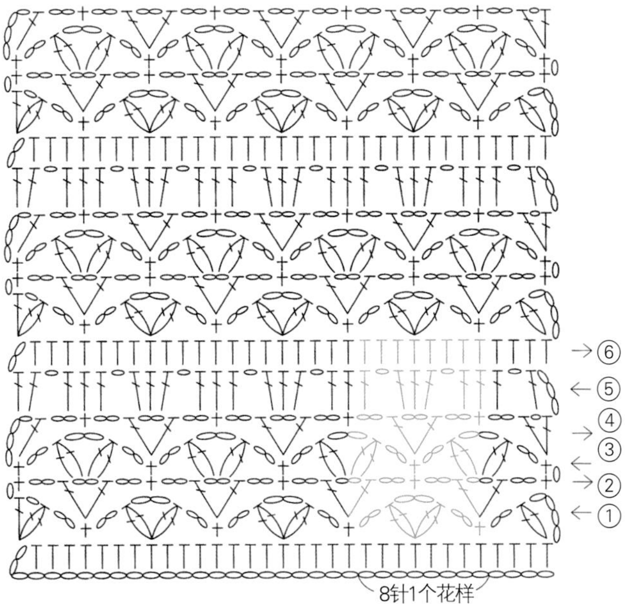
⑥
⑤
④
③
②
①
8针1个花样

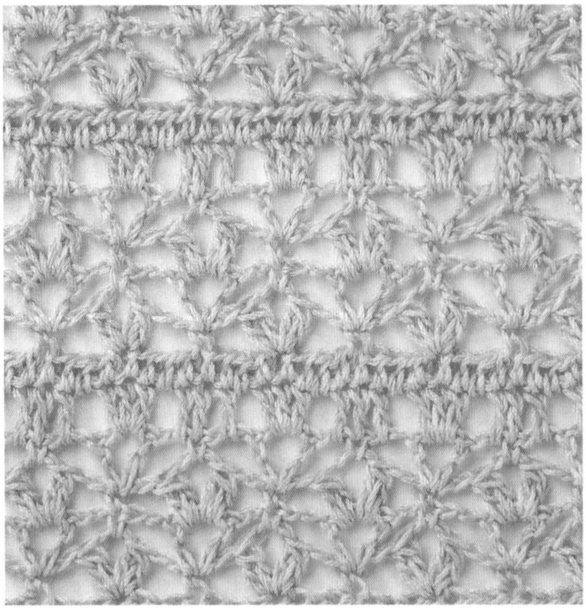

使用毛线：25克，约150米

167

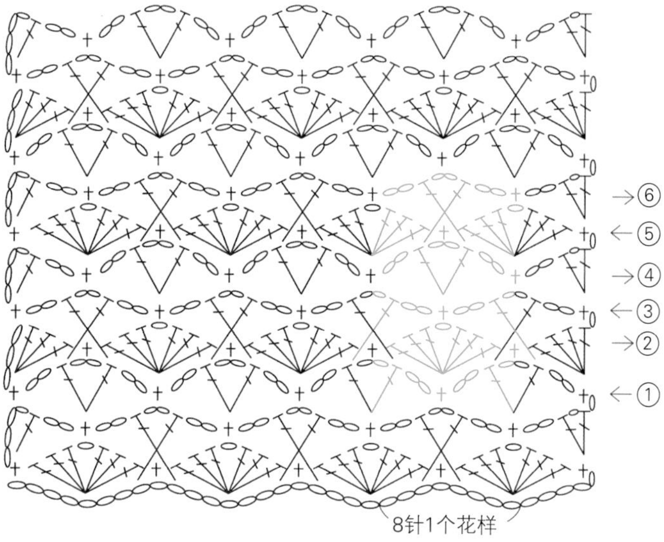
→⑥
←⑤
→④
←③
→②
←①
8针1个花样

168

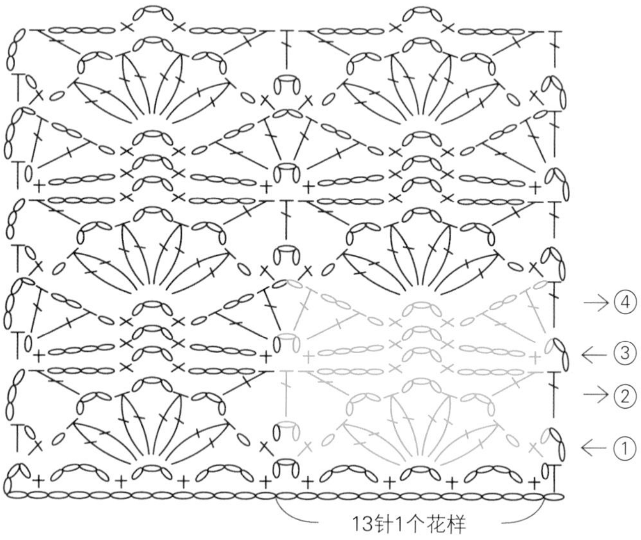
→④
←③
→②
←①
13针1个花样

169

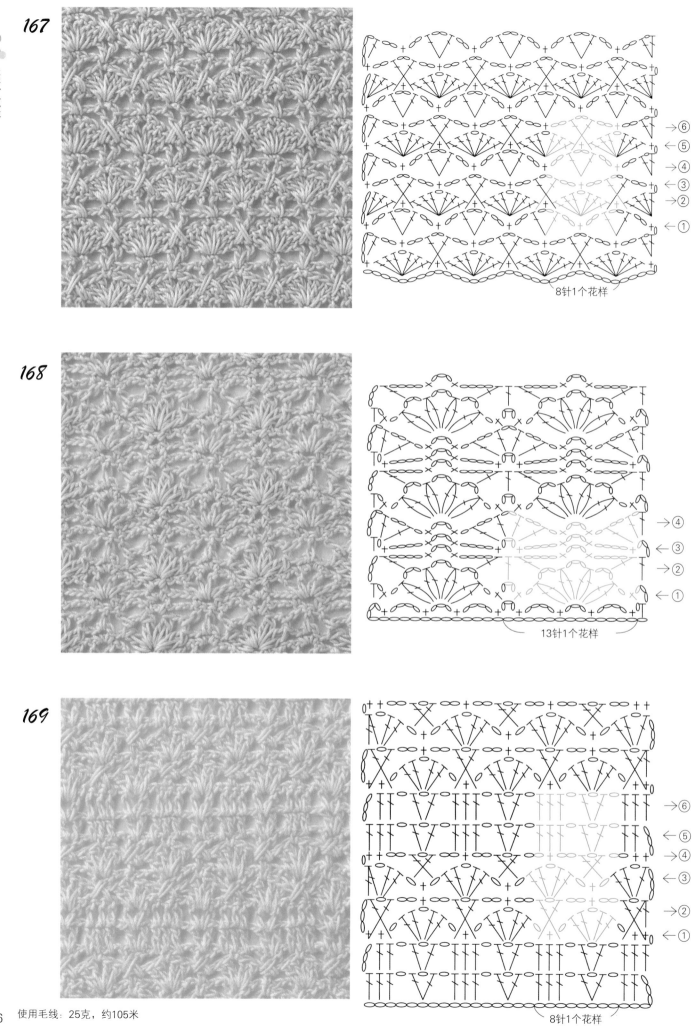

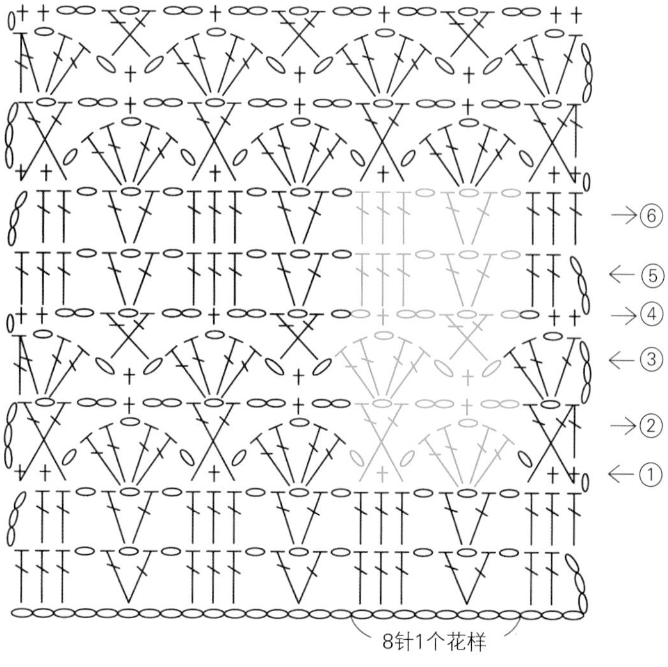
→⑥
←⑤
→④
←③
→②
←①
8针1个花样

 使用毛线：25克，约105米

170

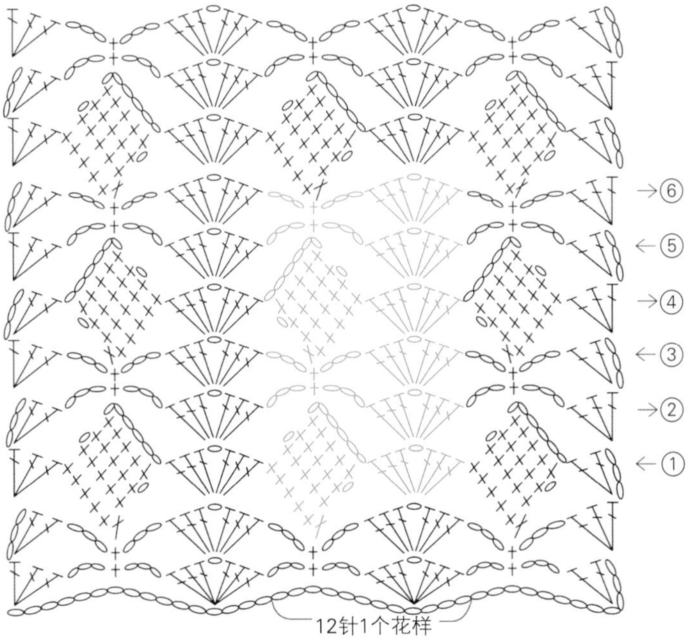

→6
←5
→4
←3
→2
←1
12针1个花样

171

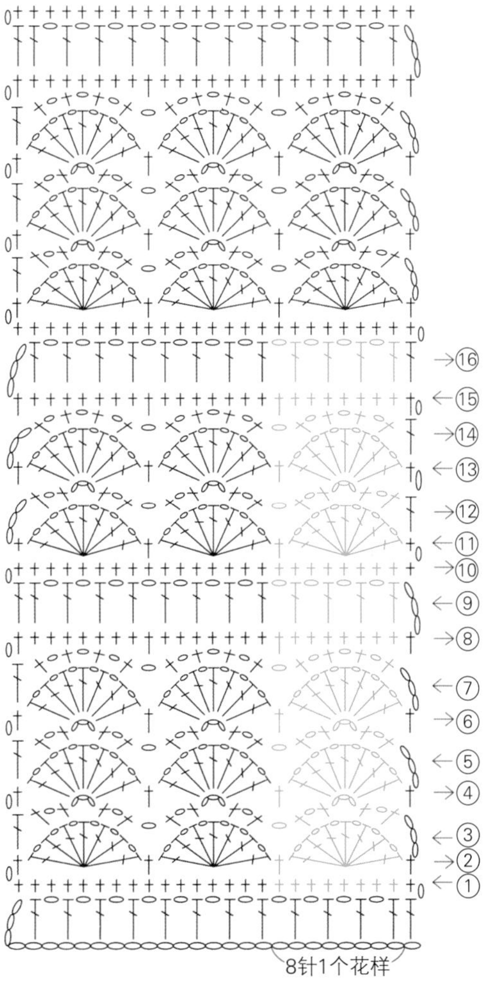

→16
←15
→14
←13
→12
←11
→10
←9
→8
←7
→6
←5
→4
←3
→2
←1
8针1个花样

使用毛线：25克，约105米

扇形针花样

172

173

174

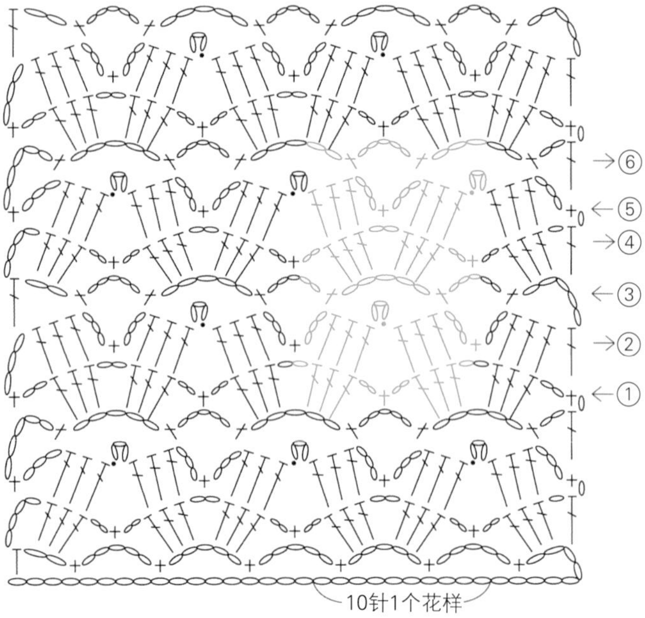

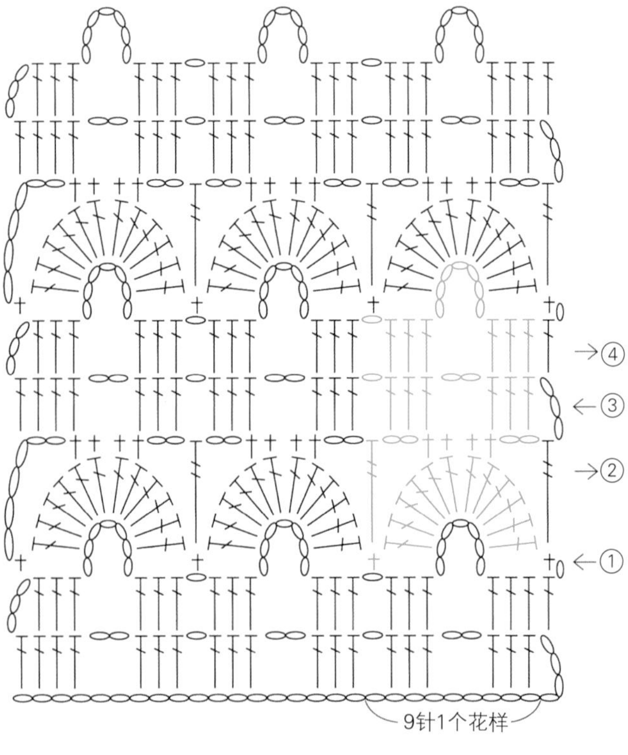

174参照第106页

 使用毛线：40克，约180米

175

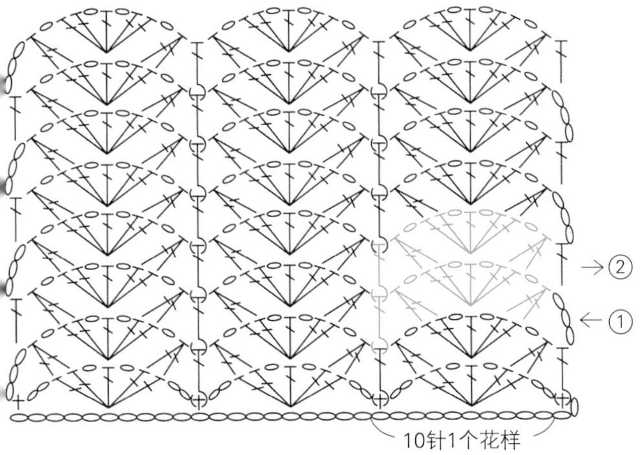
→②
←①
10针1个花样

176

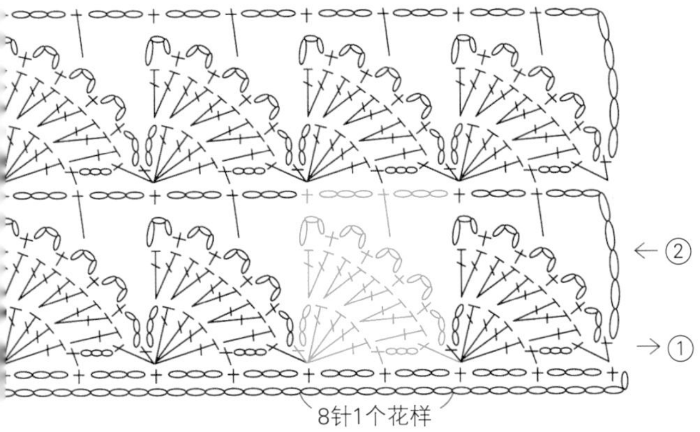
←②
→①
8针1个花样

177

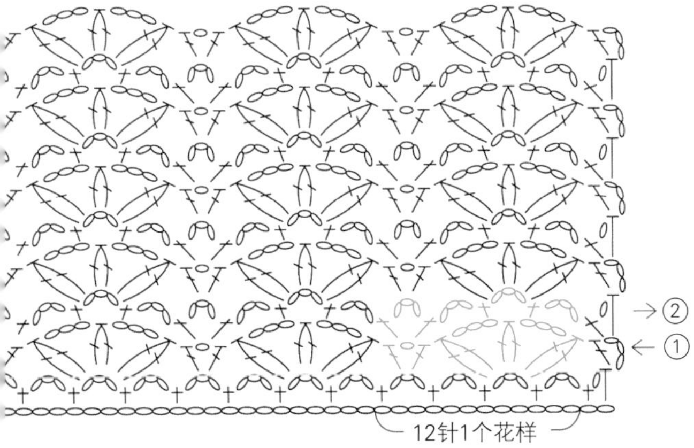
→②
←①
12针1个花样

178

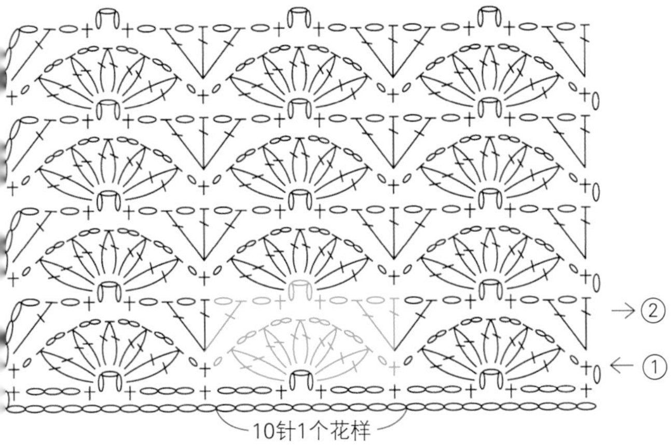
→②
←①
10针1个花样

使用毛线：40克，约180米

179

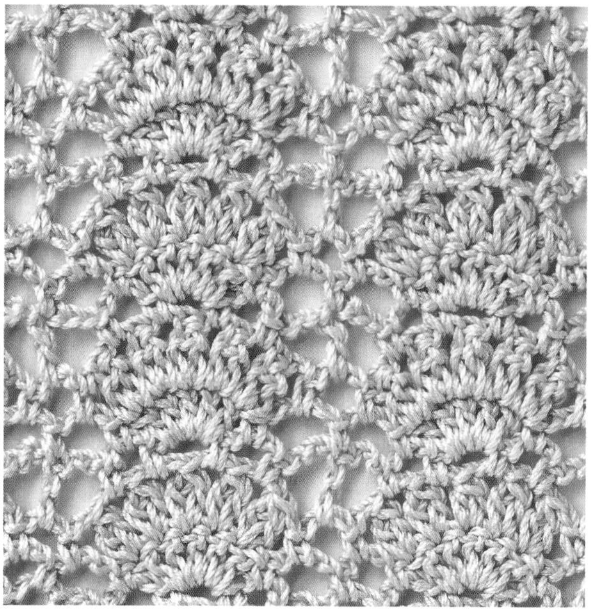

179 参照第105页

→⑥
←⑤
→④
←③
→②
←①
12针1个花样

180

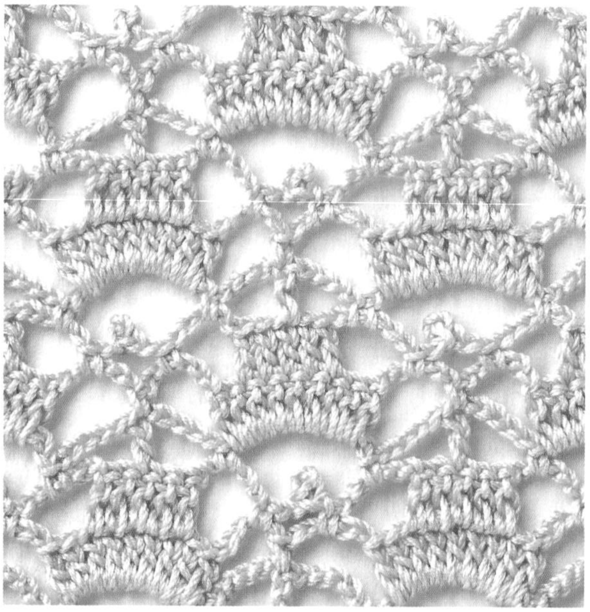

181

→⑧
←⑦
→⑥
←⑤
→④
←③
→②
←①
9针1个花样

使用毛线：40克，约110米

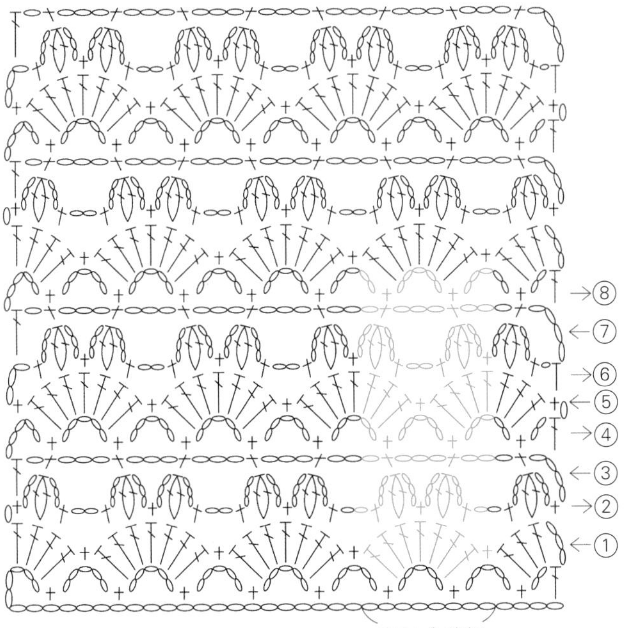
8针1个花样

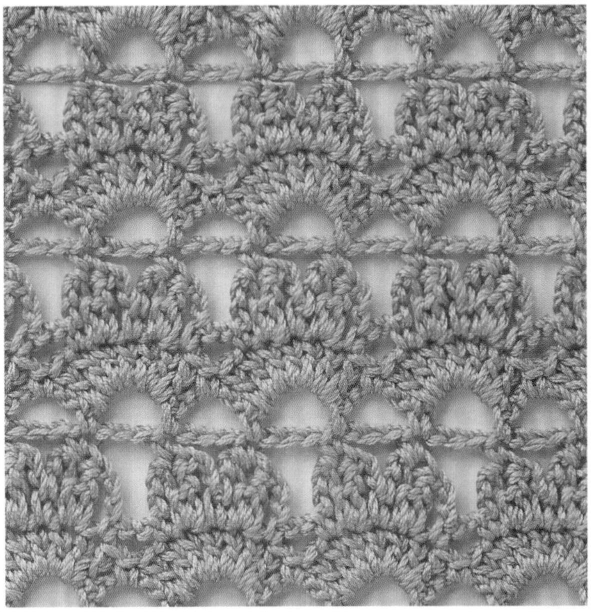

182

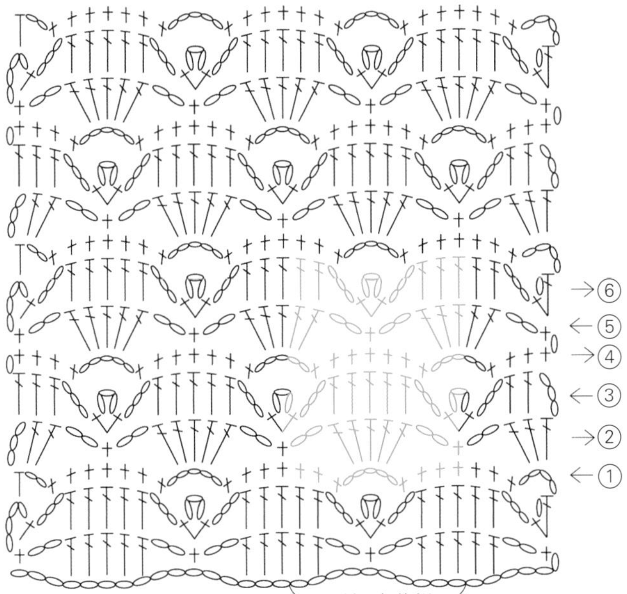
10针1个花样

183

12针1个花样

184

使用毛线：40克，约110米

185

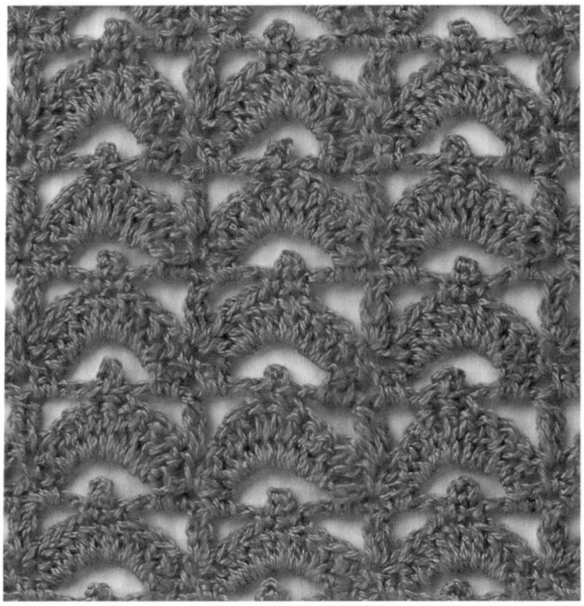

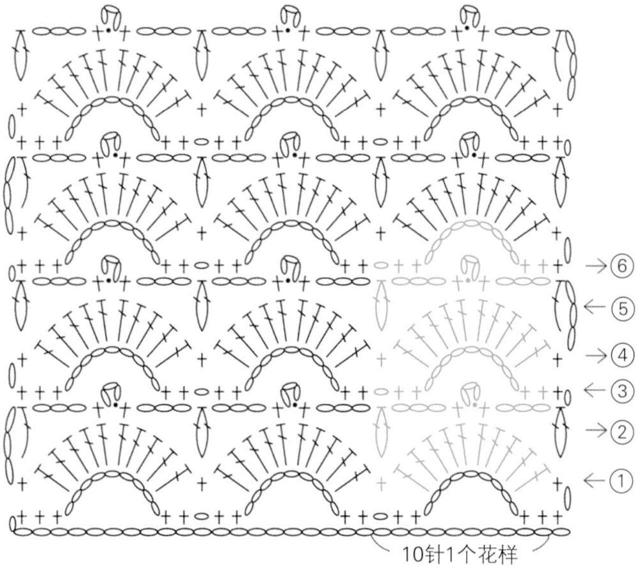

186

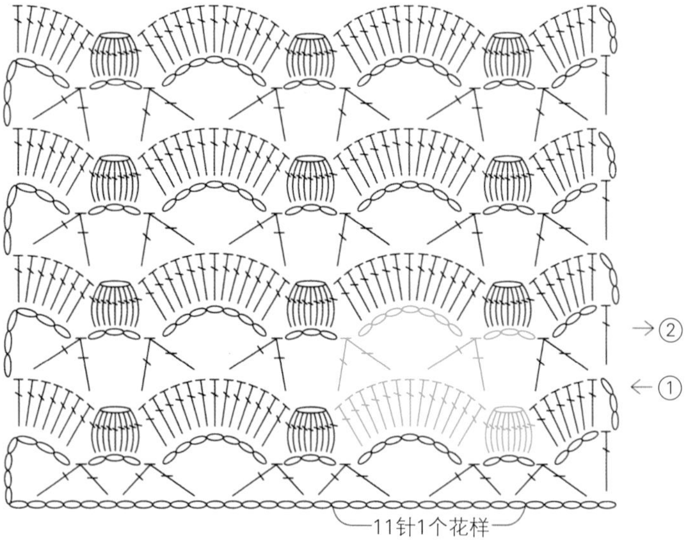

187

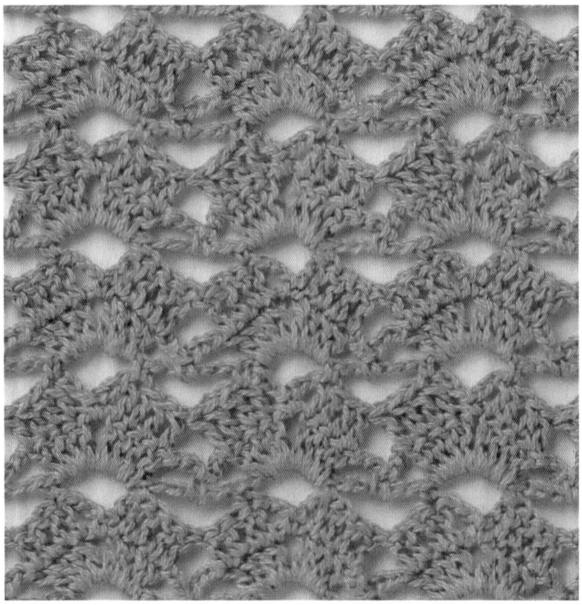

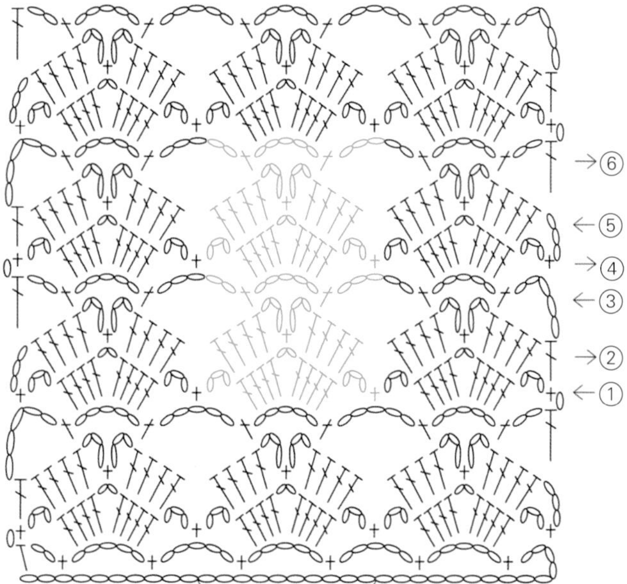

使用毛线：40克，约170米

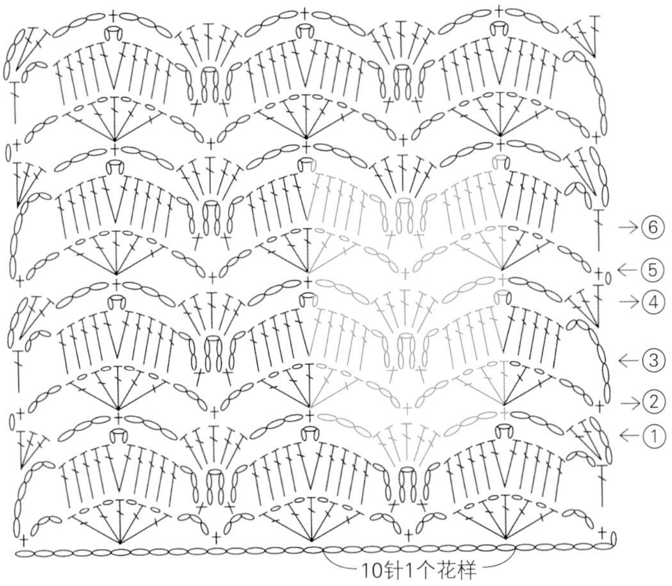

188

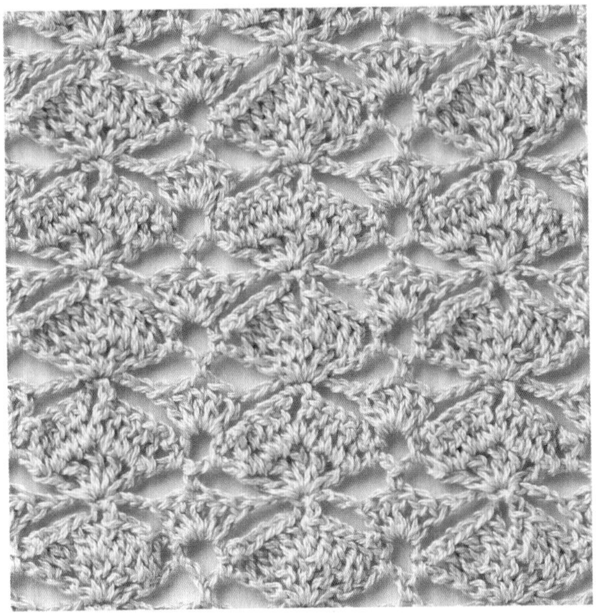

189 参照第106页

189

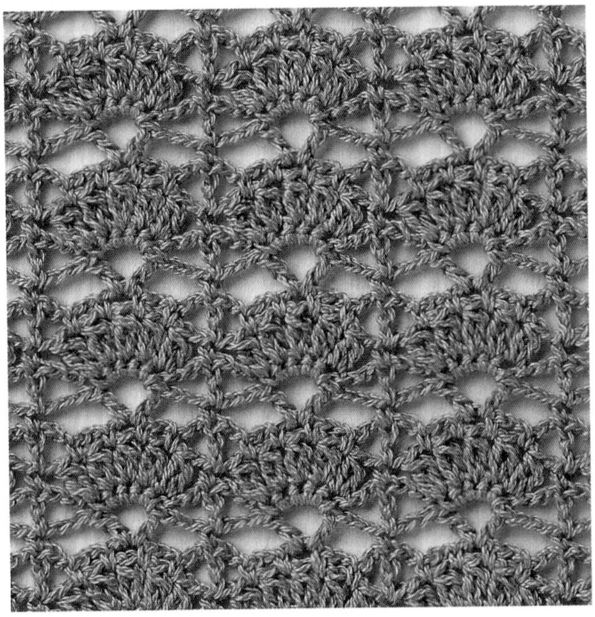

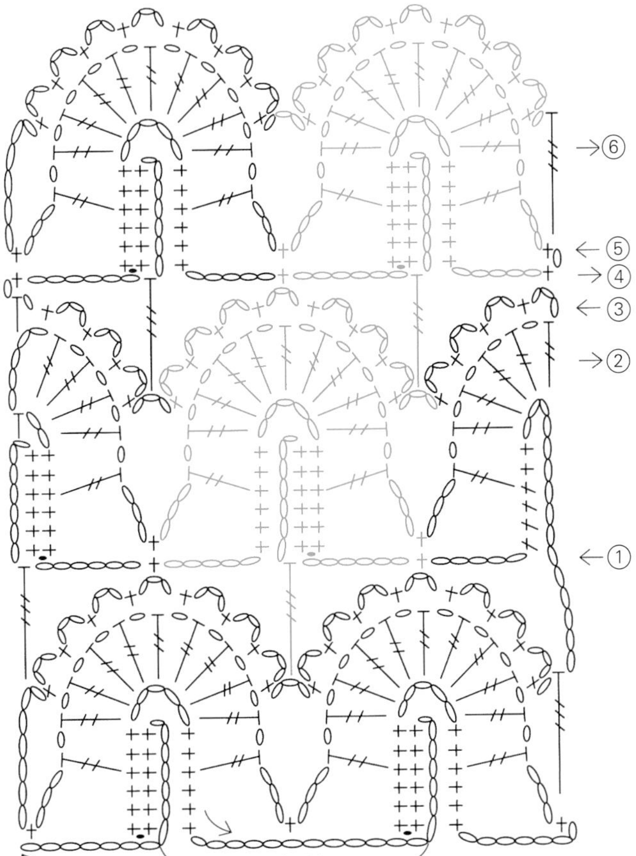

190

使用毛线：40克，约170米

191

→⑥
←⑤
→④
←③
→②
←①
10针1个花样

192

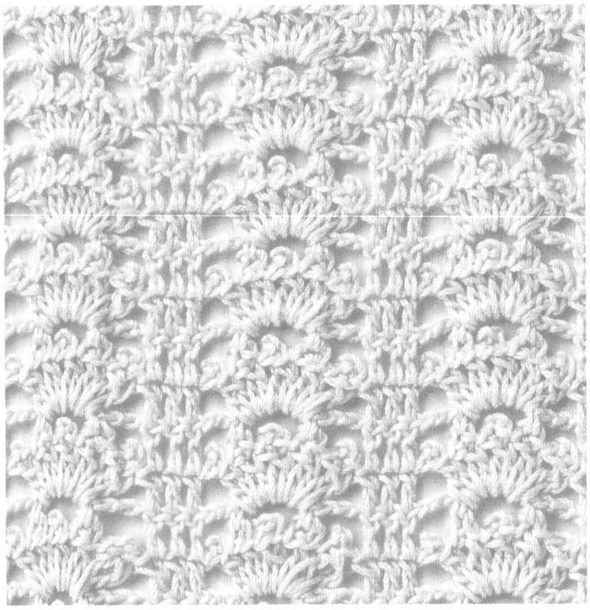

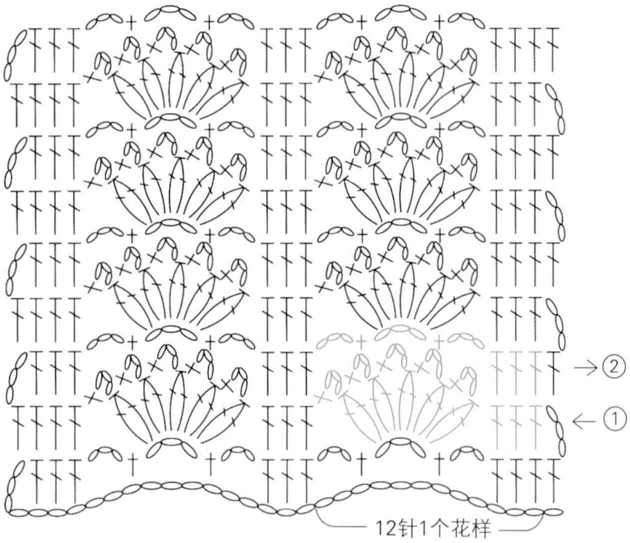
→②
←①
12针1个花样

193

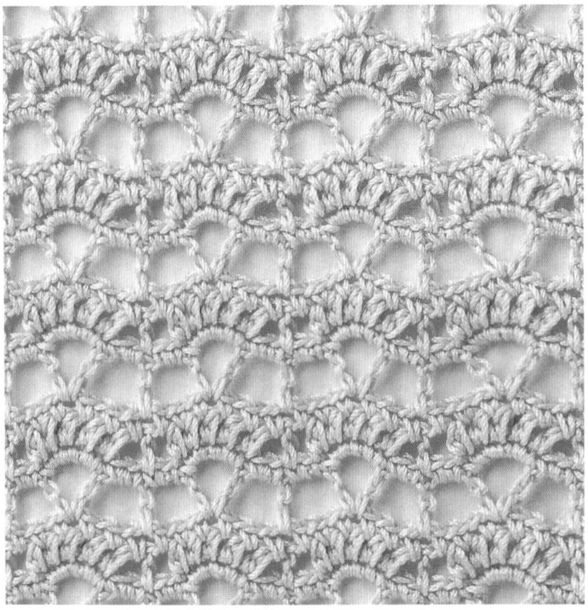

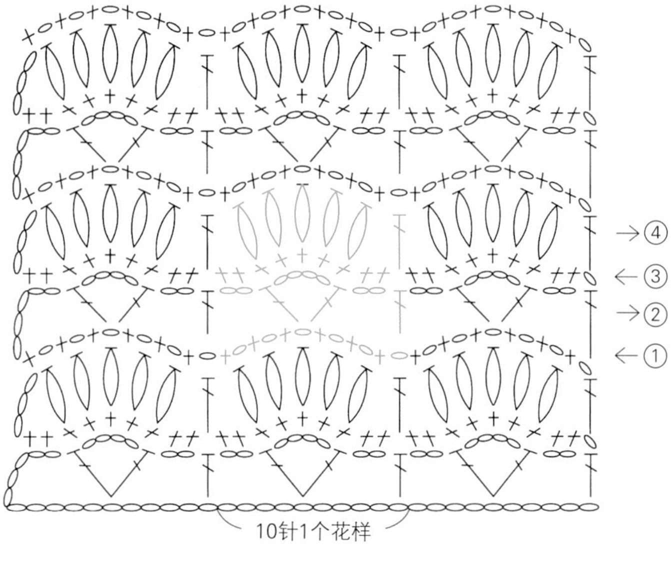
→④
←③
→②
←①
10针1个花样

 使用毛线：25克，约107米

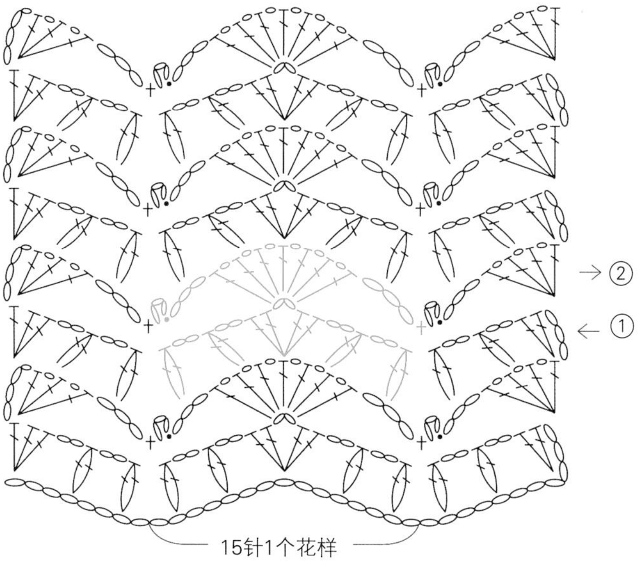
→②
←①
15针1个花样

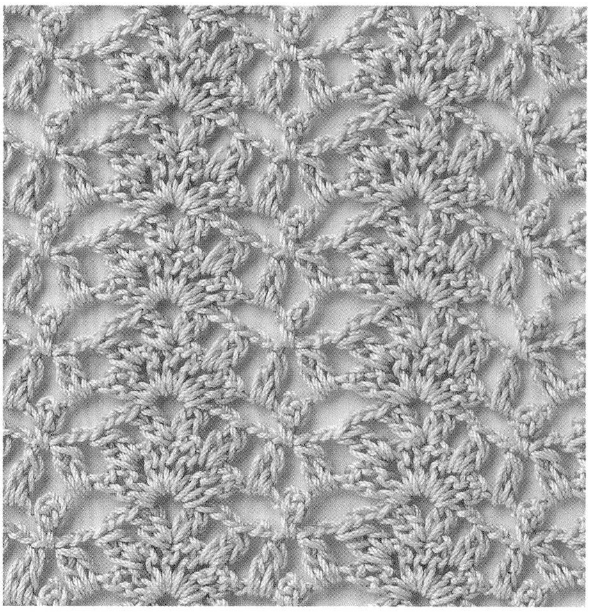

194

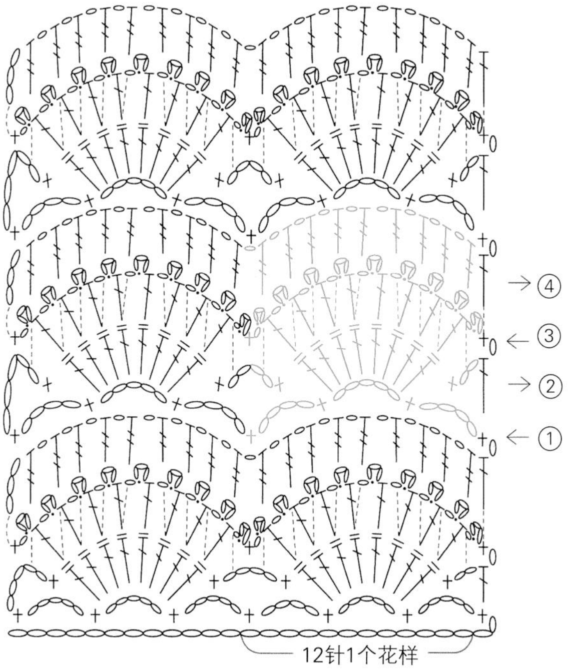
→④
←③
→②
←①
12针1个花样

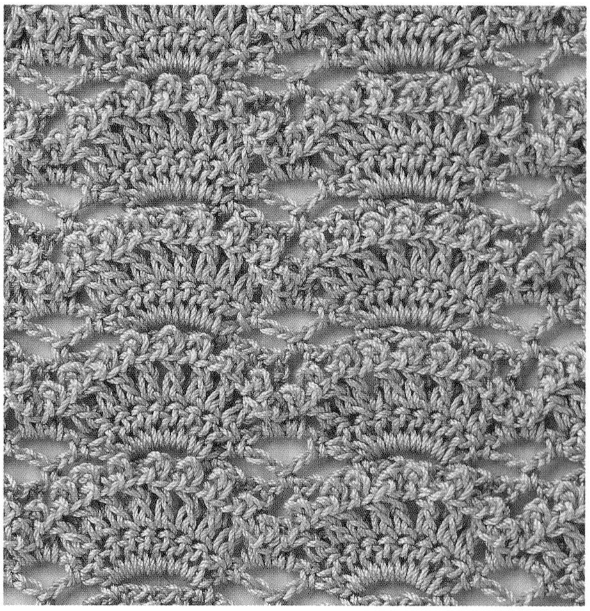

195

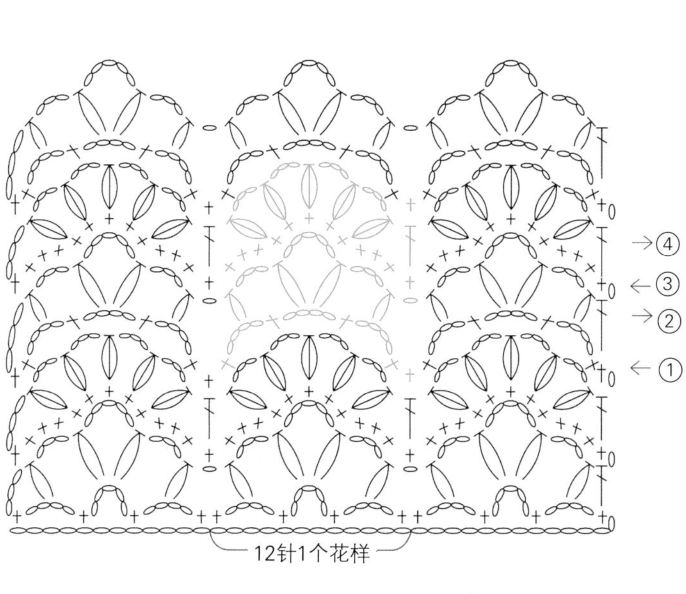
→④
←③
→②
←①
12针1个花样

196

使用毛线：25克，约107米

197

※照片是实物尺寸的65%

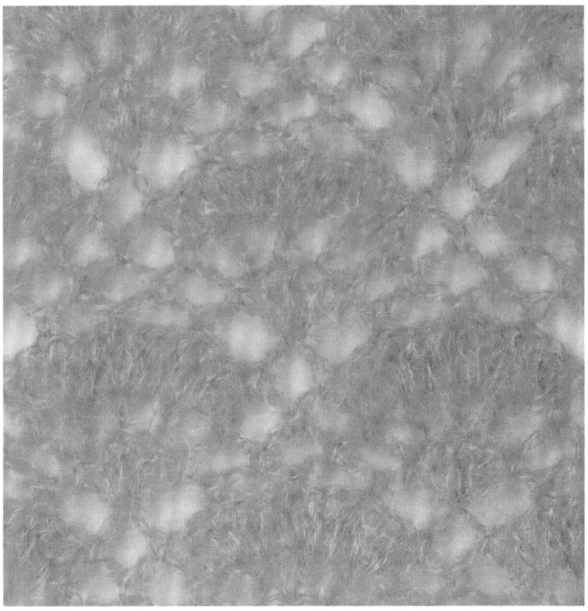

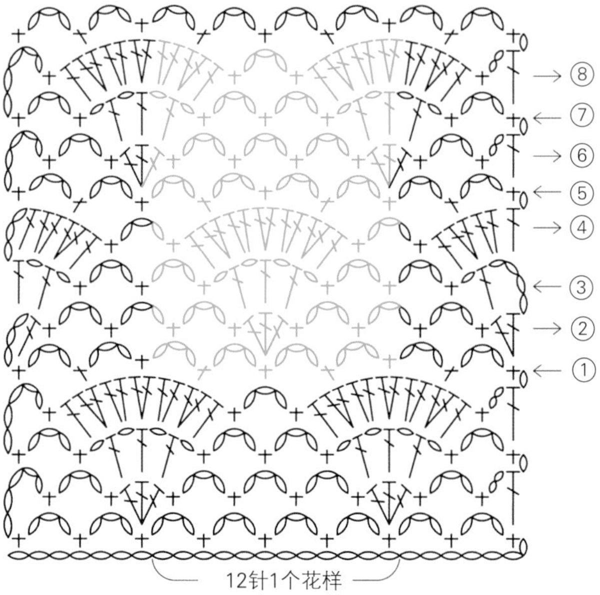

198

※照片是实物尺寸的65%

199

※照片是实物尺寸的65%

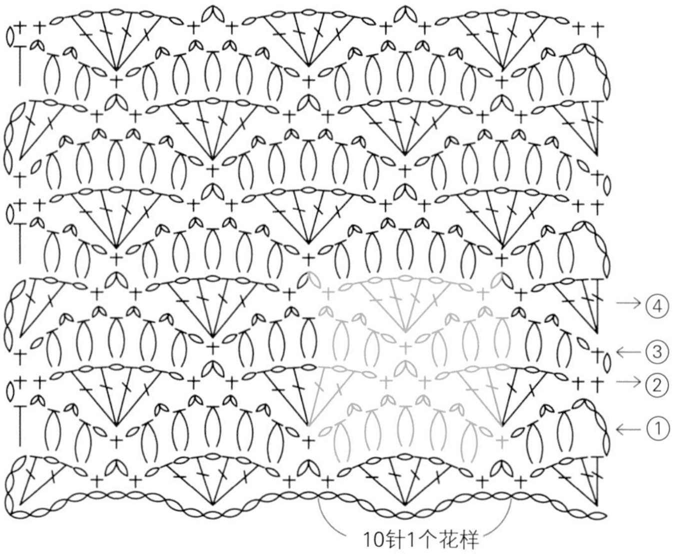

 使用毛线：25克，约125米

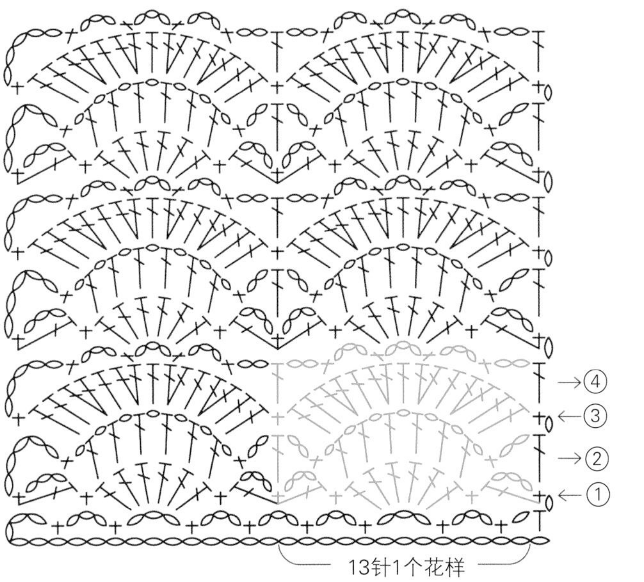

→④
←③
→②
←①
13针1个花样

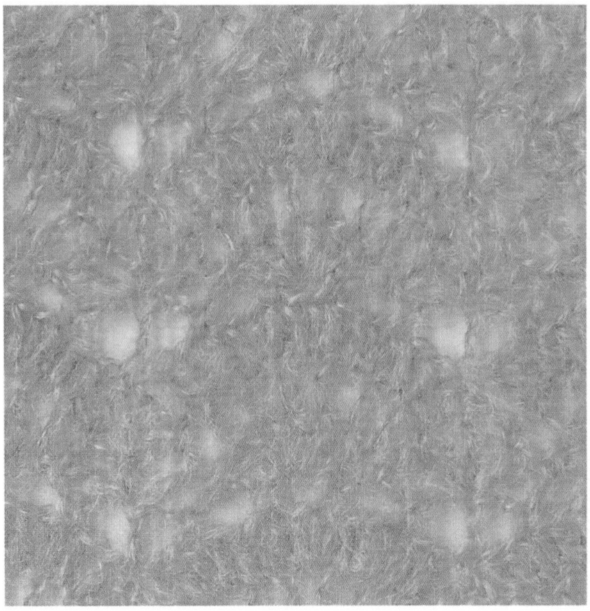

200

※照片是实物尺寸的65%

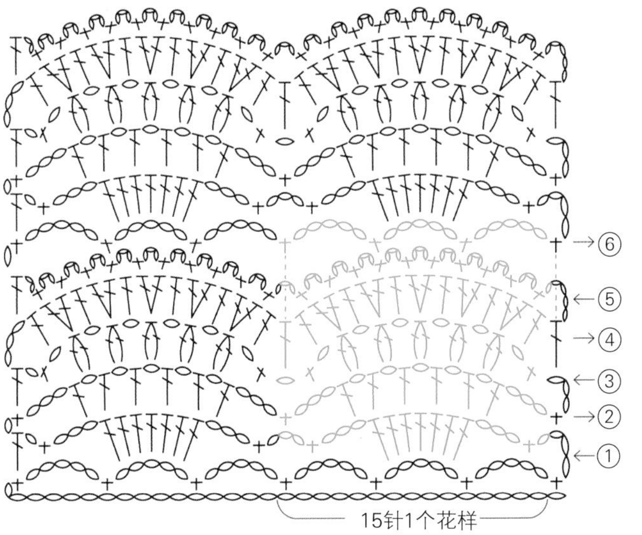

→⑥
←⑤
→④
←③
→②
←①
15针1个花样

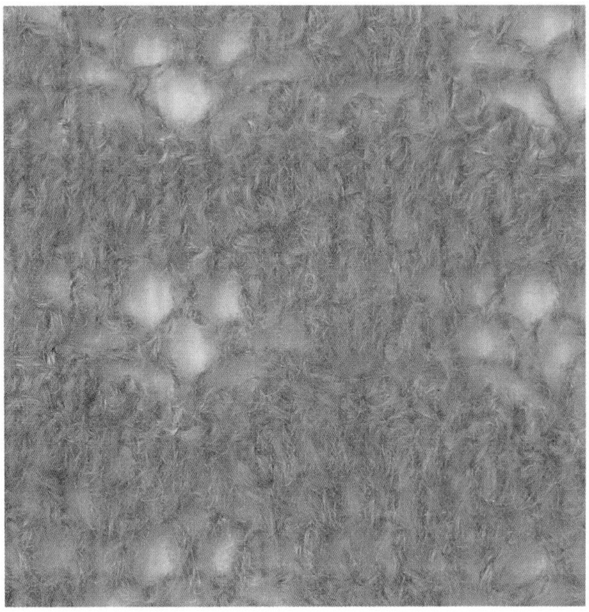

201

※照片是实物尺寸的65%

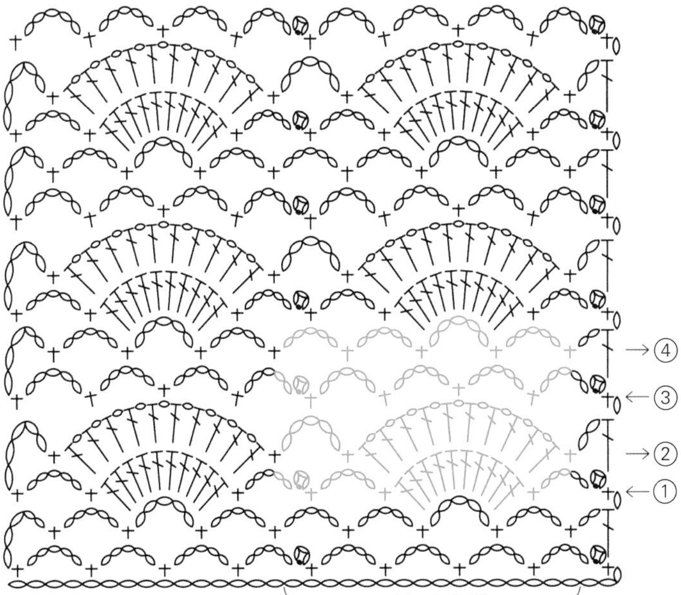

→④
←③
→②
←①
16针1个花样

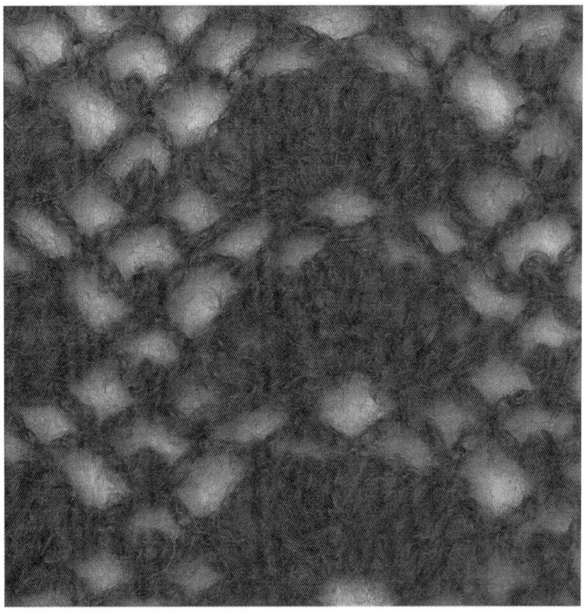

202

※照片是实物尺寸的65%

使用毛线：25克，约125米

203

④
③
②
①
12针1个花样

204

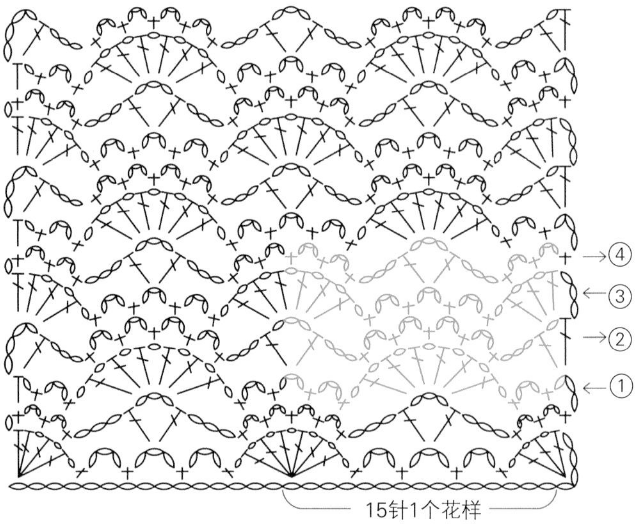
④
③
②
①
15针1个花样

205

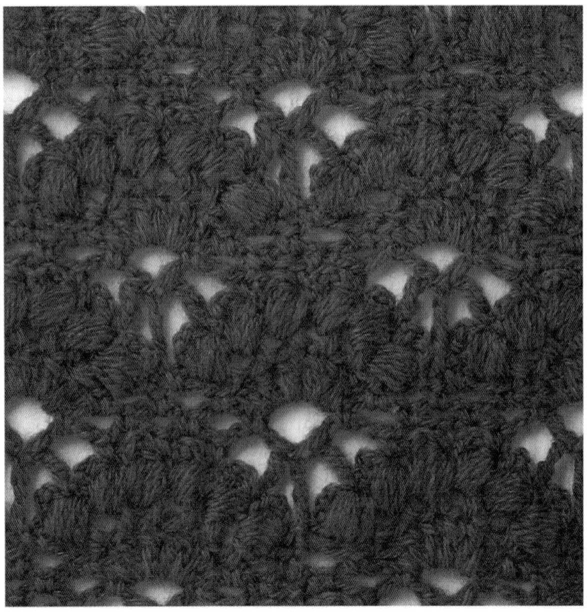

⑧
⑦
⑥
⑤
④
③
②
①
16针1个花样

使用毛线：25克，约150米

206

→④
←③
→②
←①
16针1个花样

※照片是实物尺寸的65%

207

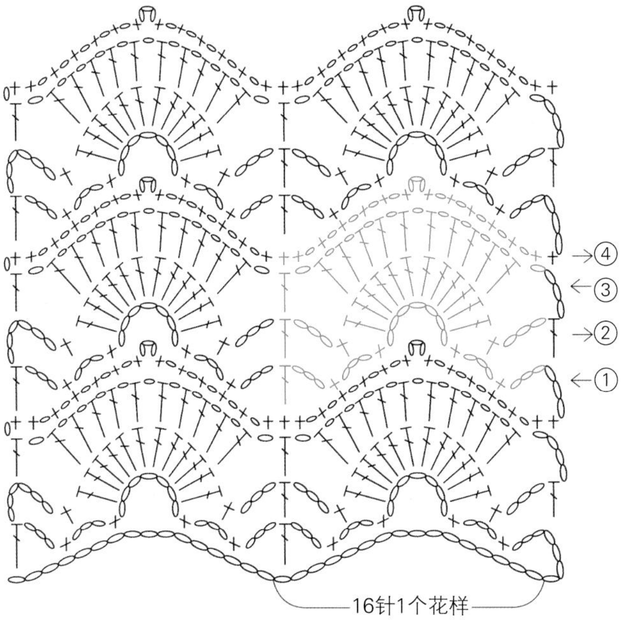
→④
←③
→②
←①
16针1个花样

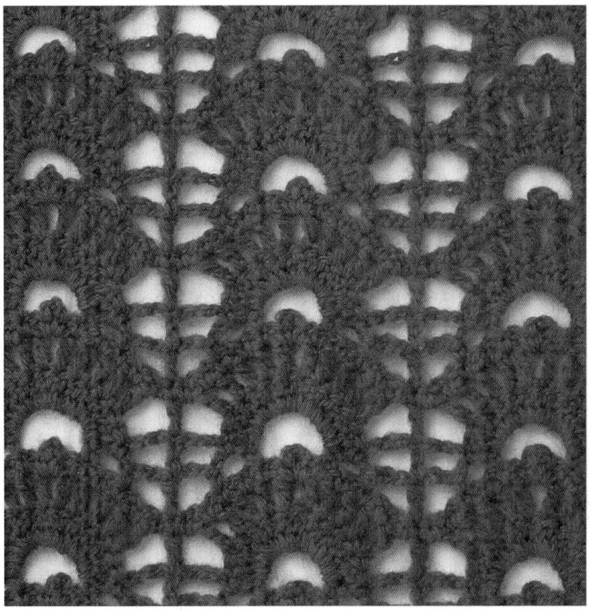

※照片是实物尺寸的65%

208

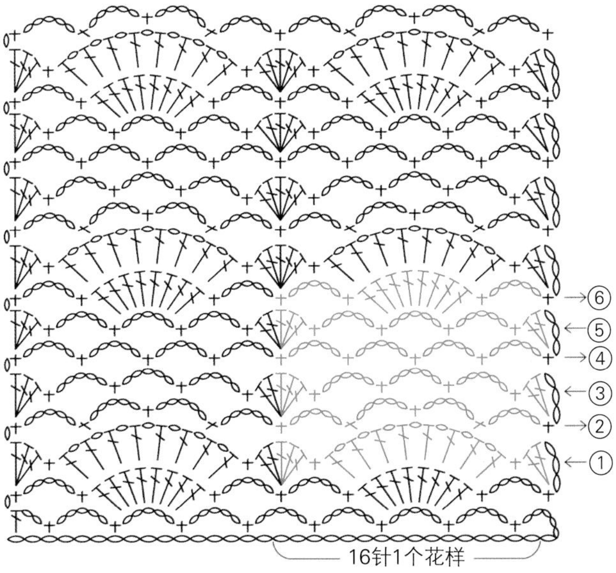
→⑥
←⑤
→④
←③
→②
←①
16针1个花样

※照片是实物尺寸的65%

使用毛线：25克，约150米

209

※照片是实物尺寸的65%

④
③
②
①
18针1个花样

210

※照片是实物尺寸的65%

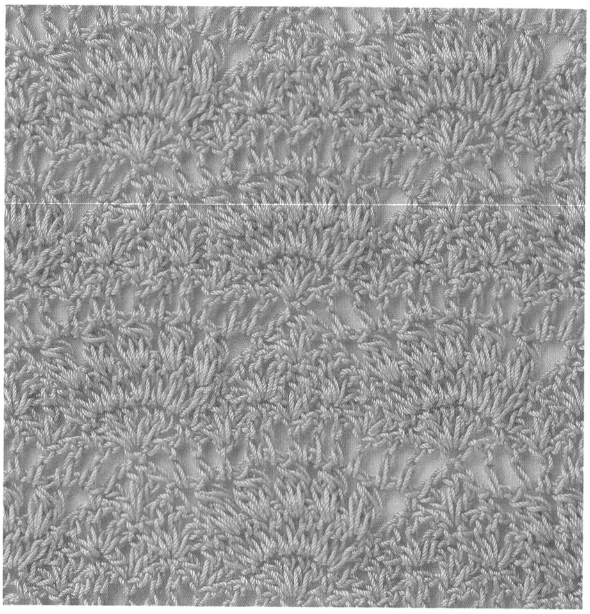

211

※照片是实物尺寸的65%

210 参照第107页

211

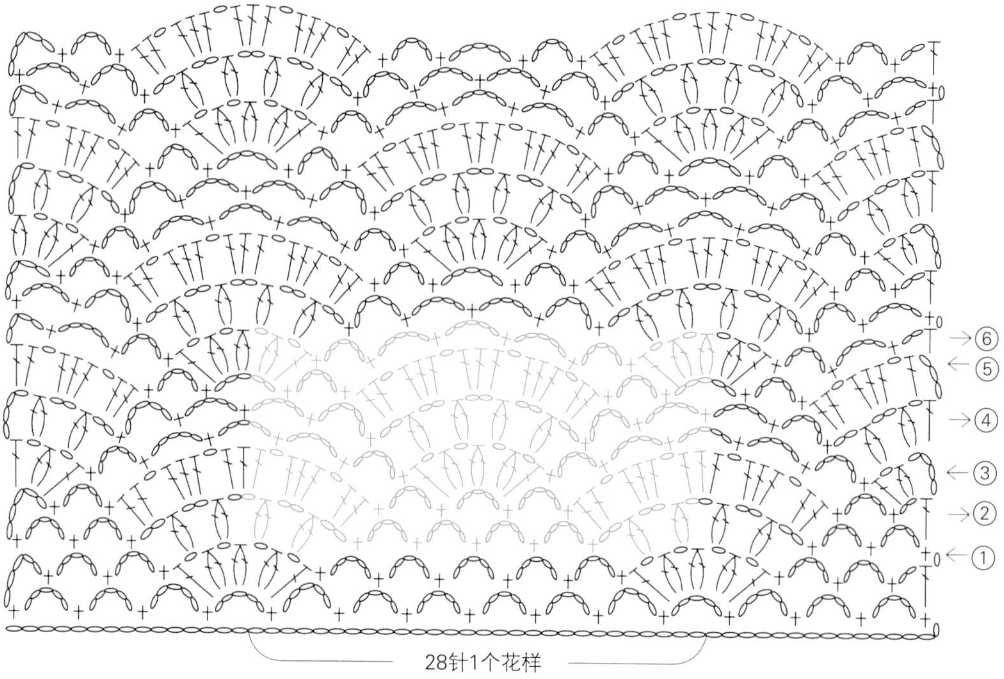
⑥
⑤
④
③
②
①
28针1个花样

使用毛线：25克，约109米

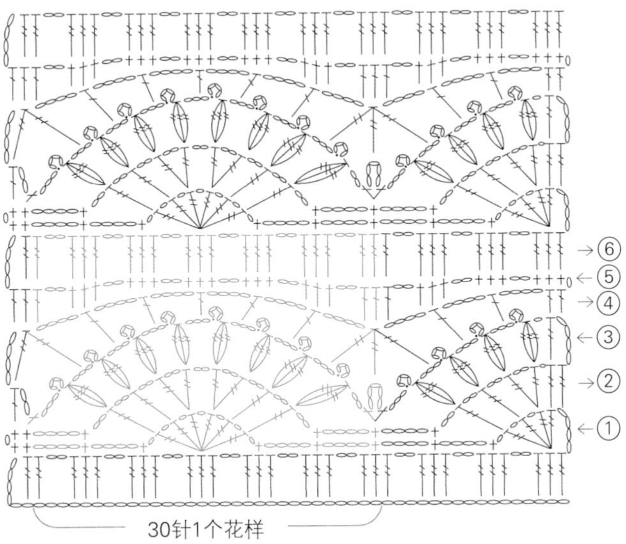

212

※照片是实物尺寸的65%

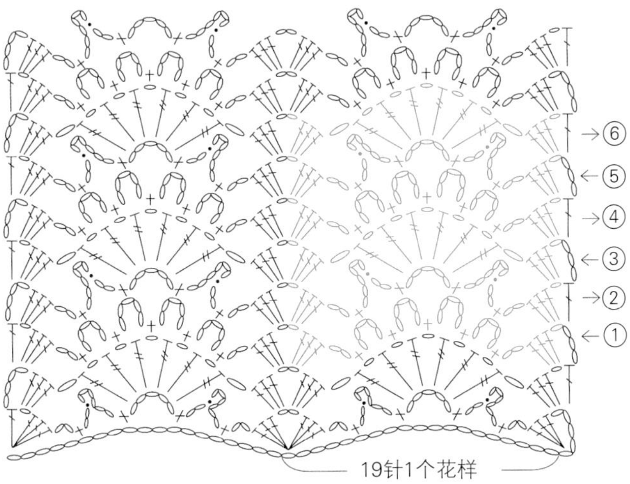

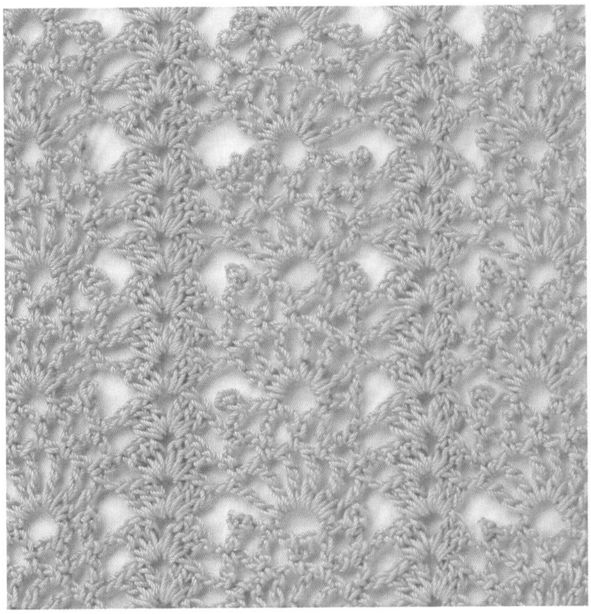

213

※照片是实物尺寸的65%

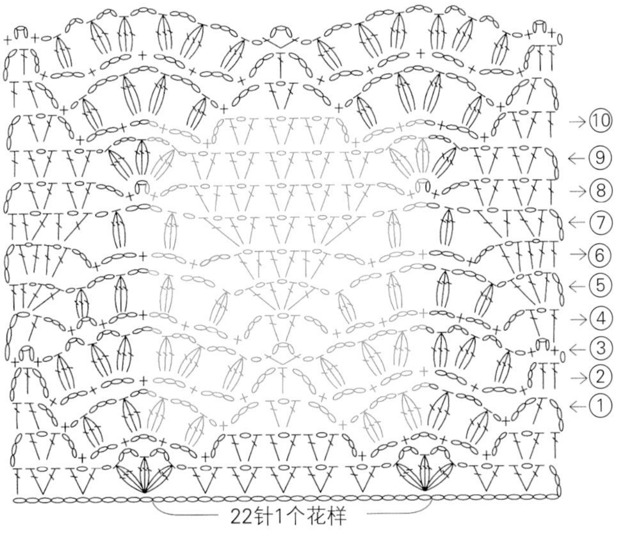

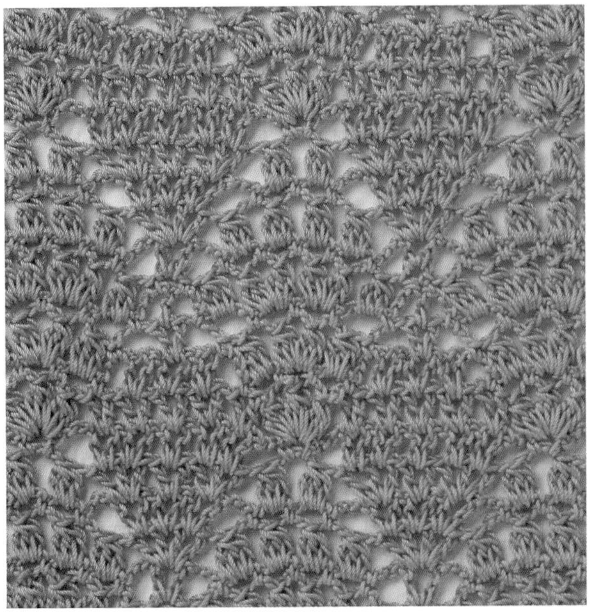

214

※照片是实物尺寸的65%

使用毛线：25克，约109米

215 ※照片是实物尺寸的65%

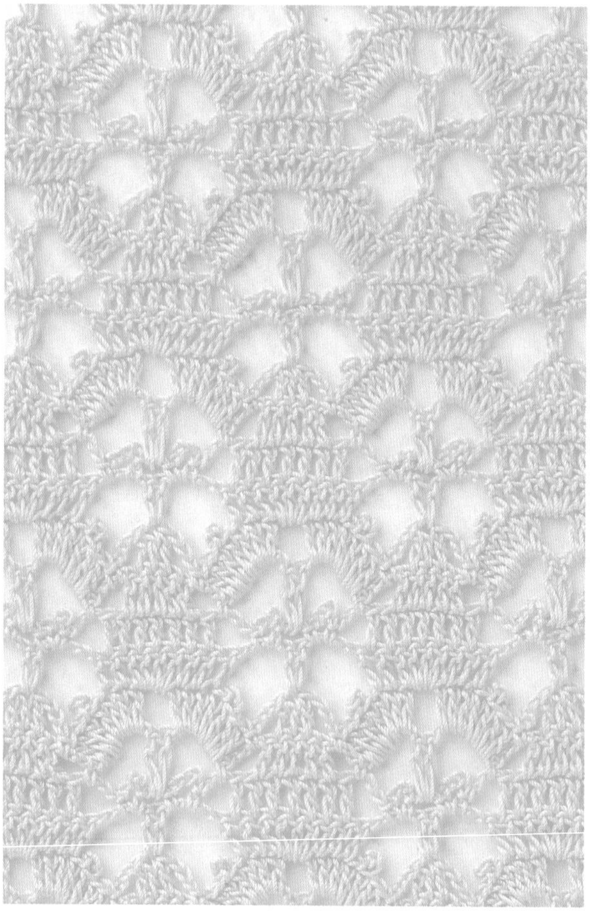

216 ※照片是实物尺寸的65%

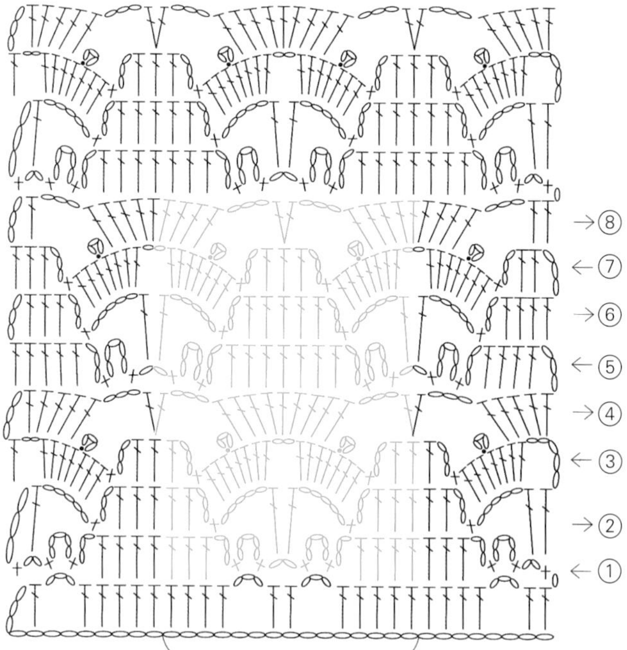

15针1个花样

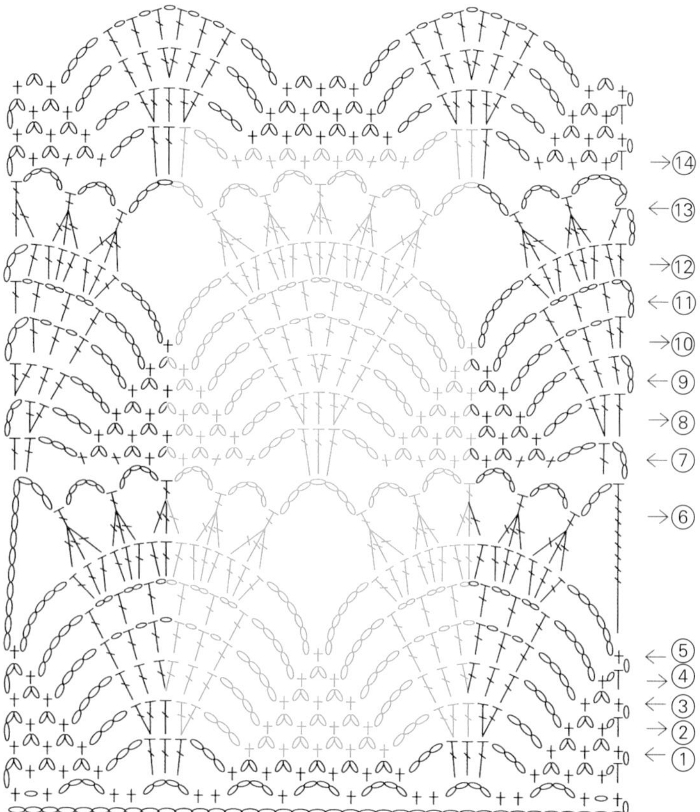

18针1个花样

 使用毛线：25克，约109米

217 ※照片是实物尺寸的65%

218 ※照片是实物尺寸的65%

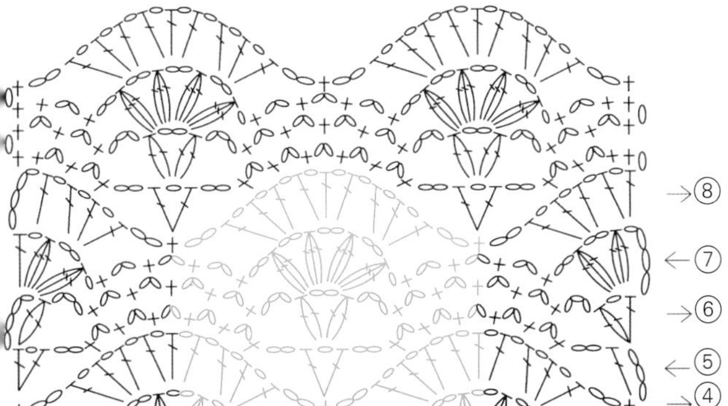

14针1个花样

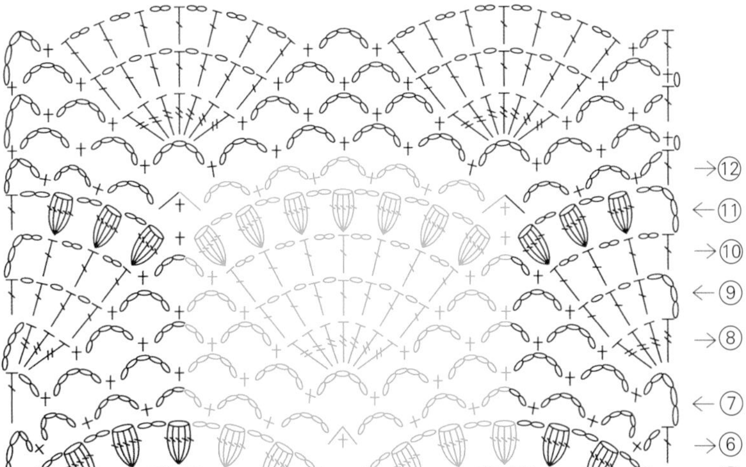

20针1个花样

使用毛线：25克，约109米

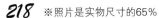

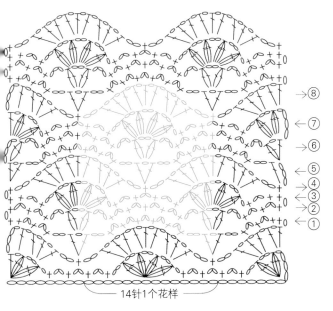

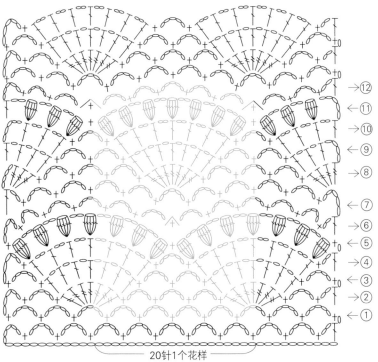

菠萝针花样

219 ※照片是实物尺寸的65%

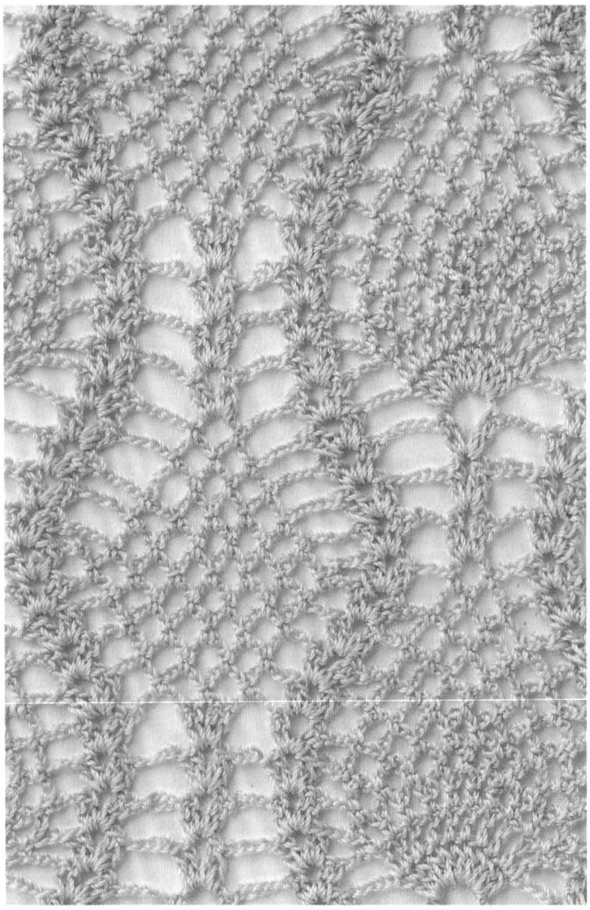

220 ※照片是实物尺寸的65%

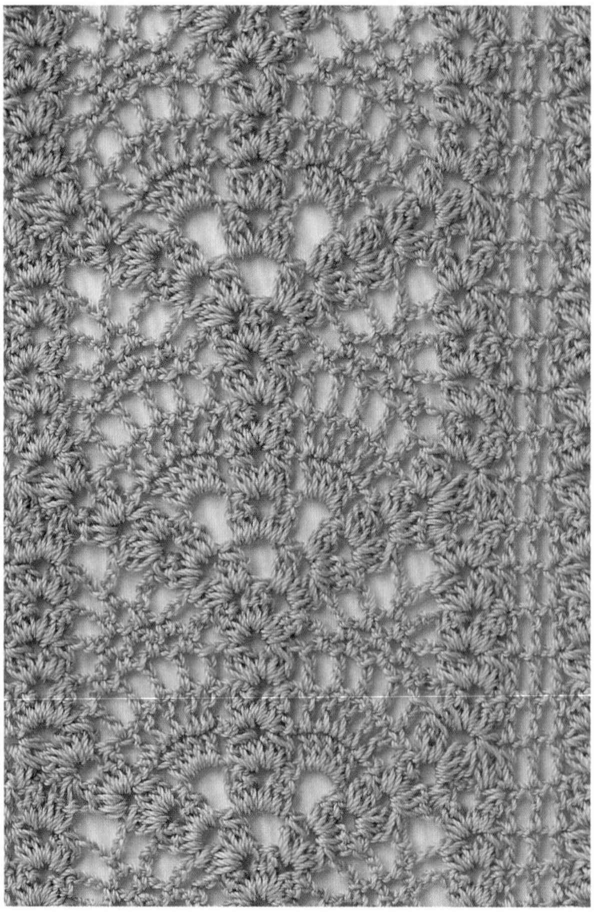

219 参照第106页

220

使用毛线：25克，约160米

221

④
③
②
①
12针1个花样

222

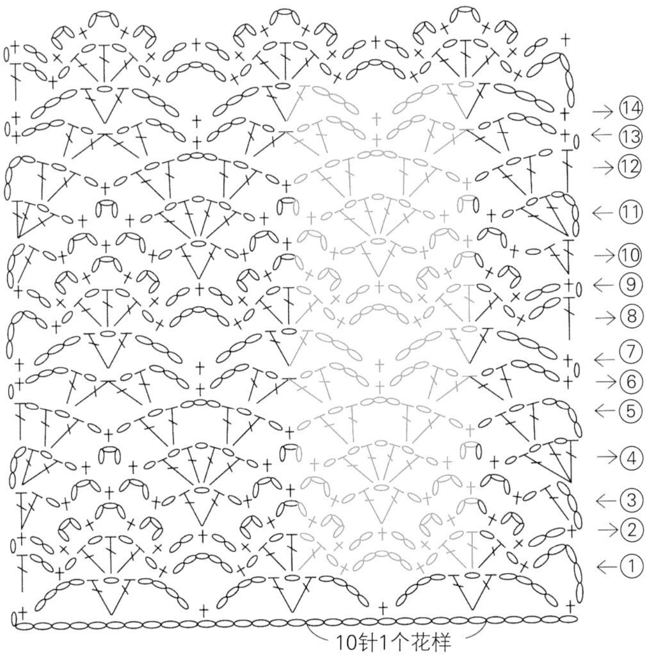
⑭
⑬
⑫
⑪
⑩
⑨
⑧
⑦
⑥
⑤
④
③
②
①
10针1个花样

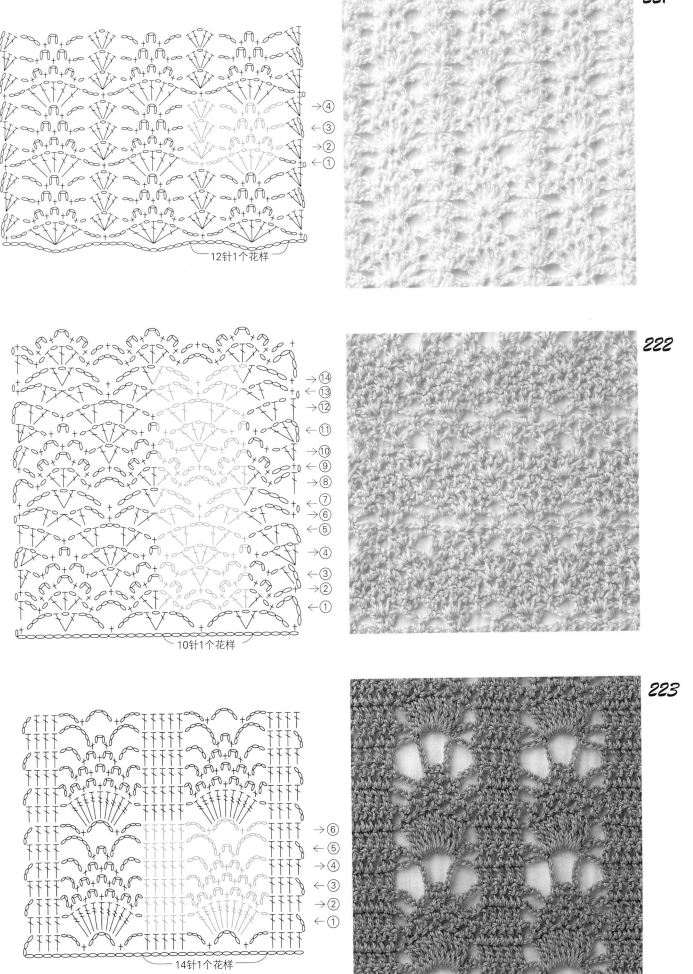

223

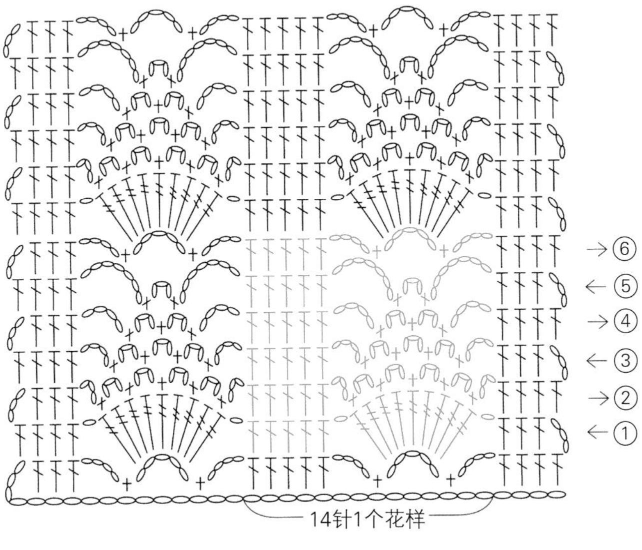
⑥
⑤
④
③
②
①
14针1个花样

使用毛线：25克，约160米

224

※照片是实物尺寸的65%

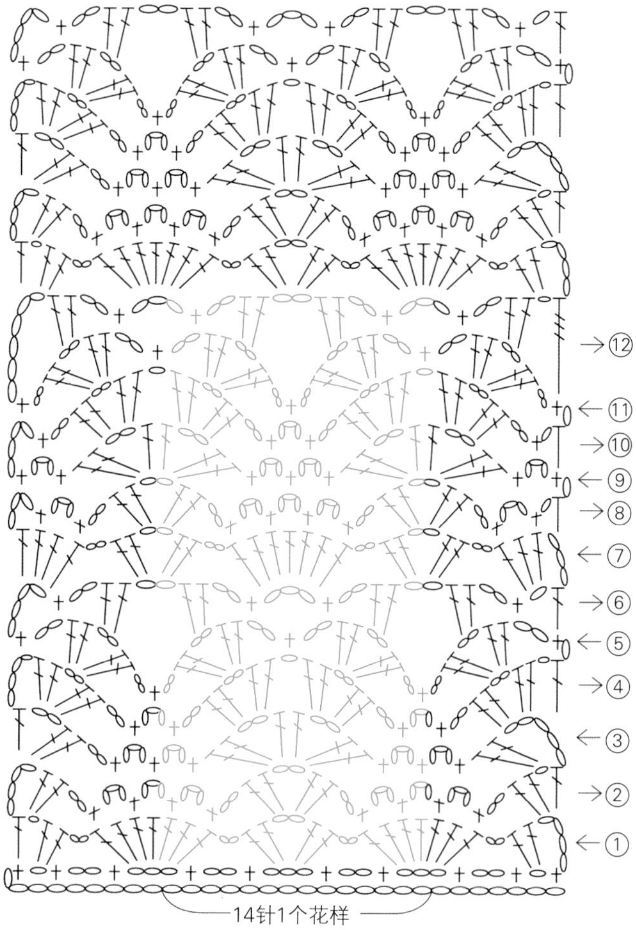

→⑫
←⑪
→⑩
←⑨
→⑧
←⑦
→⑥
←⑤
→④
←③
→②
←①
14针1个花样

225

※照片是实物尺寸的65%

225 参照第105页

226

※照片是实物尺寸的65%

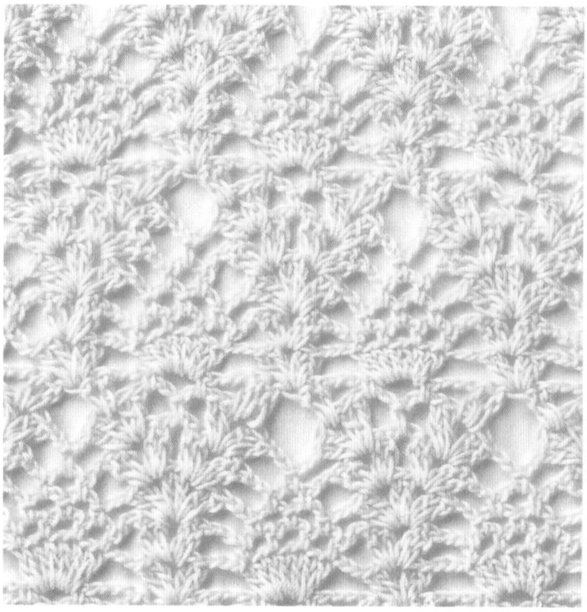

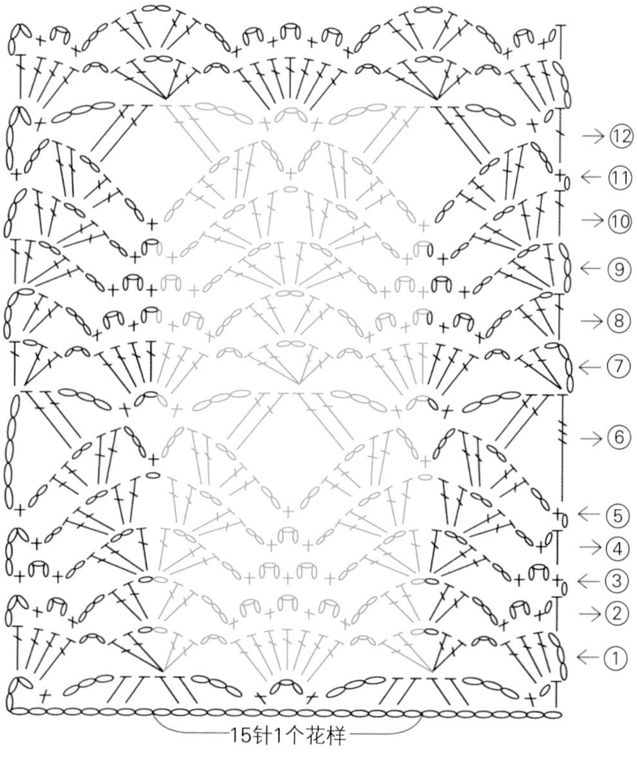

→⑫
←⑪
→⑩
←⑨
→⑧
←⑦
→⑥
←⑤
→④
←③
→②
←①
15针1个花样

使用毛线：25克，约105米

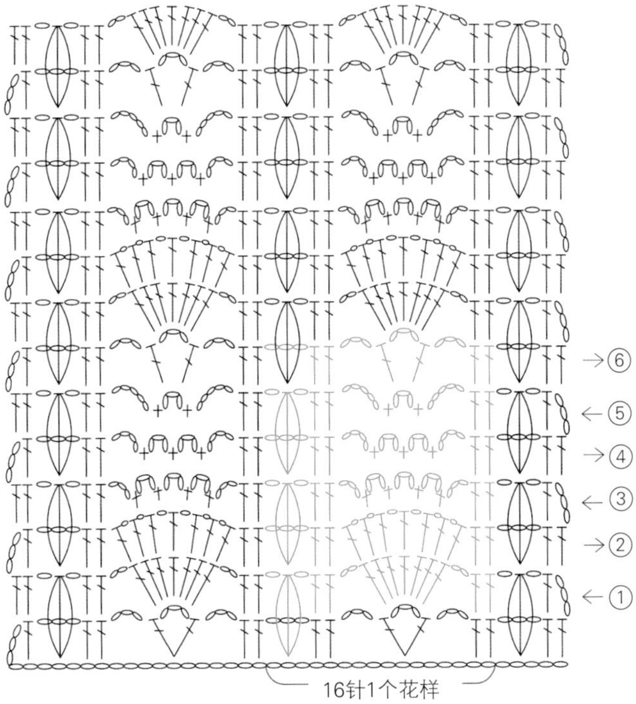

→⑥
←⑤
→④
←③
→②
←①
16针1个花样

227

※照片是实物尺寸的65%

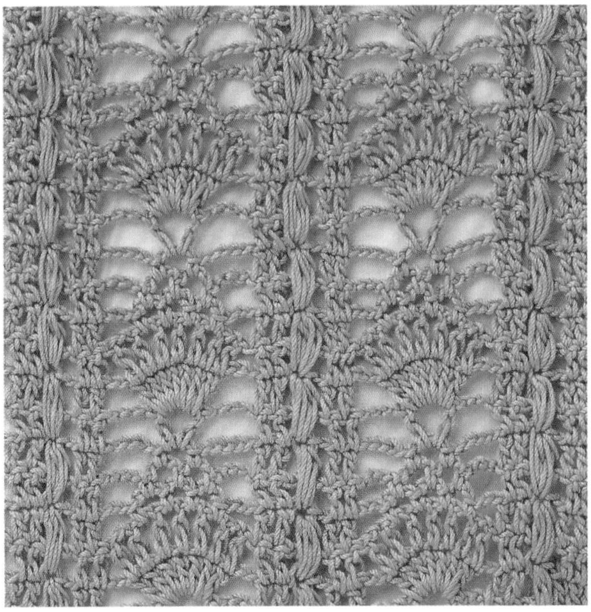

228 参照第107页

228

※照片是实物尺寸的65%

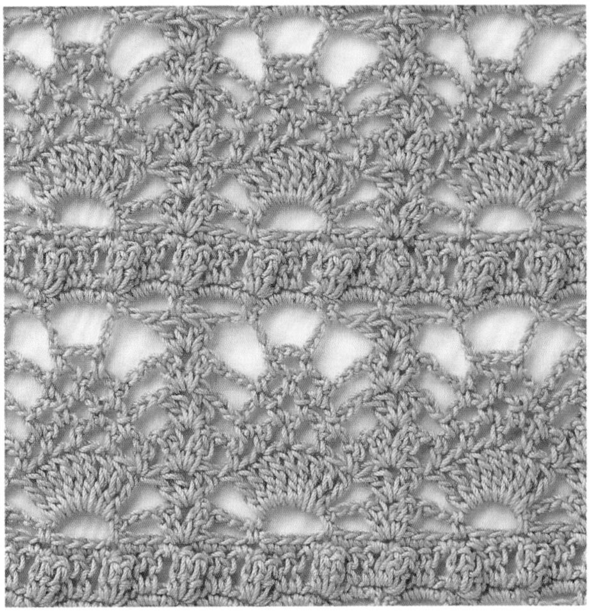

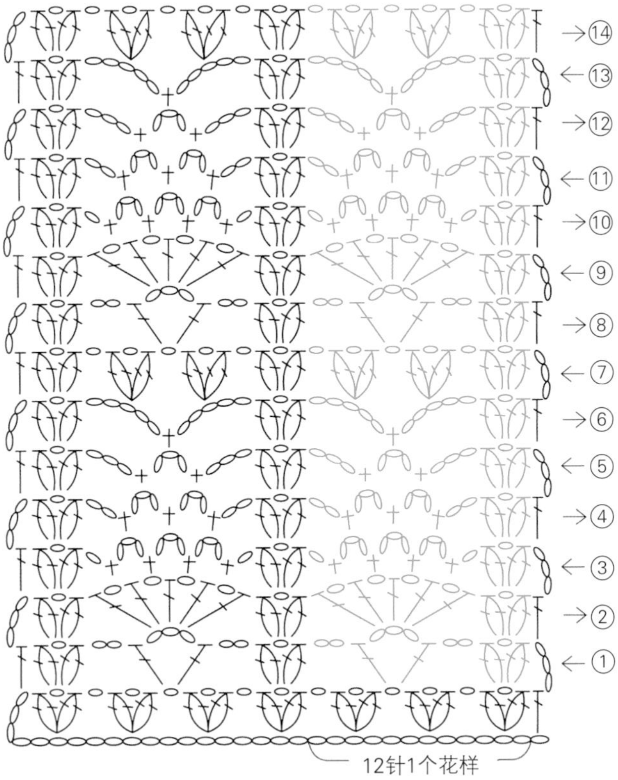

→⑭
←⑬
→⑫
←⑪
→⑩
←⑨
→⑧
←⑦
→⑥
←⑤
→④
←③
→②
←①
12针1个花样

229

※照片是实物尺寸的65%

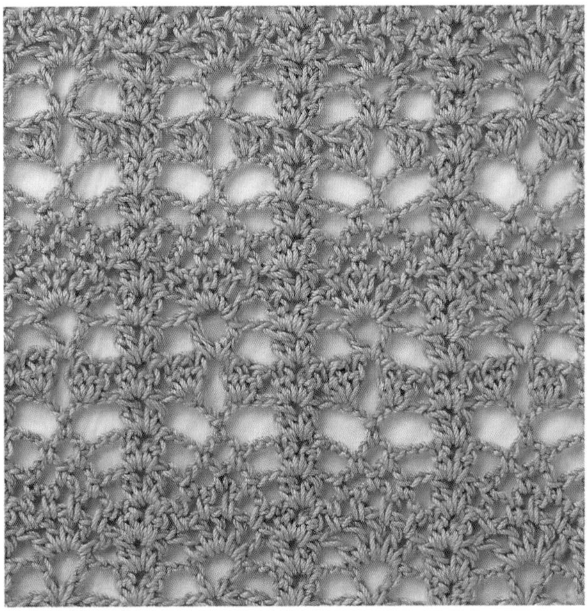

使用毛线：25克，约105米

230 ※照片是实物尺寸的65%

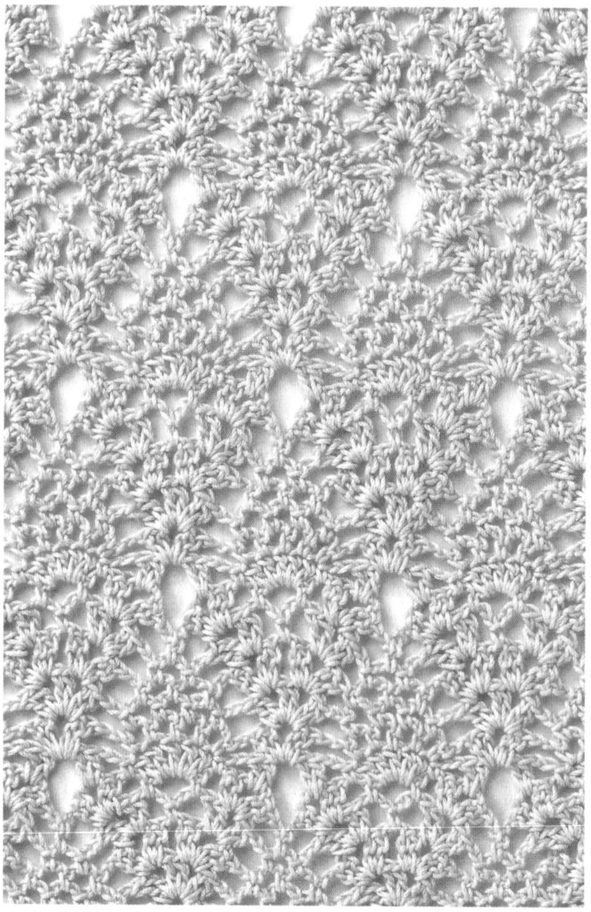

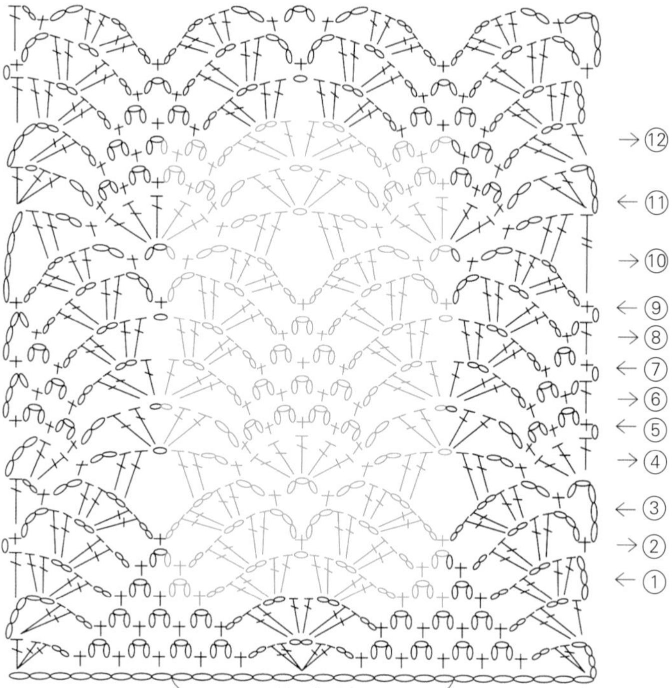
→⑫
←⑪
→⑩
←⑨
→⑧
←⑦
→⑥
←⑤
→④
←③
→②
←①
14针1个花样

231 ※照片是实物尺寸的65%

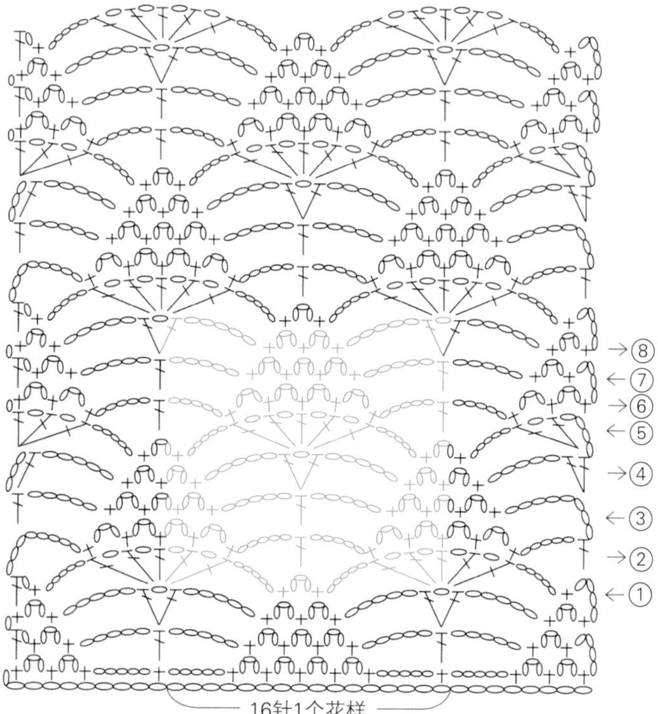
→⑧
←⑦
→⑥
←⑤
→④
←③
→②
←①
16针1个花样

使用毛线：25克，约105米

232 ※照片是实物尺寸的65%

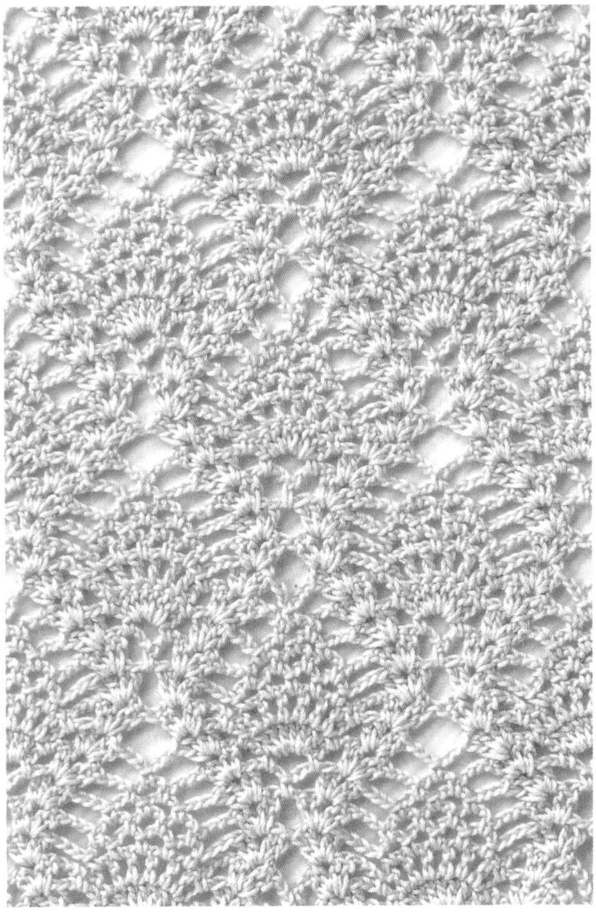

233 ※照片是实物尺寸的65%

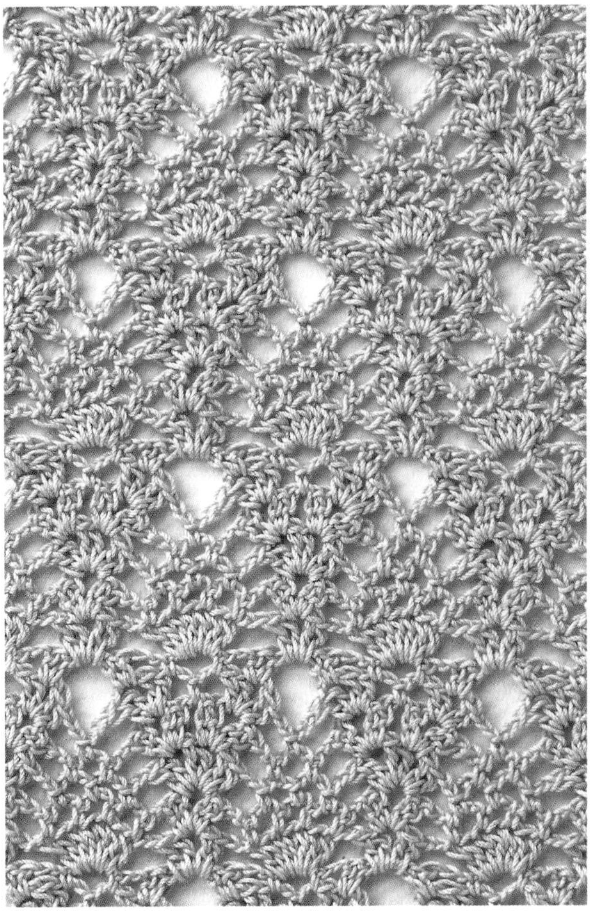

233 参照第106页

232

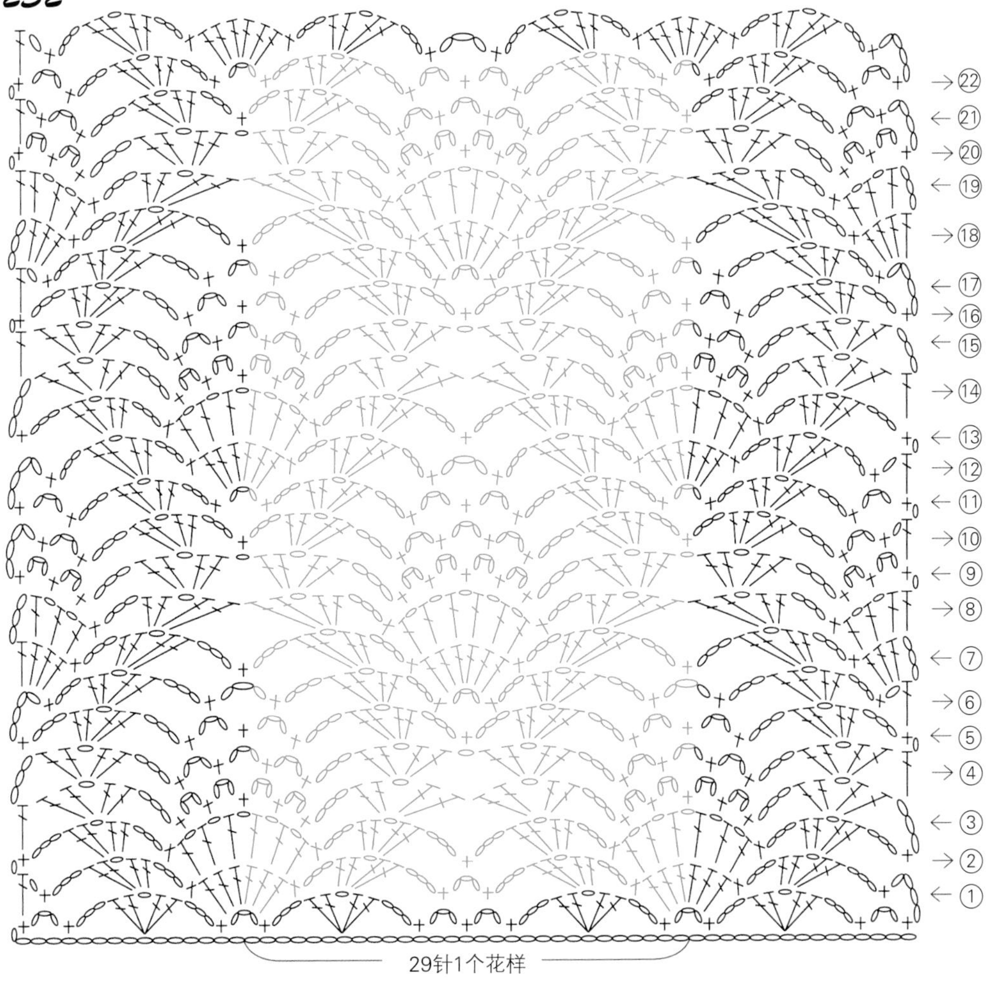

22
21
20
19
18
17
16
15
14
13
12
11
10
9
8
7
6
5
4
3
2
1
29针1个花样

使用毛线：25克，约105米

234 ※照片是实物尺寸的65%

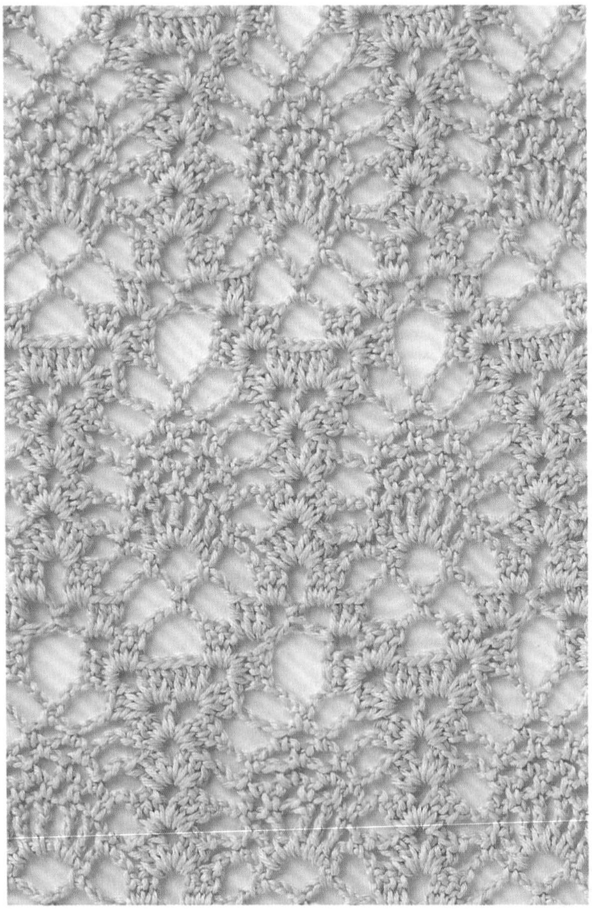

235 ※照片是实物尺寸的65%

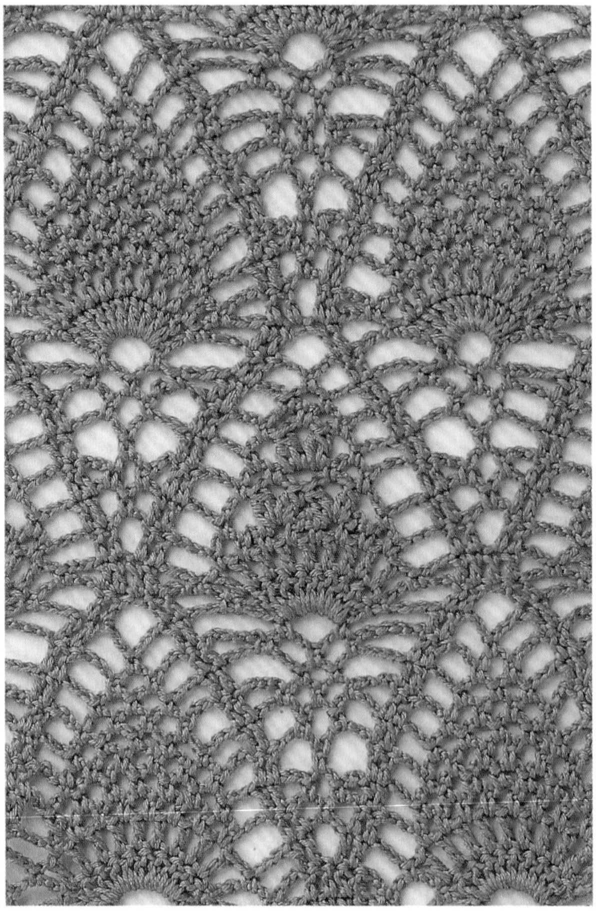

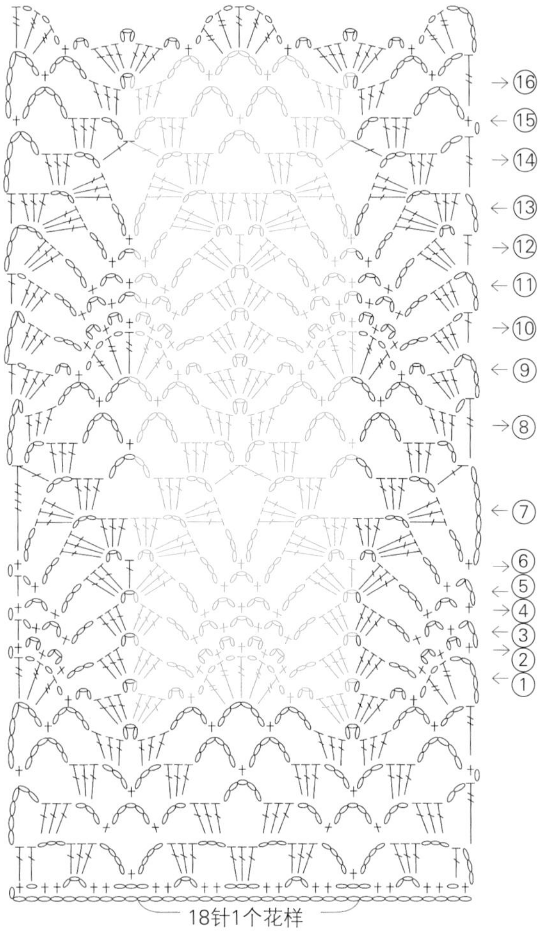
16
15
14
13
12
11
10
9
8
7
6
5
4
3
2
1
18针1个花样

19
18
17
16
15
14
13
12
11
10
9
8
7
6
5
4
3
2
1
26针1个花样

※由于是19行1个花样，在钩织下一个花样时，钩织方向要改变

使用毛线：25克，约157米

236

※照片是实物尺寸的65%

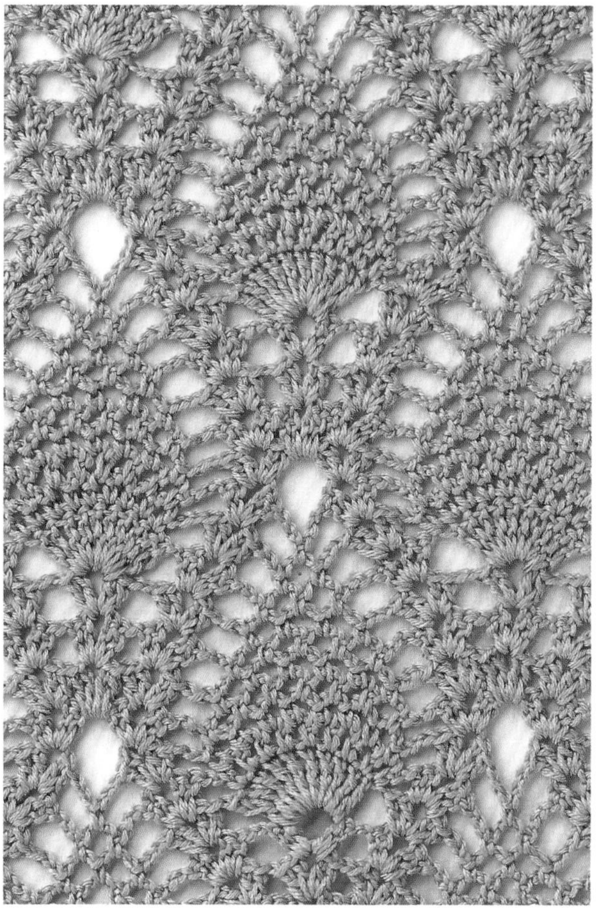

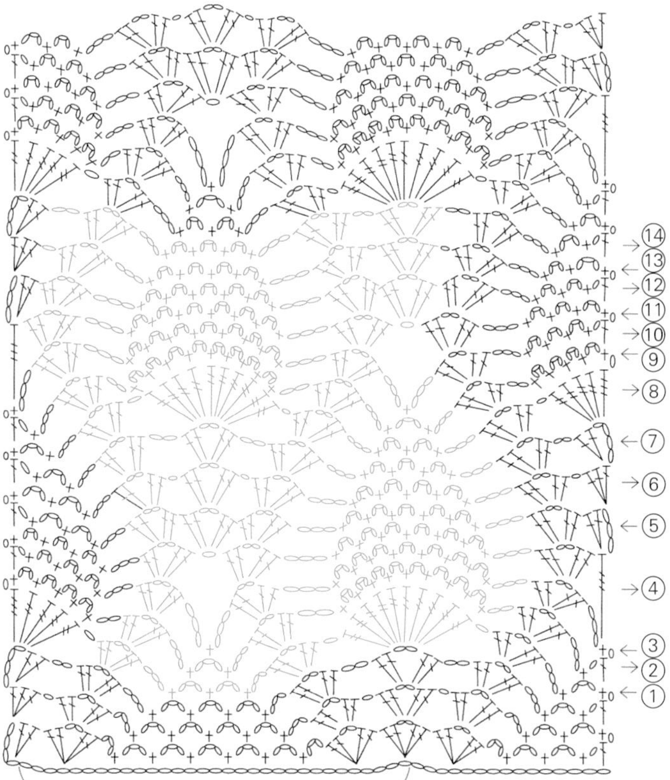

237

※照片是实物尺寸的65%

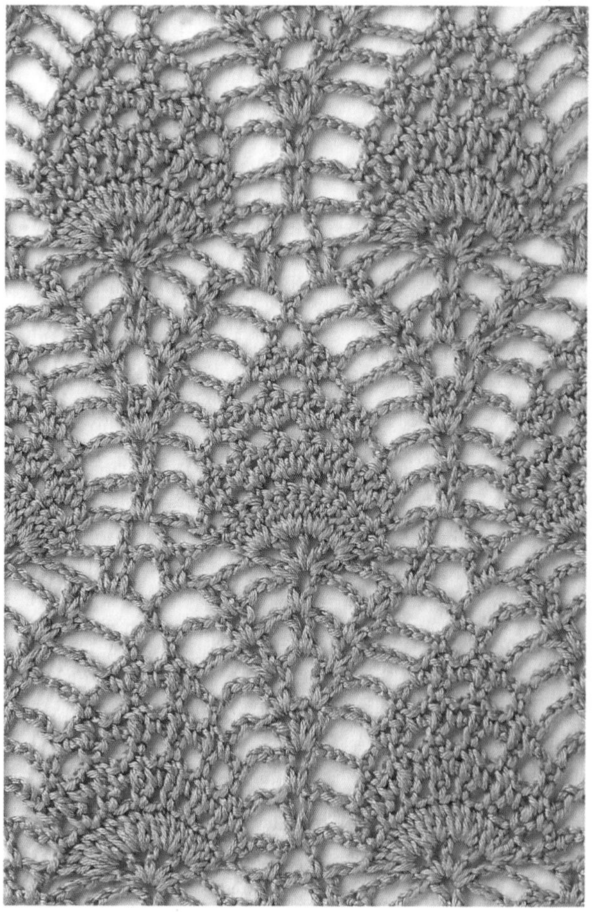

使用毛线：25克，约157米

238

239

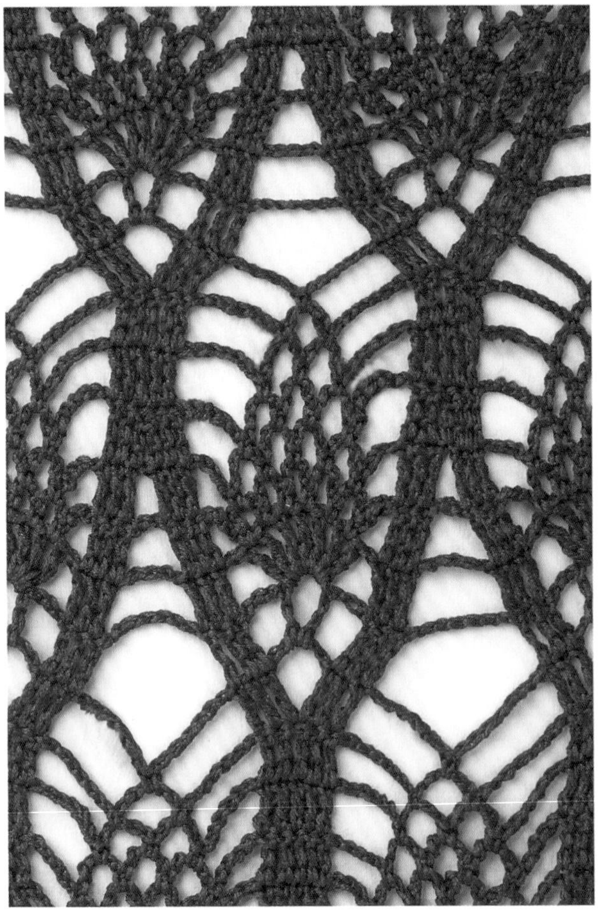

239 参照第107页

238

 使用毛线：25克，约157米

狗牙针花样

④
③
②
①
7针1个花样

240

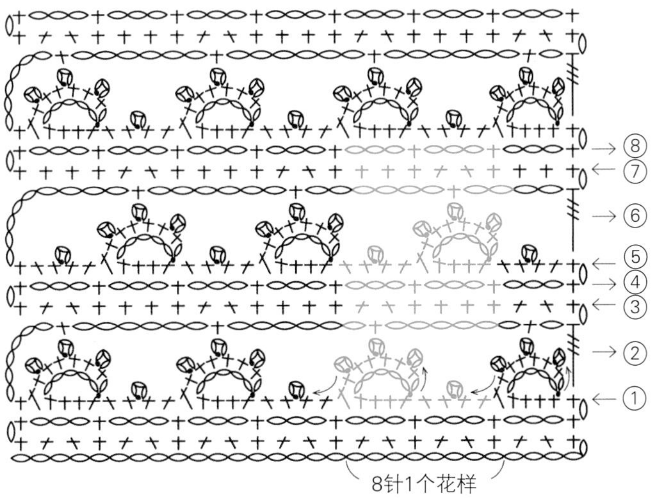
⑧
⑦
⑥
⑤
④
③
②
①
8针1个花样

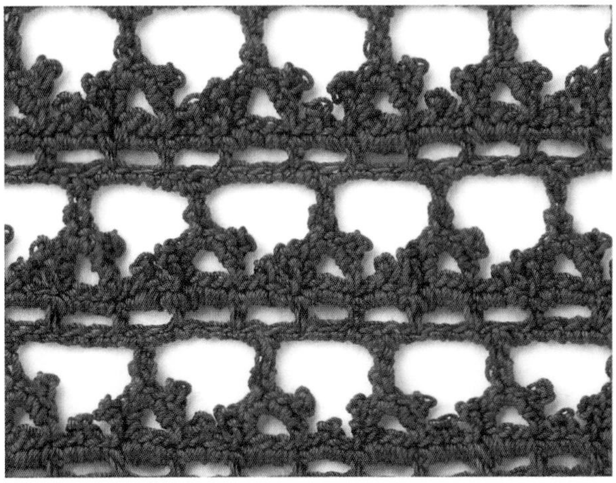

241

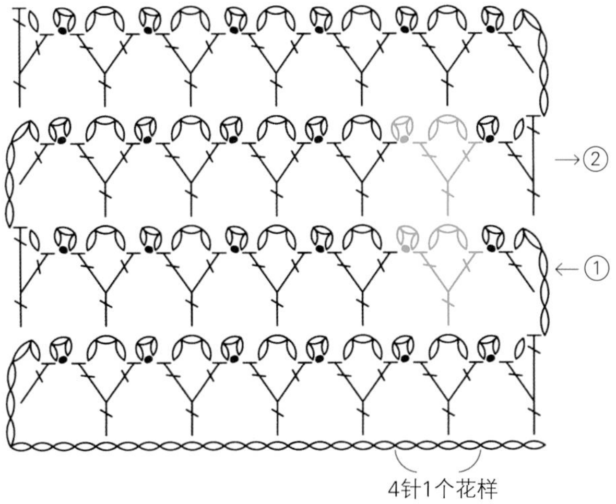
②
①
4针1个花样

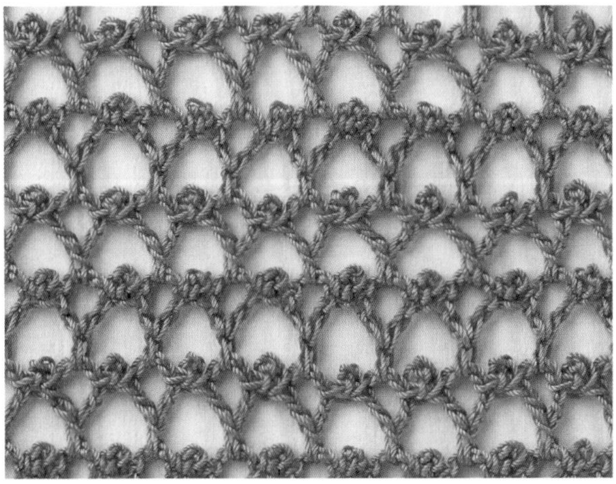

242

使用毛线：25克，约109米

243

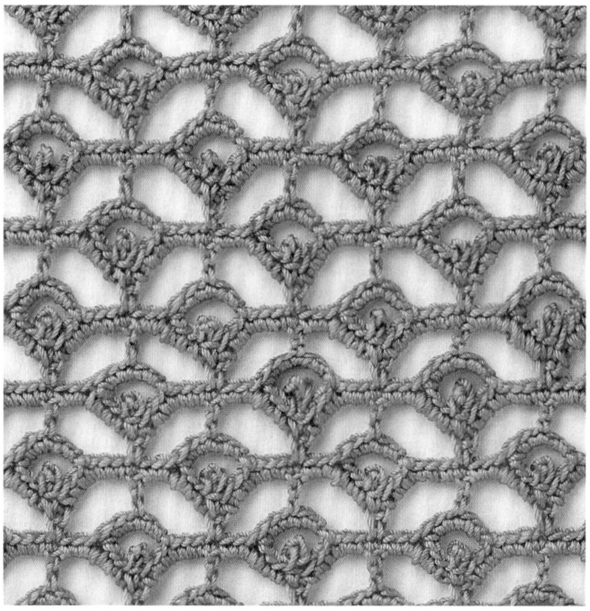

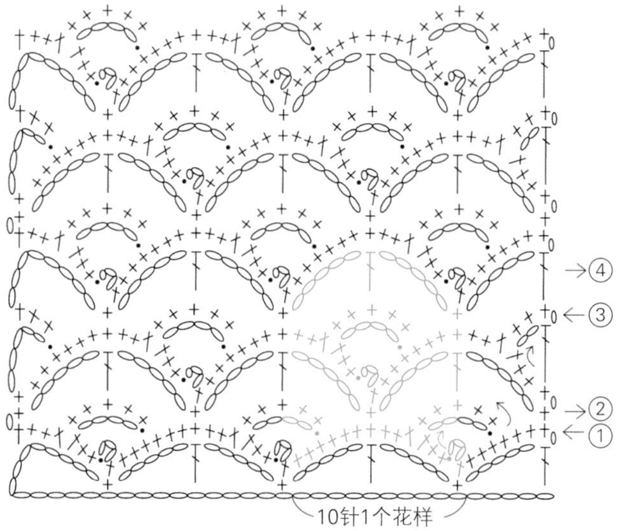
④
③
②
①
10针1个花样

244

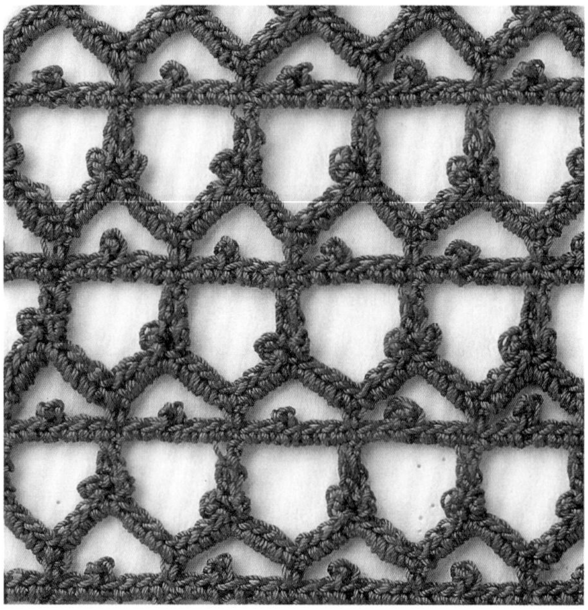

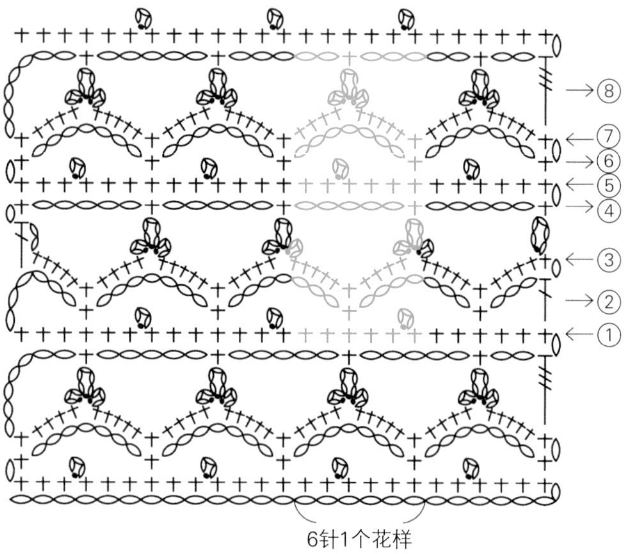
⑧
⑦
⑥
⑤
④
③
②
①
6针1个花样

245

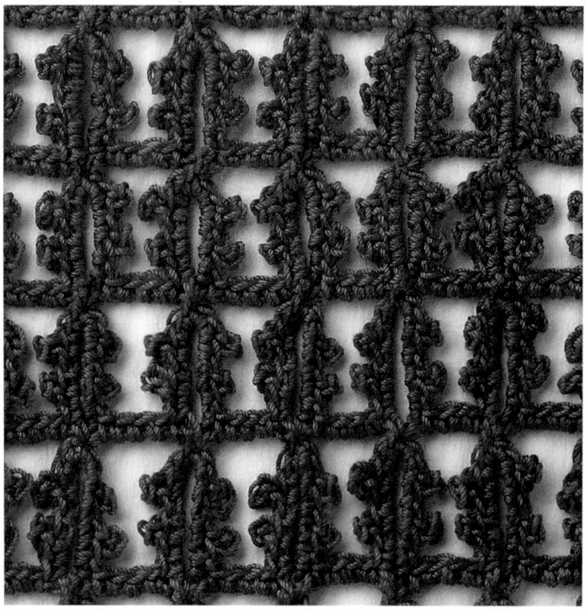

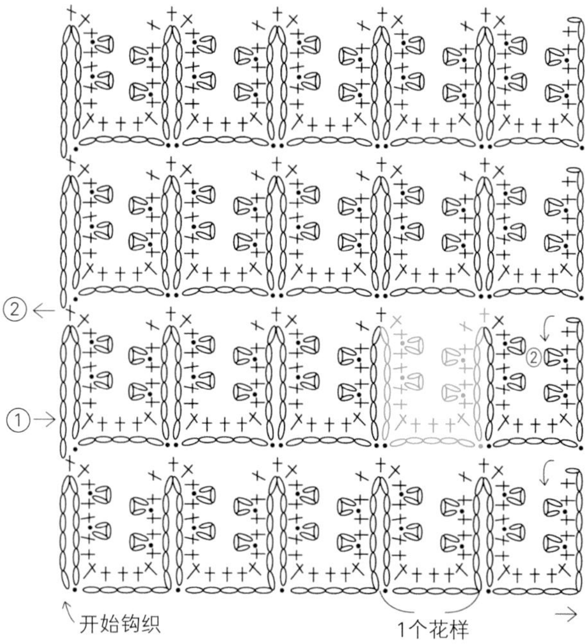
②
①
②
开始钩织
1个花样

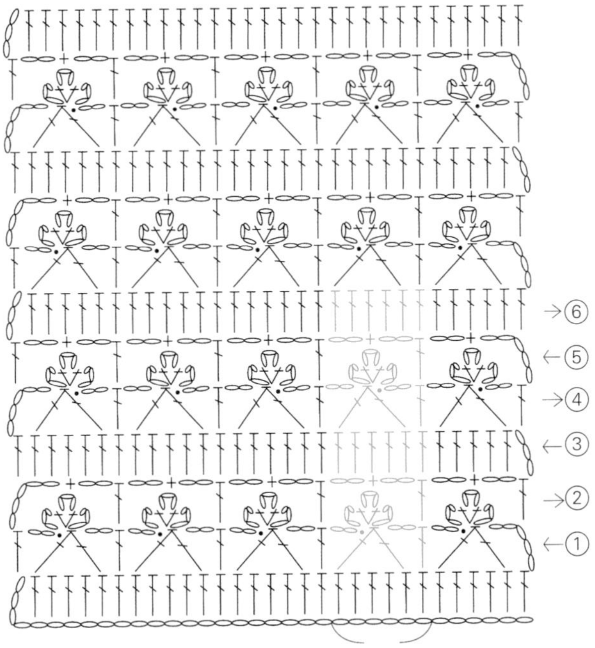

6针1个花样

246

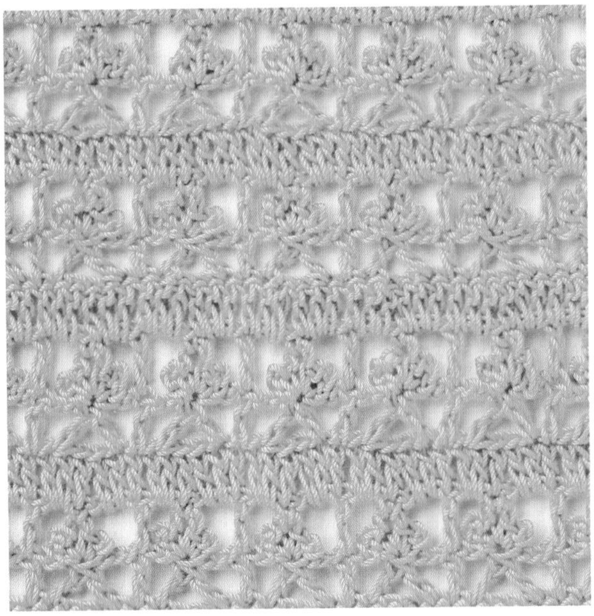

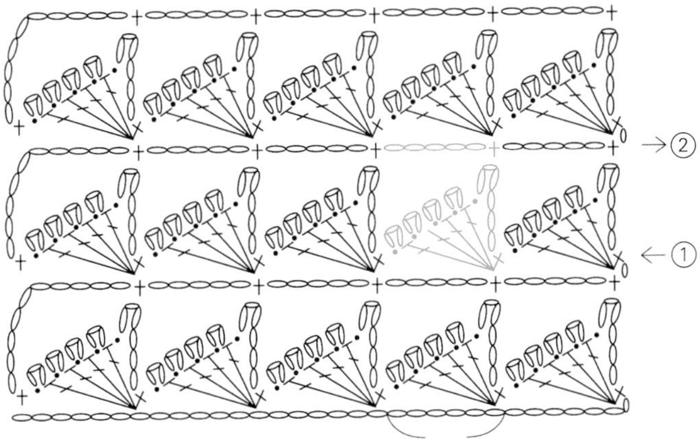

6针1个花样

247

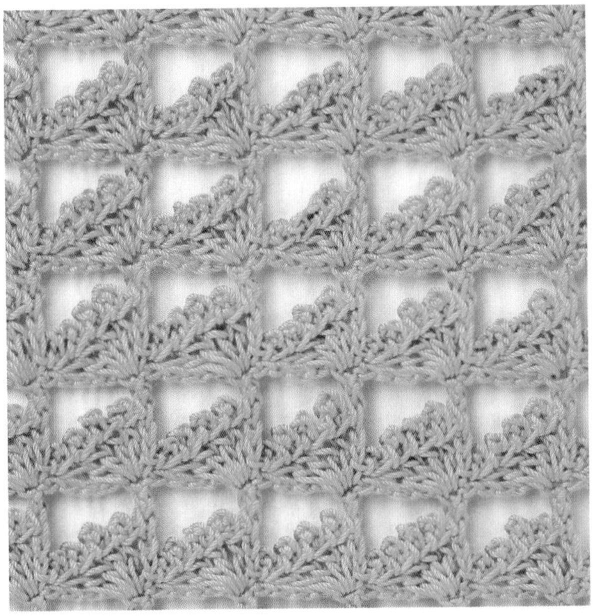

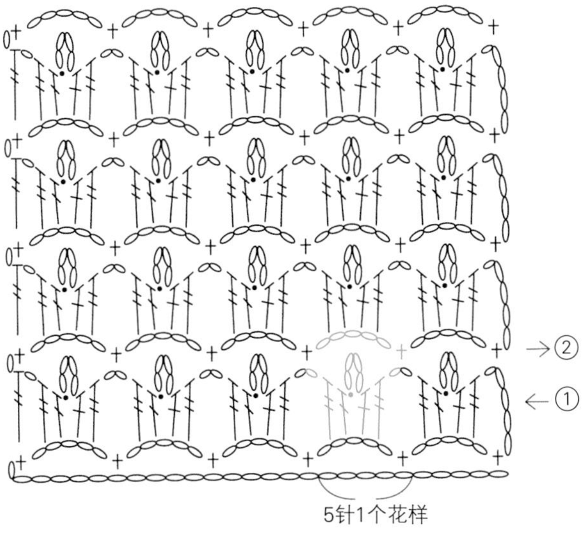

5针1个花样

248

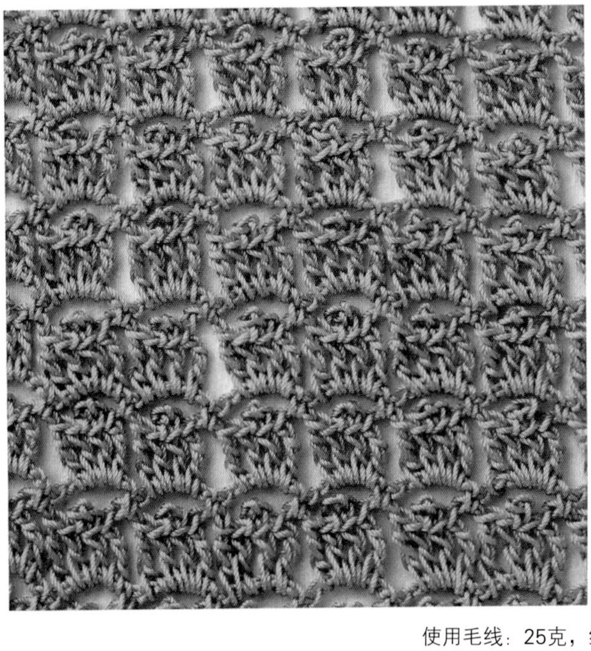

使用毛线：25克，约109米

配色花样

249

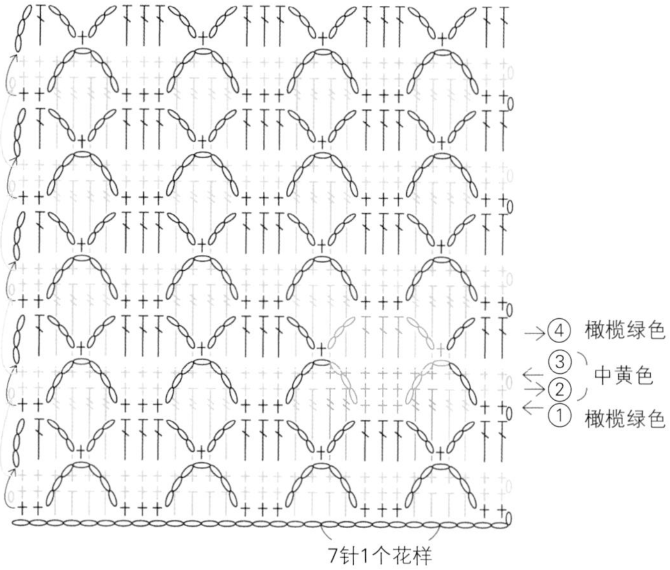
④ 橄榄绿色
③
② 中黄色
① 橄榄绿色
7针1个花样

250

250 参照第105页

251

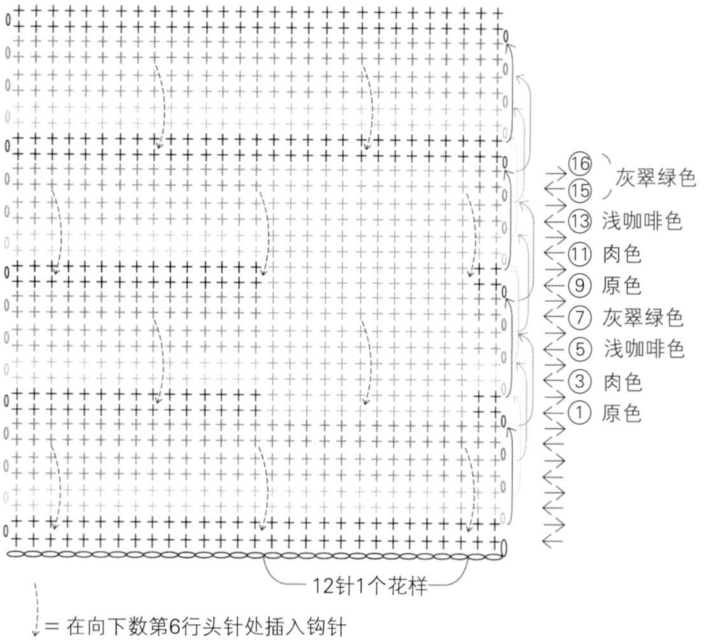
⑯
⑮ 灰翠绿色
⑬ 浅咖啡色
⑪ 肉色
⑨ 原色
⑦ 灰翠绿色
⑤ 浅咖啡色
③ 肉色
① 原色
12针1个花样

= 在向下数第6行头针处插入钩针

使用毛线：40克，约120米

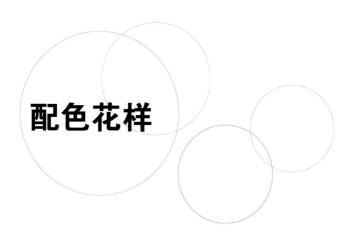

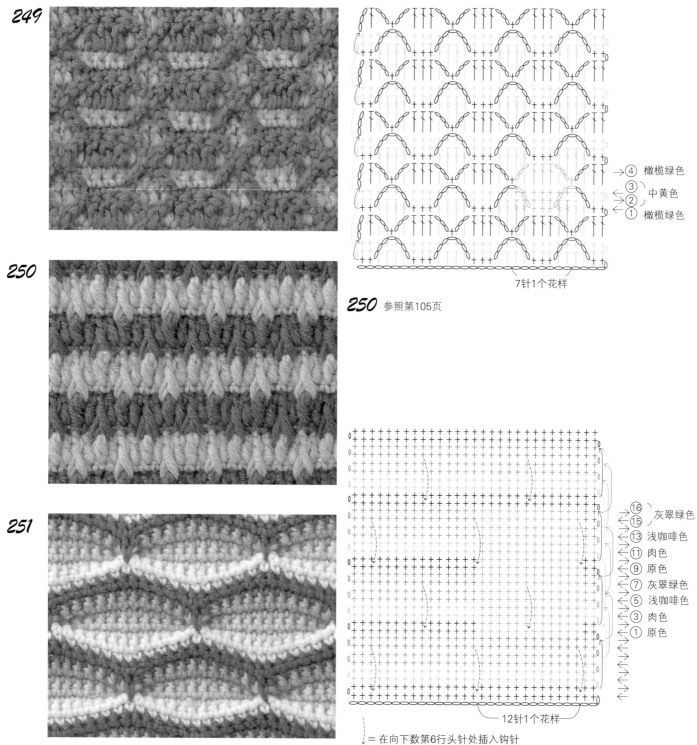

252

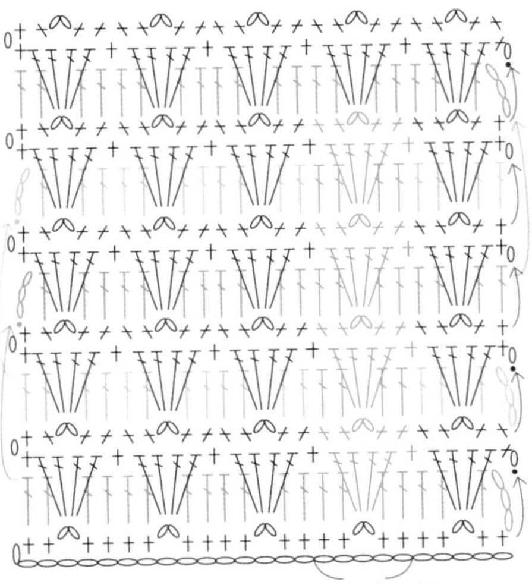

5针1个花样

→⑫ ←⑪ 灰翠绿色
→⑩ 肉色
→⑨ ←⑧ 灰翠绿色
→⑦ 黄绿色
→⑥ ←⑤ 灰翠绿色
←④ 肉色
→③ ←② 灰翠绿色
←① 黄绿色

正面　反面

253

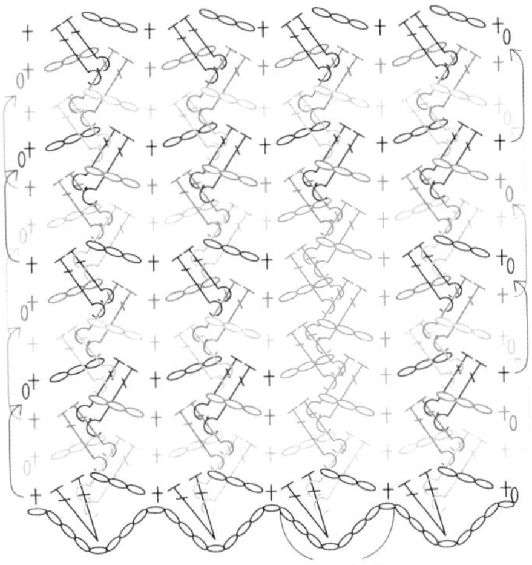

8针1个花样

→⑥ 肉色
←⑤ 原色
→④ 橄榄绿色
←③ 肉色
→② 原色
←① 橄榄绿色

254

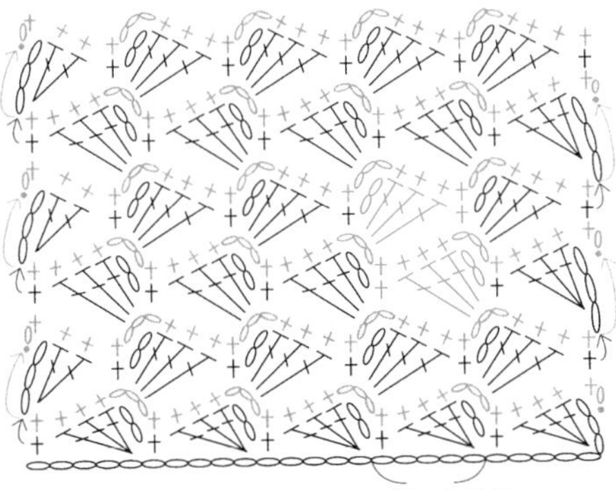

5针1个花样

→④ 浅咖啡色
→③ 橄榄绿色
←② 浅咖啡色
←① 橄榄绿色

255

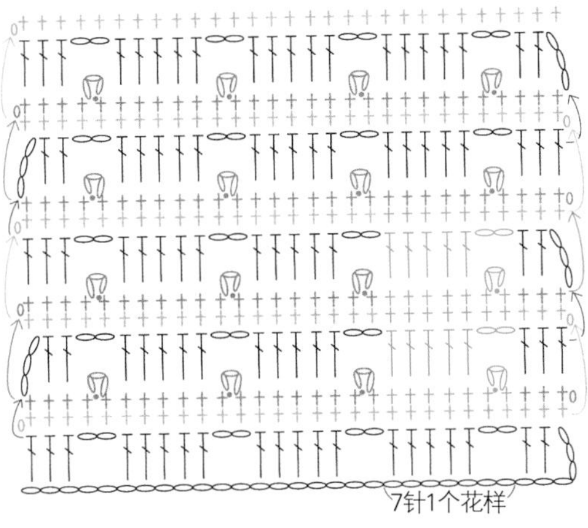

7针1个花样

→⑥ 中黄色
←⑤ 橄榄绿色
→④ ←③ 驼色 中黄色
→② 橄榄绿色
←① 驼色

使用毛线：40克，约120米

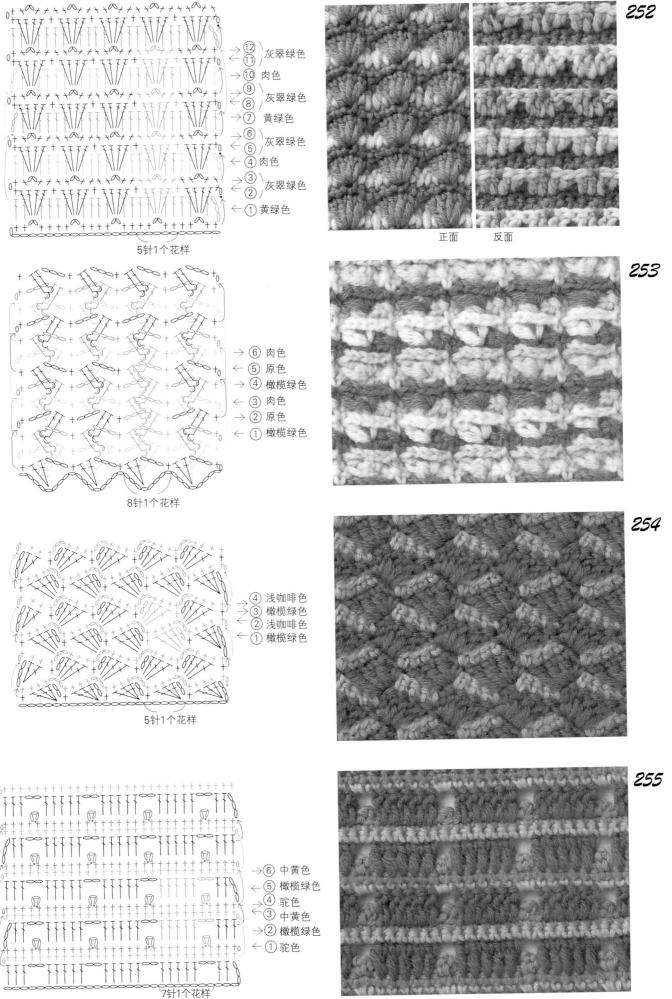

256

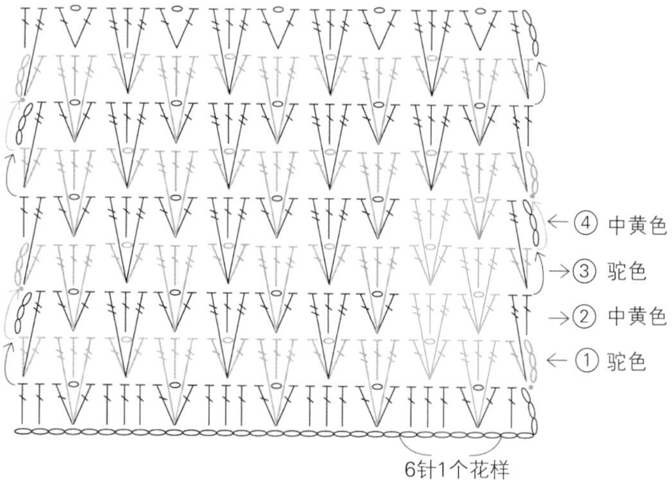

④ 中黄色
③ 驼色
② 中黄色
① 驼色
6针1个花样

※长长针仅将上上行的头针挑线并拉出，进行钩织

257

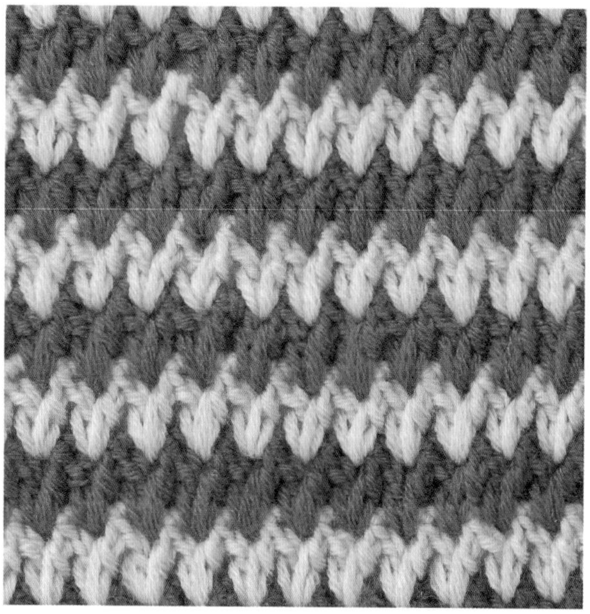

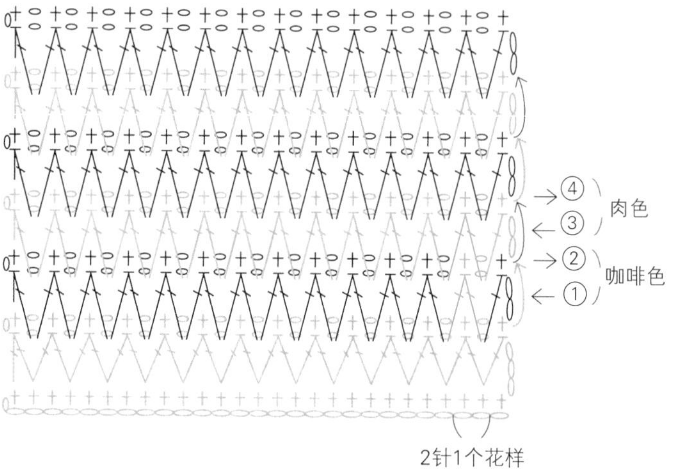

④
③
肉色
②
①
咖啡色
2针1个花样

258

正面

反面

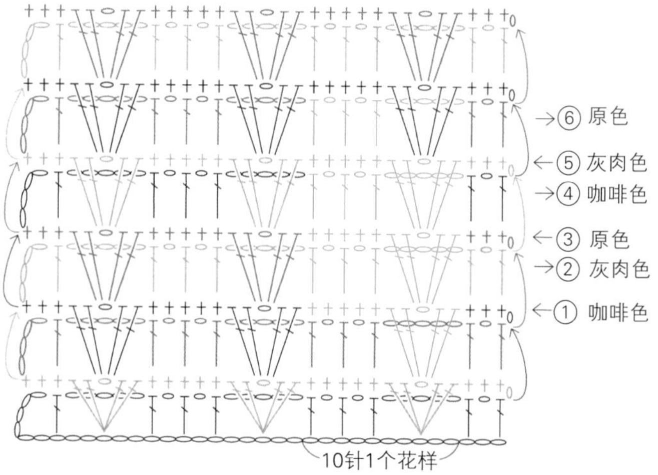

⑥ 原色
⑤ 灰肉色
④ 咖啡色
③ 原色
② 灰肉色
① 咖啡色
10针1个花样

使用毛线：40克，约120米

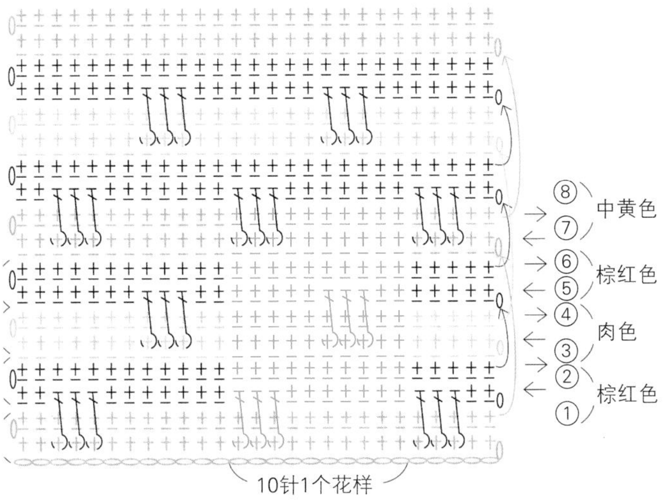
⑧ 中黄色
⑦
⑥ 棕红色
⑤
④ 肉色
③
② 棕红色
①
10针1个花样

259

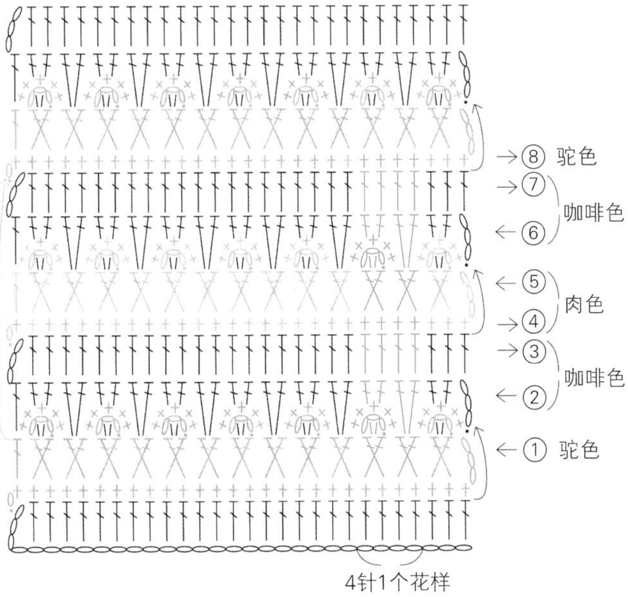
⑧ 驼色
⑦ 咖啡色
⑥
⑤ 肉色
④
③ 咖啡色
②
① 驼色
4针1个花样

260

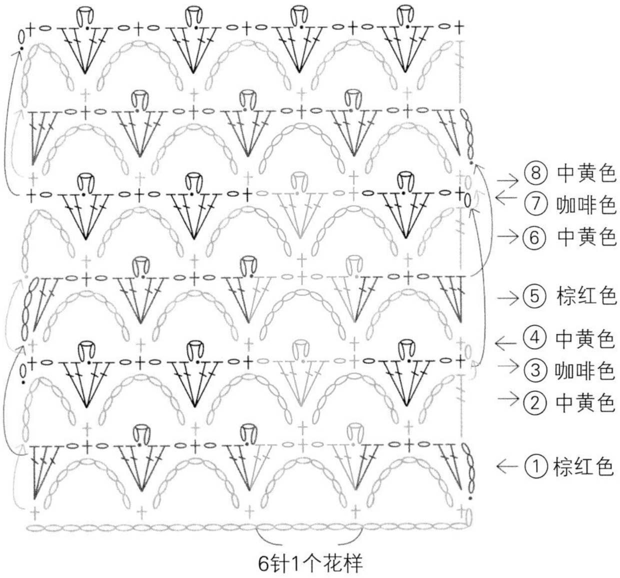
⑧ 中黄色
⑦ 咖啡色
⑥ 中黄色
⑤ 棕红色
④ 中黄色
③ 咖啡色
② 中黄色
① 棕红色
6针1个花样

261

使用毛线：40克，约120米

262

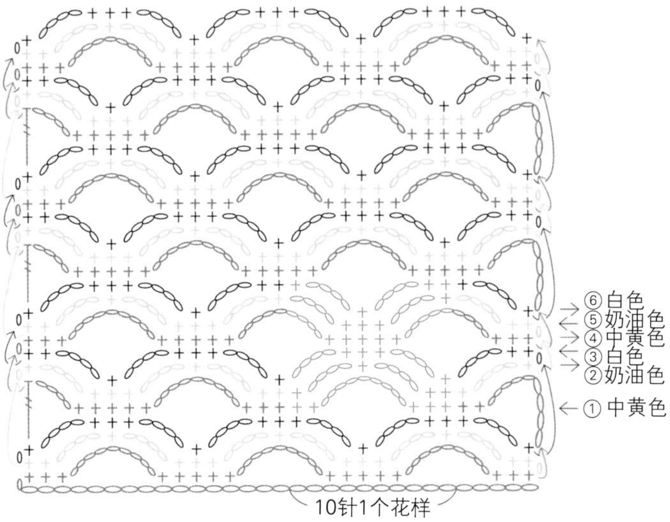
⑥白色
⑤奶油色
④中黄色
③白色
②奶油色
①中黄色
10针1个花样

263

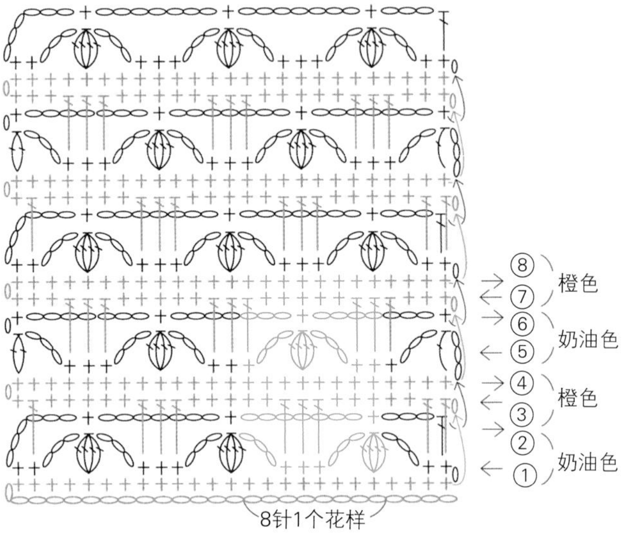
⑧
⑦ 橙色
⑥
⑤ 奶油色
④
③ 橙色
②
① 奶油色
8针1个花样

264

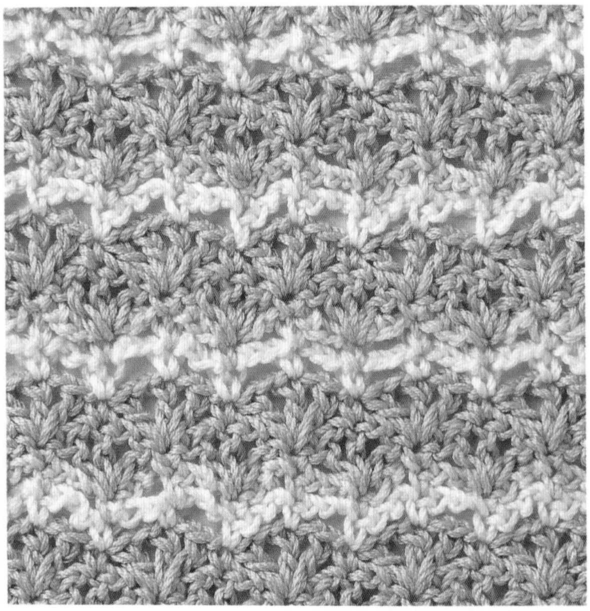

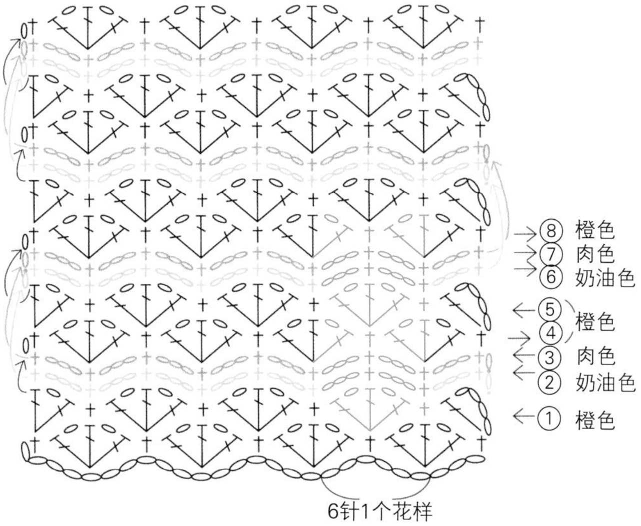
⑧ 橙色
⑦ 肉色
⑥ 奶油色
⑤
④ 橙色
③ 肉色
② 奶油色
① 橙色
6针1个花样

 使用毛线：40克，约110米

265

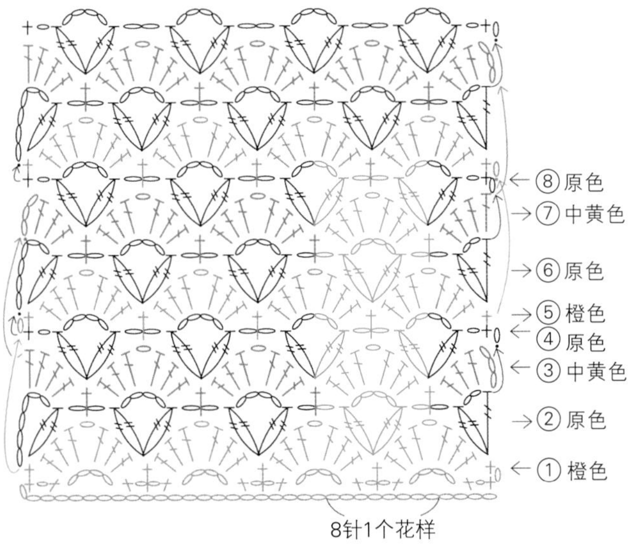
⑧原色
⑦中黄色
⑥原色
⑤橙色
④原色
③中黄色
②原色
①橙色
8针1个花样

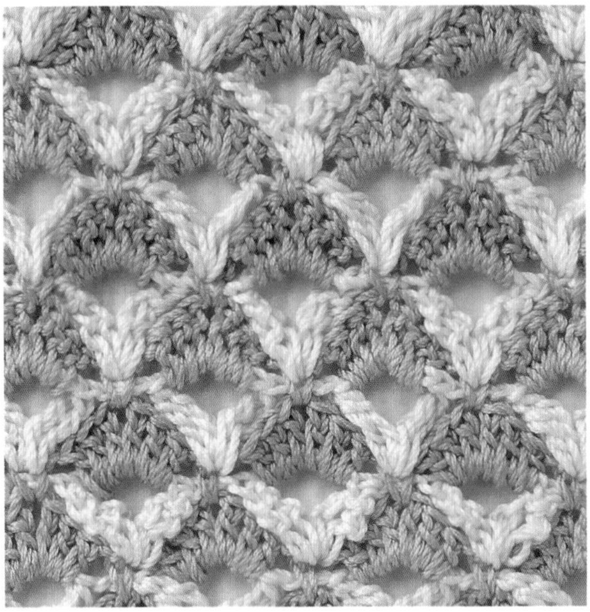

266

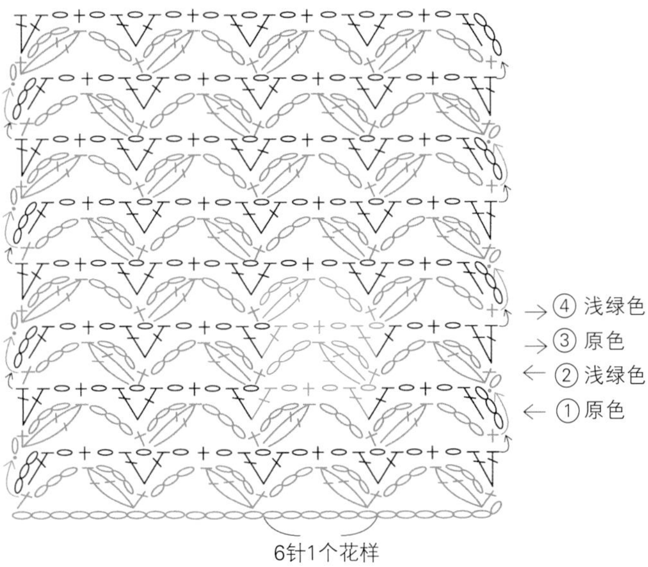
④浅绿色
③原色
②浅绿色
①原色
6针1个花样

267

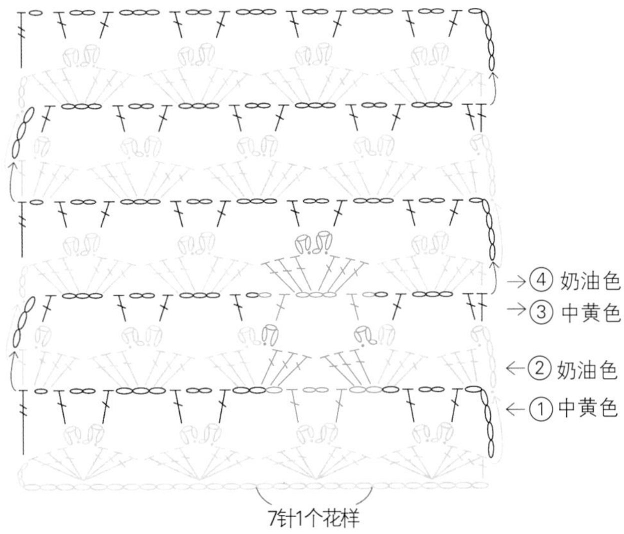
④奶油色
③中黄色
②奶油色
①中黄色
7针1个花样

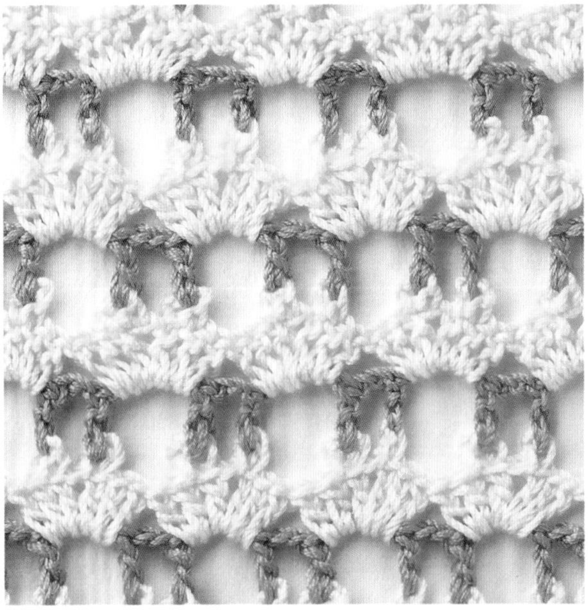

使用毛线：40克，约110米

268

269

※照片是实物尺寸的65%

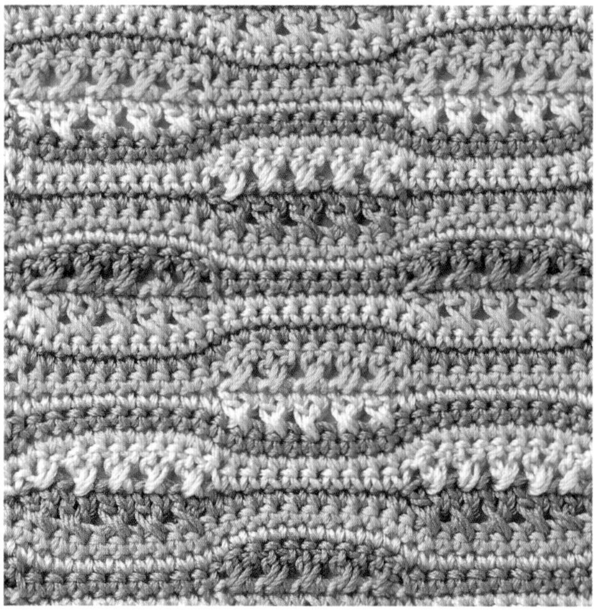

268参照第107页

269

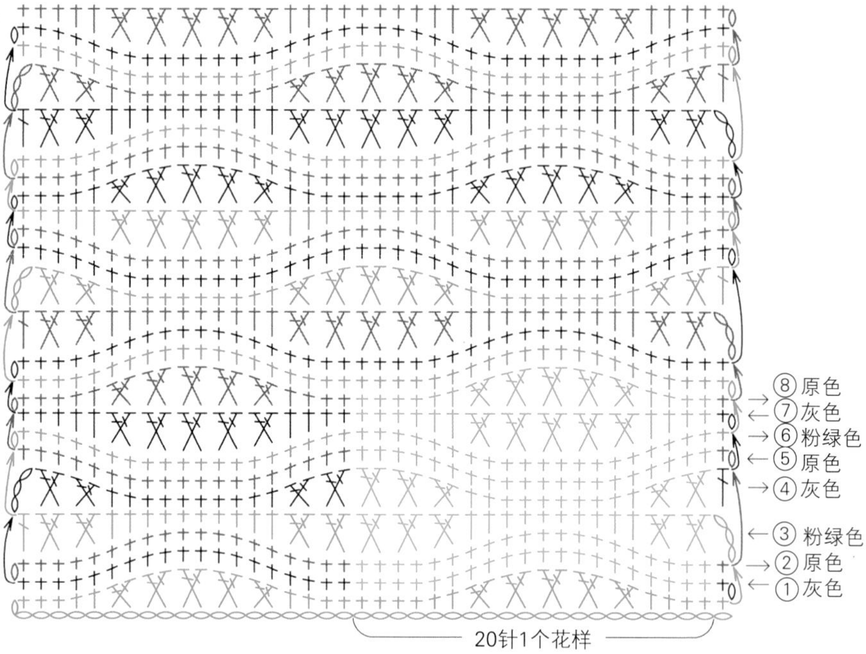
⑧原色
⑦灰色
⑥粉绿色
⑤原色
④灰色
③ 粉绿色
②原色
①灰色
20针1个花样

※本应8行1个花样，但由于是由3种线进行配色编织，
所以要24行才出现1个花样的循环

270

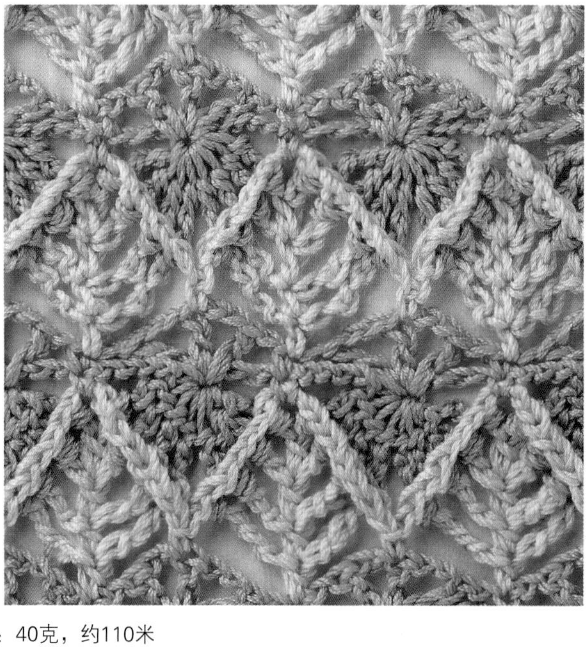

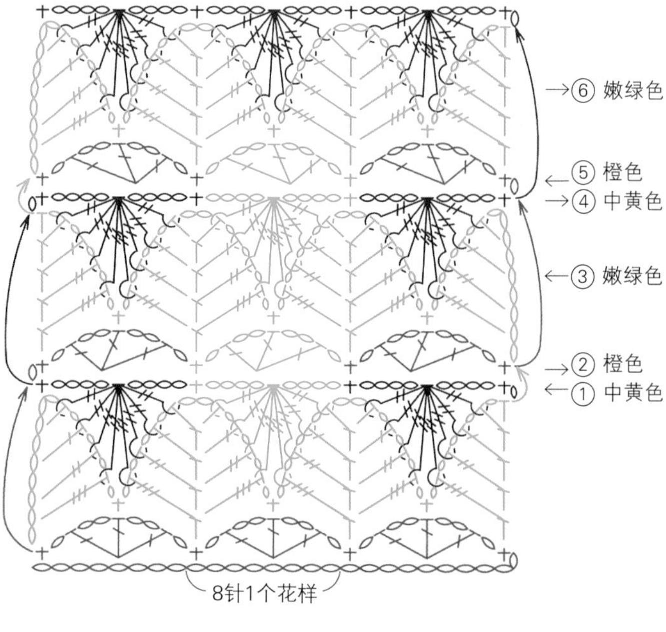
⑥ 嫩绿色
⑤ 橙色
④ 中黄色
③ 嫩绿色
② 橙色
① 中黄色
8针1个花样

使用毛线：40克，约110米

271

→④嫩绿色
→③深灰色
←②嫩绿色
←①深灰色
16针1个花样

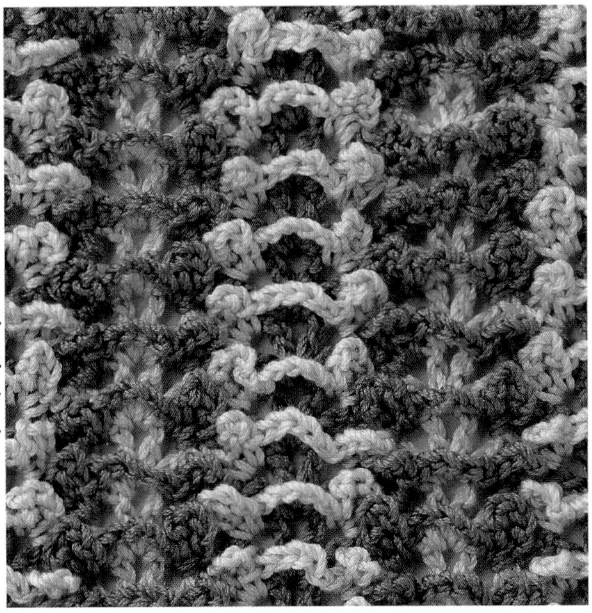

272

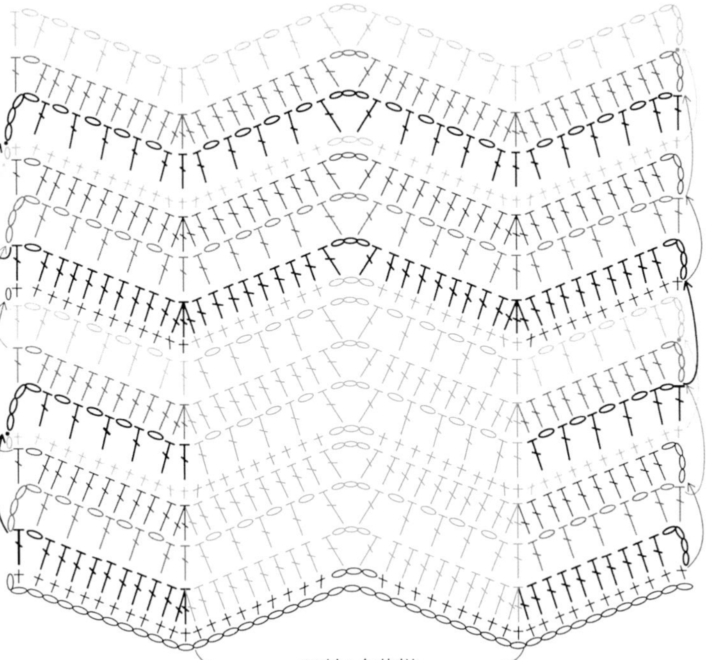
→⑧ 灰色
←⑦ 原色
←⑥ 深灰色
→⑤ 黑灰色
→④ 原色
←③ 灰色
→② 深灰色
←① 黑灰色
22针1个花样

273 参照第108页

272

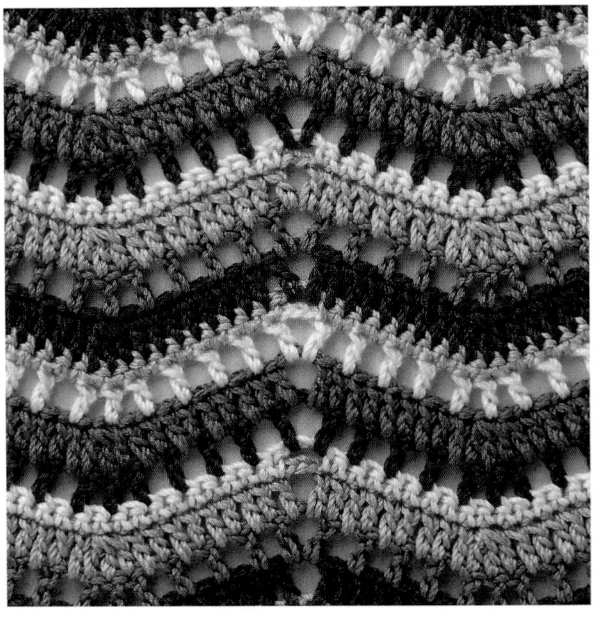

※照片是实物尺寸的65%

273

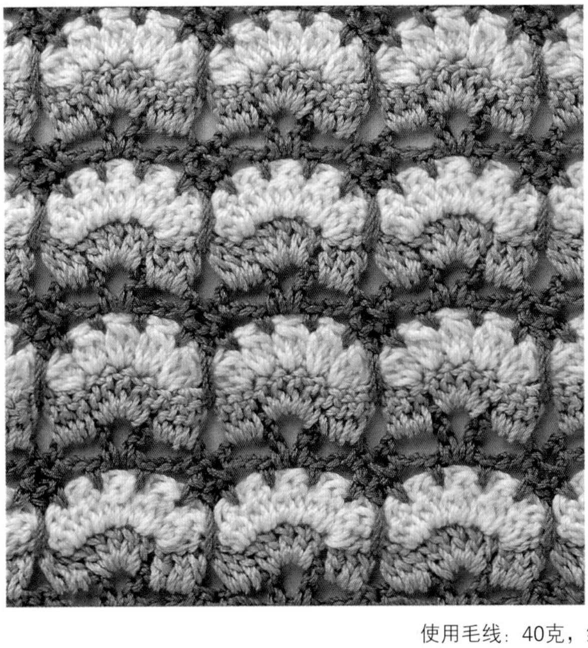

※照片是实物尺寸的65%

使用毛线：40克，约110米

小花花样

274

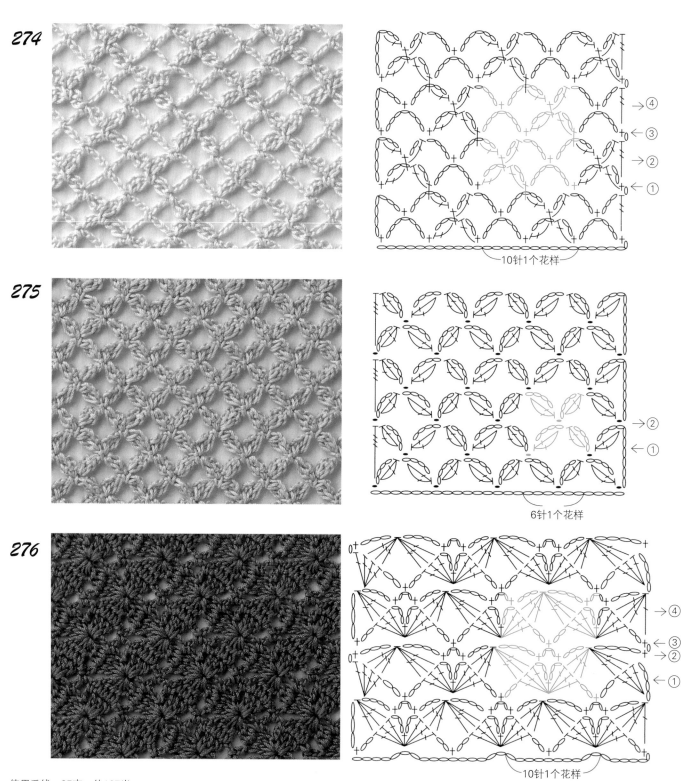

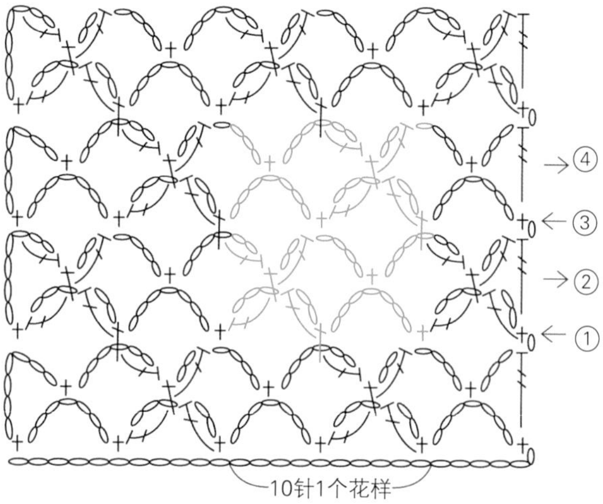
→④
←③
→②
←①
10针1个花样

275

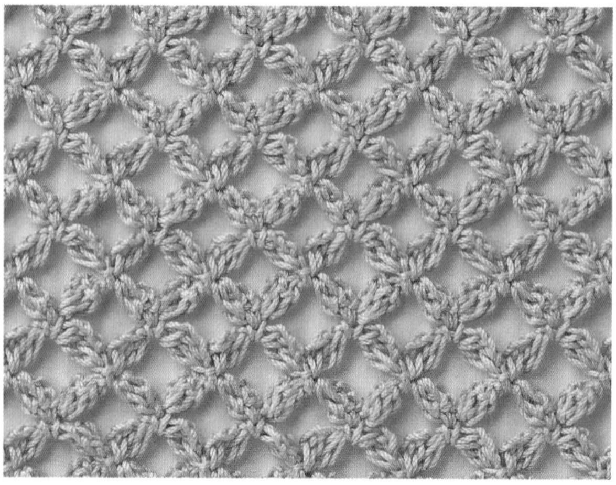

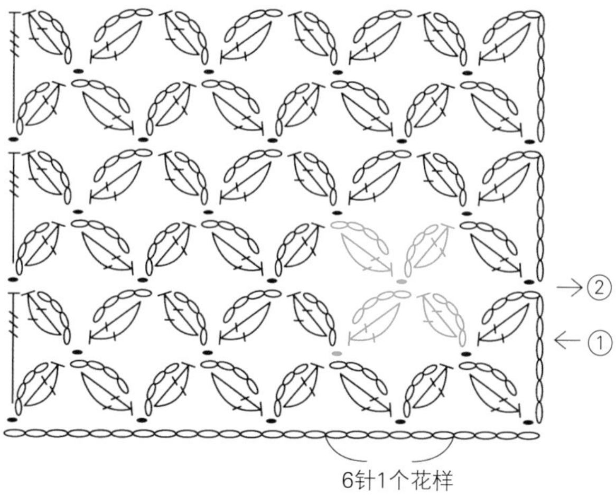
→②
←①
6针1个花样

276

→④
←③
→②
←①
10针1个花样

使用毛线：25克，约107米

277

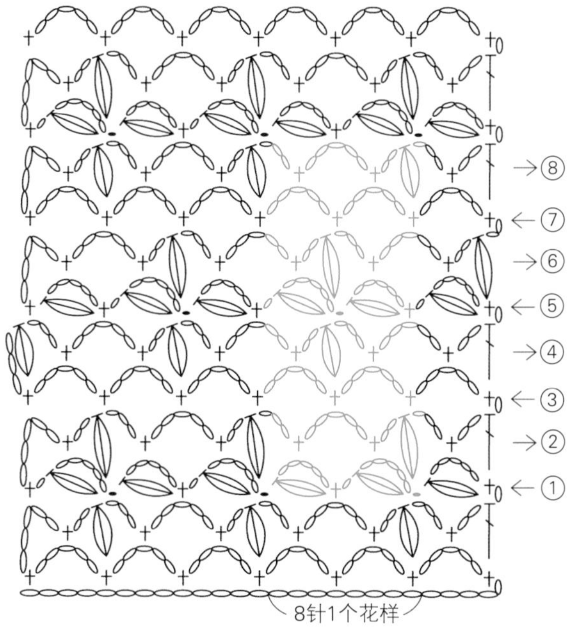
⑧
⑦
⑥
⑤
④
③
②
①
8针1个花样

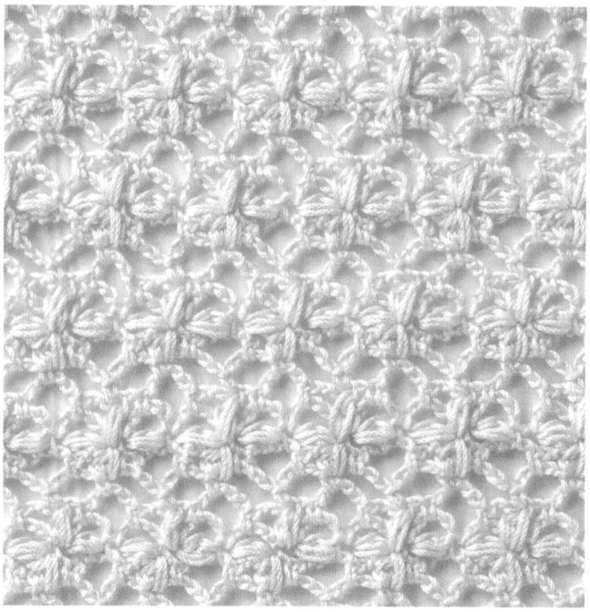

278

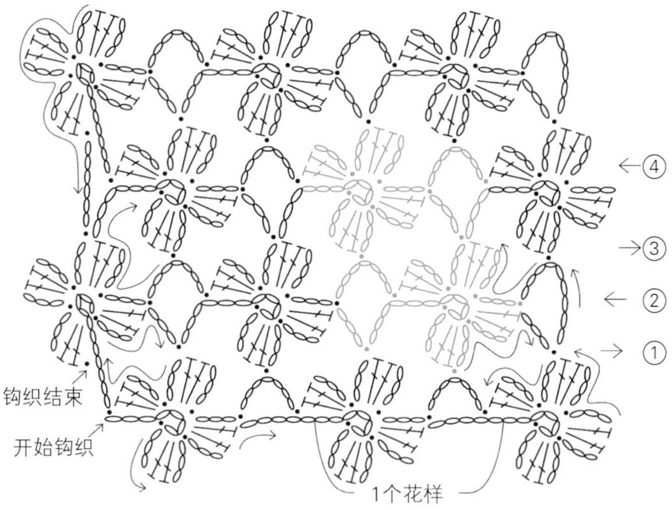
④
③
②
①
钩织结束
开始钩织
1个花样

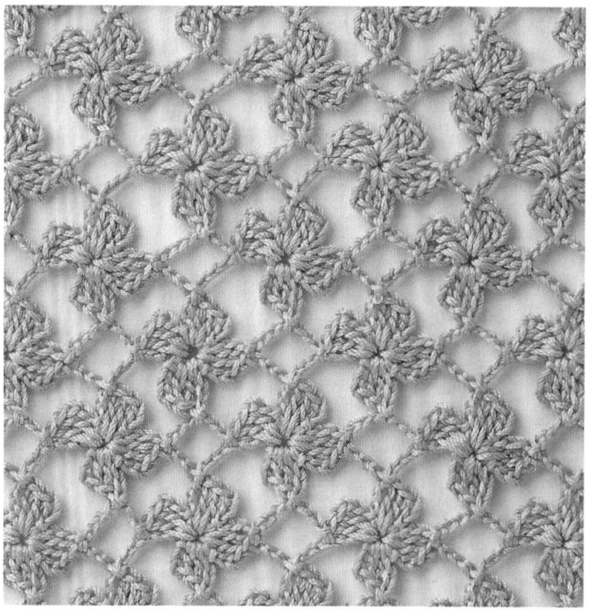

279

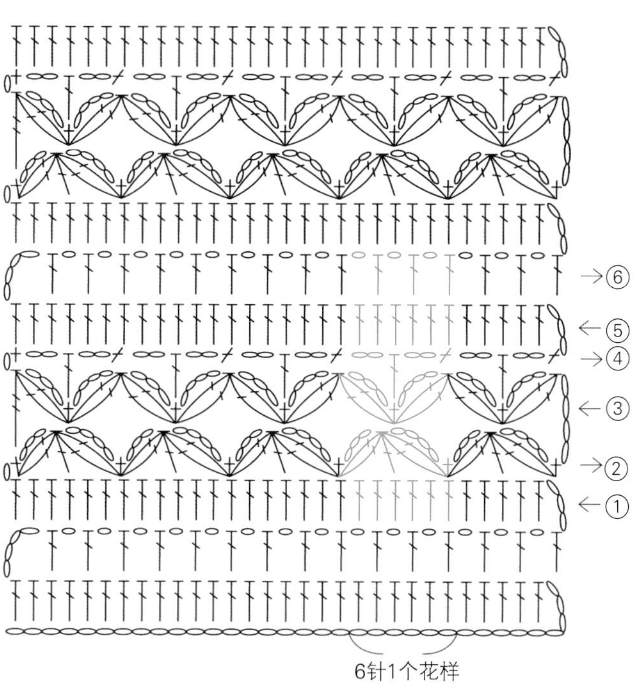
⑥
⑤
④
③
②
①
6针1个花样

使用毛线：25克，约107米

280

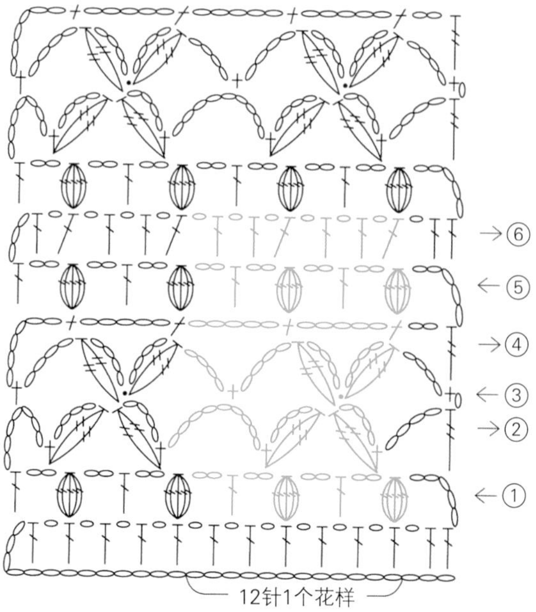

281

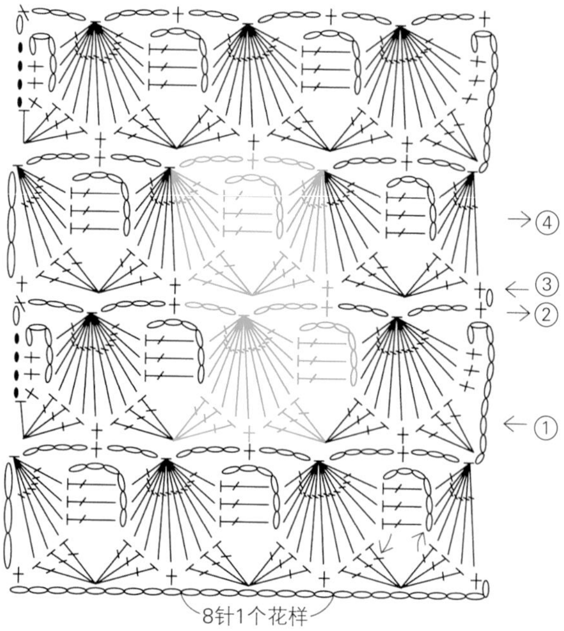

282

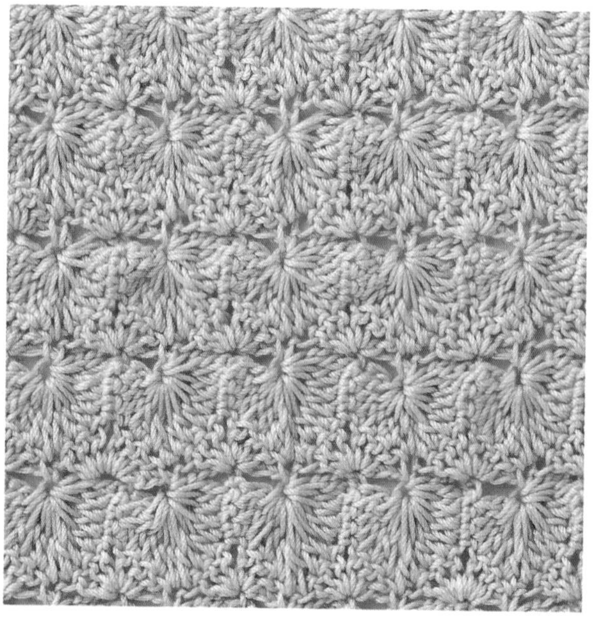

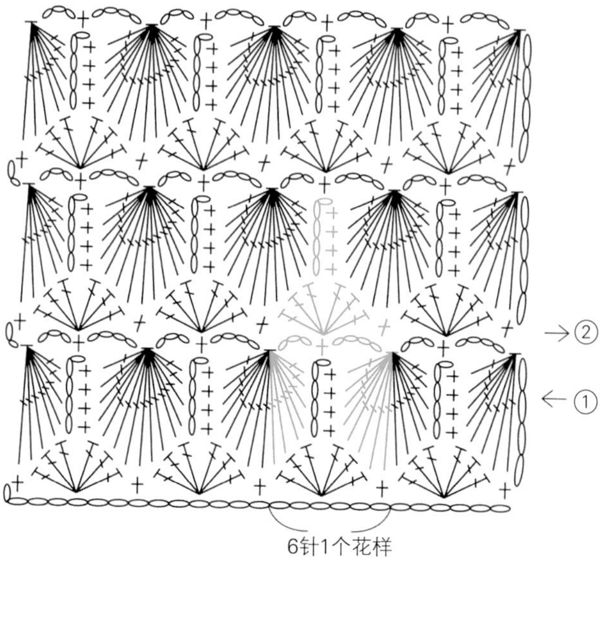

 使用毛线：25克，约105米

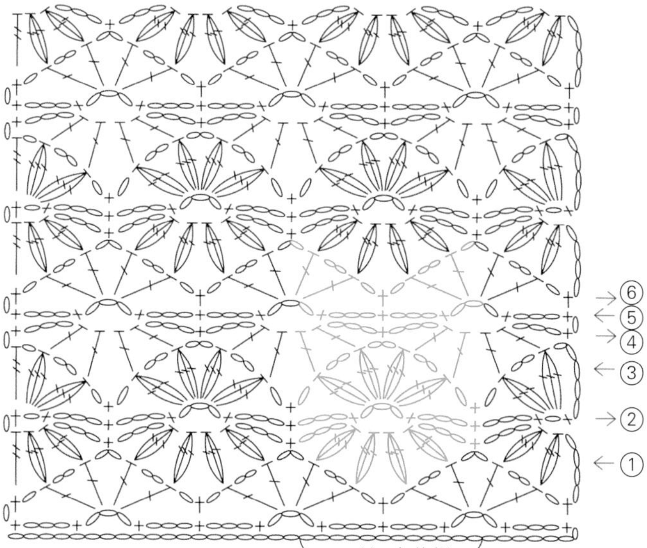

12针1个花样

283

11针1个花样

284

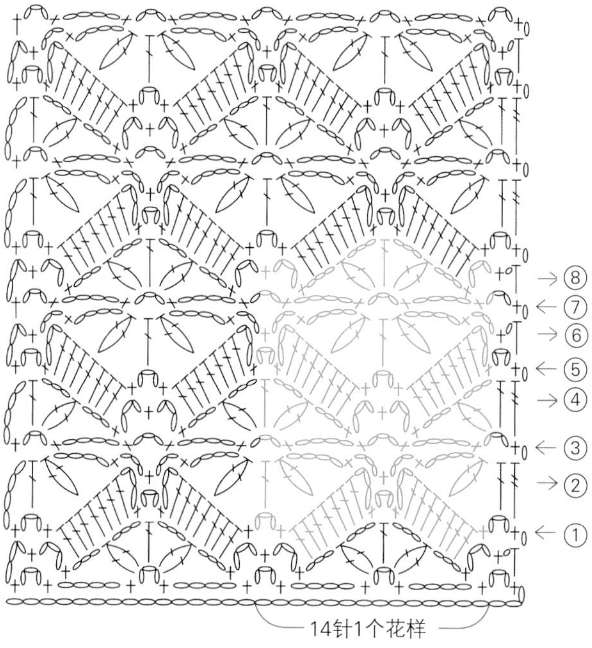

14针1个花样

285

286

※照片是实物尺寸的65%

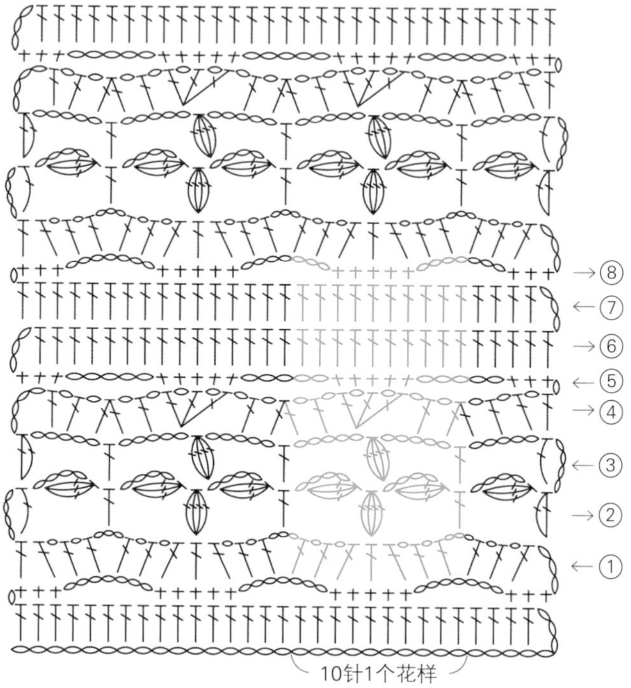

287

※照片是实物尺寸的65%

288

※照片是实物尺寸的65%

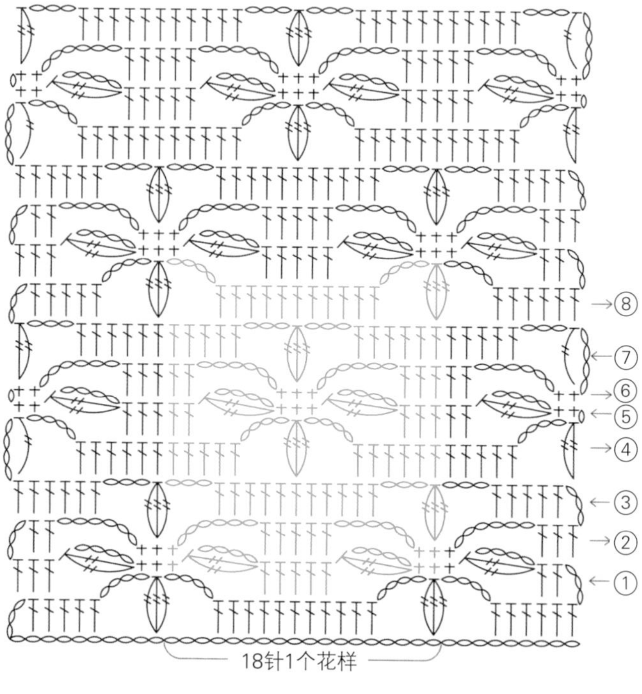

 使用毛线：25克，约109米

289

④
③
②
①
12针1个花样

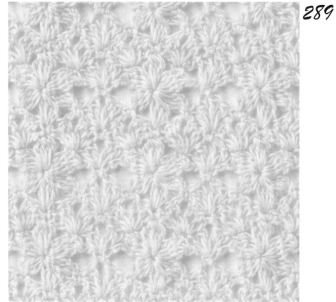

※第③行的枣形针是包裹着第②行的短针，并在第②行的下面插入钩针

290

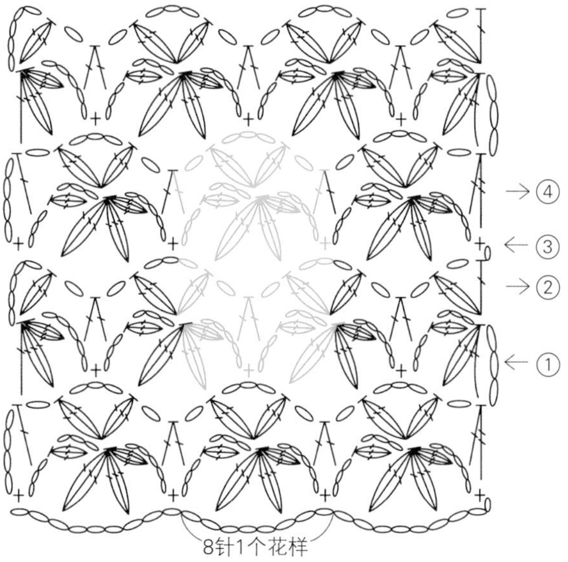
④
③
②
①
8针1个花样

291

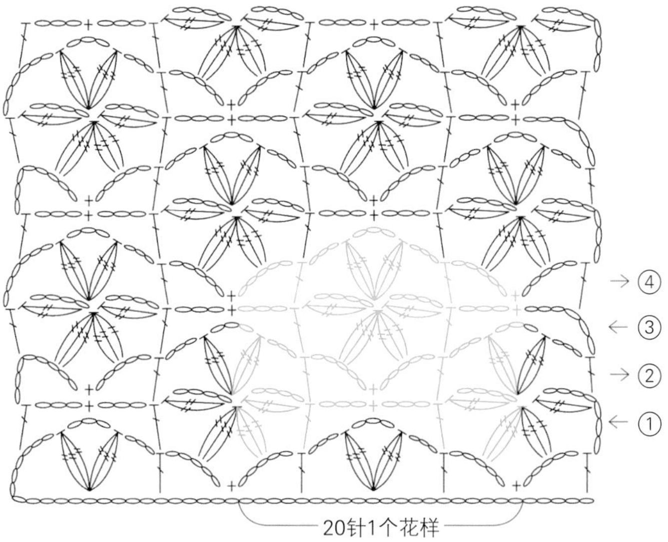
④
③
②
①
20针1个花样

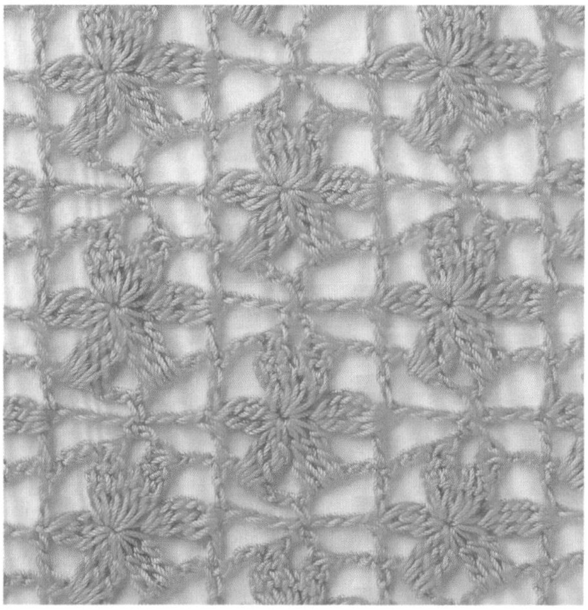

使用毛线：25克，约109米

292

※照片是实物尺寸的65%

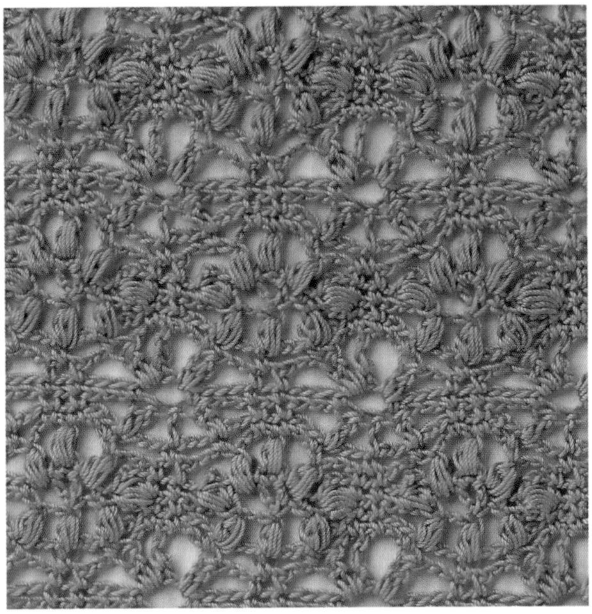

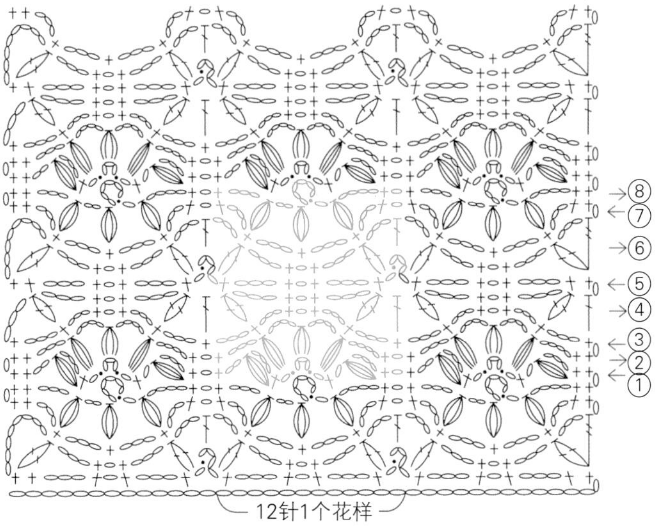
12针1个花样

293

※照片是实物尺寸的65%

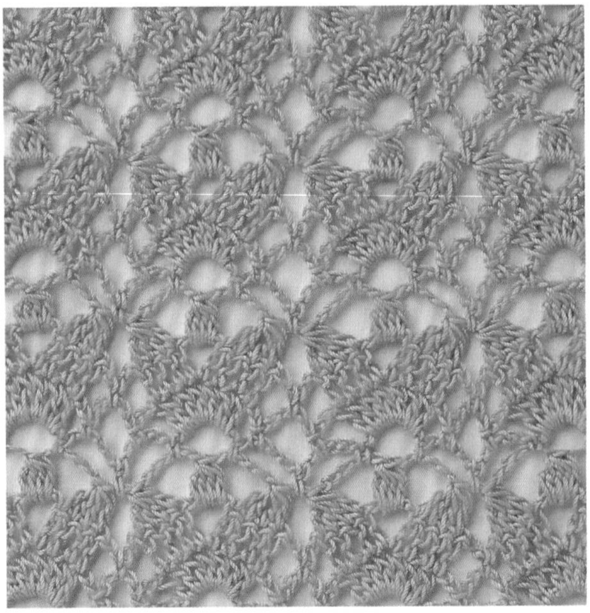

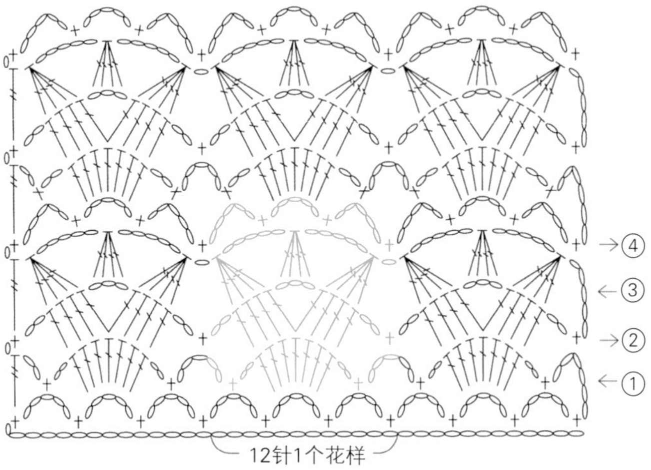
12针1个花样

294

※照片是实物尺寸的65%

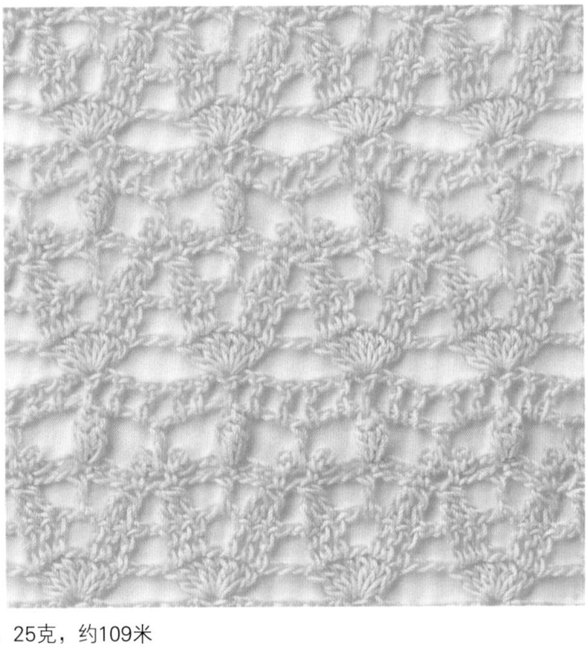

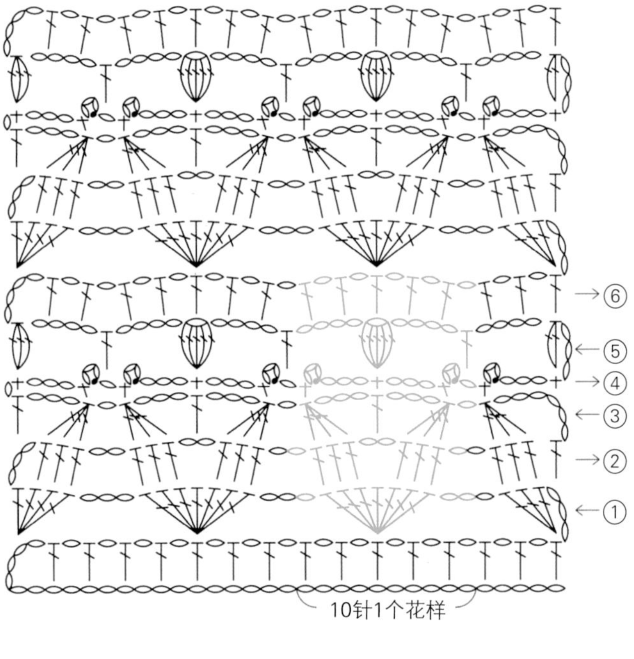
10针1个花样

 使用毛线：25克，约109米

295 ※照片是实物尺寸的65%

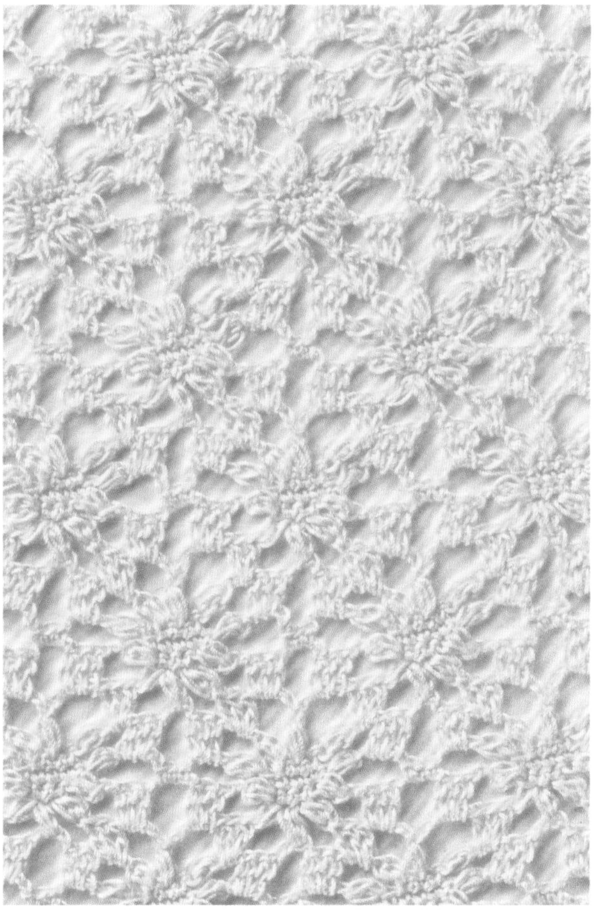

296 ※照片是实物尺寸的65%

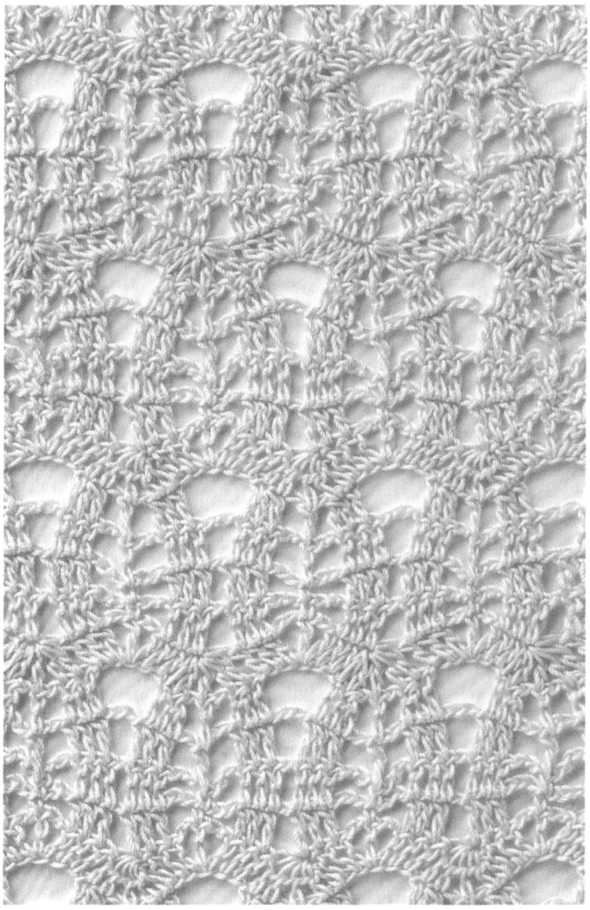

296 参照第108页

295

使用毛线：25克，约109米

297 ※照片是实物尺寸的65%

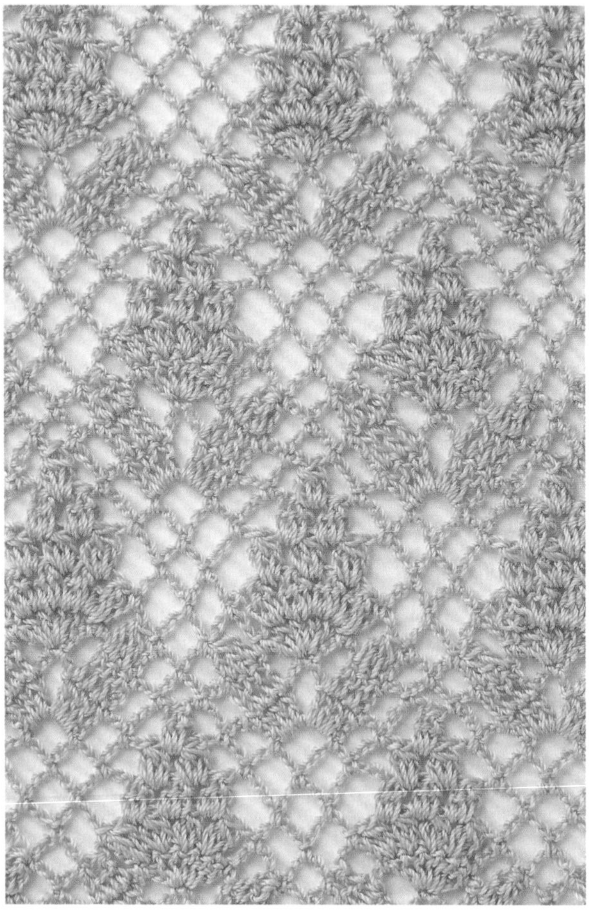

298 ※照片是实物尺寸的65%

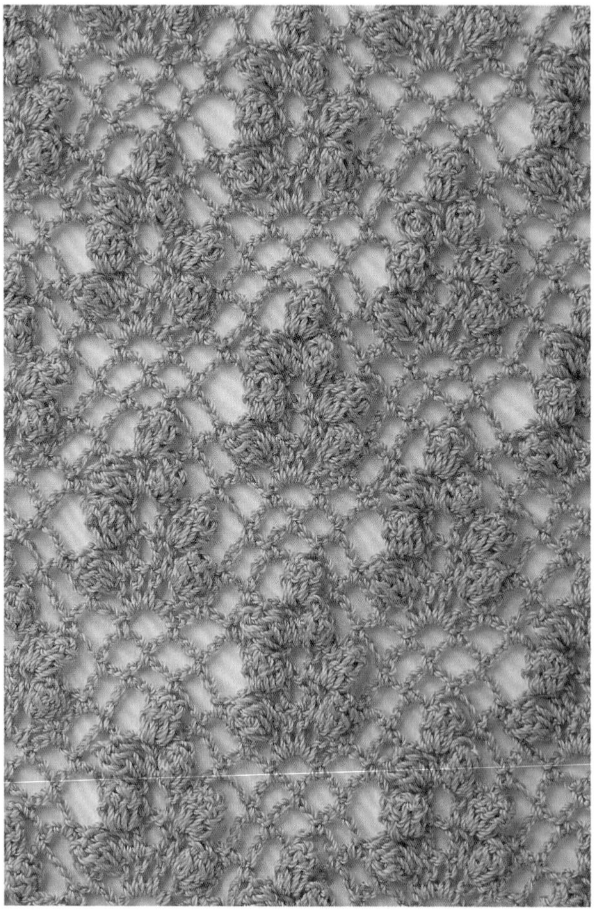

297 参照第108页

298

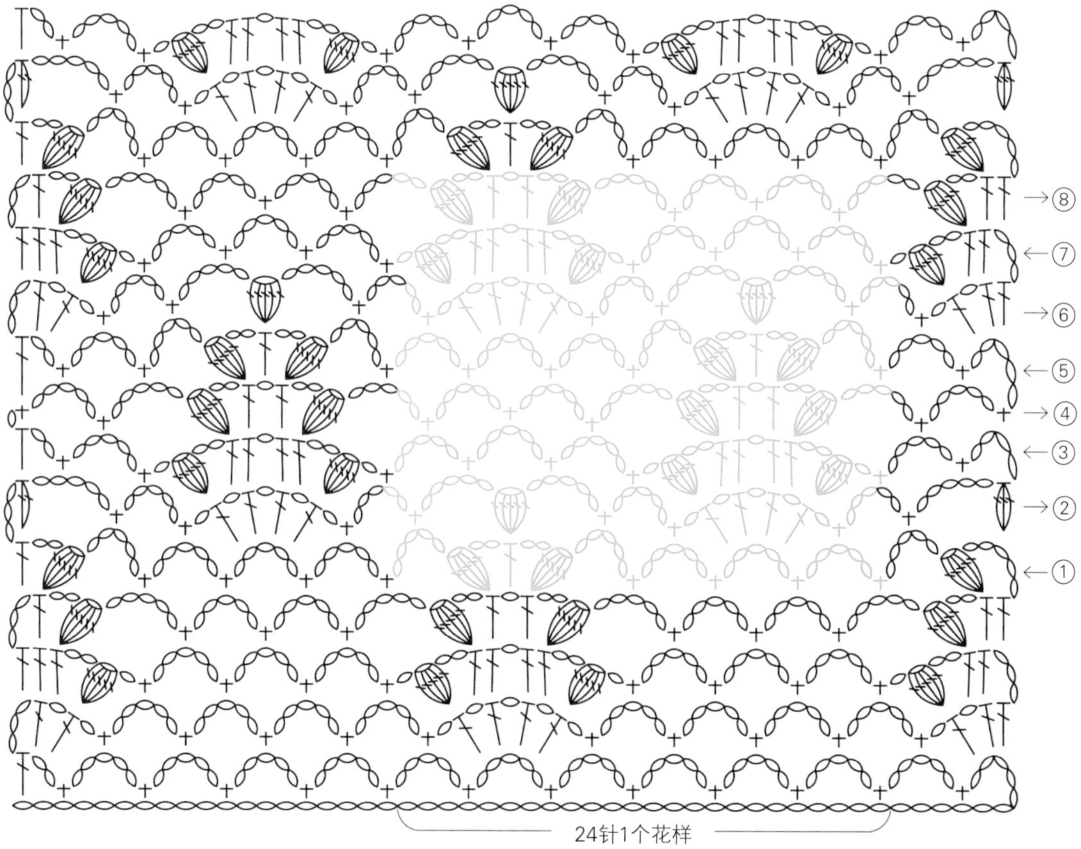

 使用毛线：25克，约160米

299 ※照片是实物尺寸的65%

300 ※照片是实物尺寸的65%

300 参照第107页

299

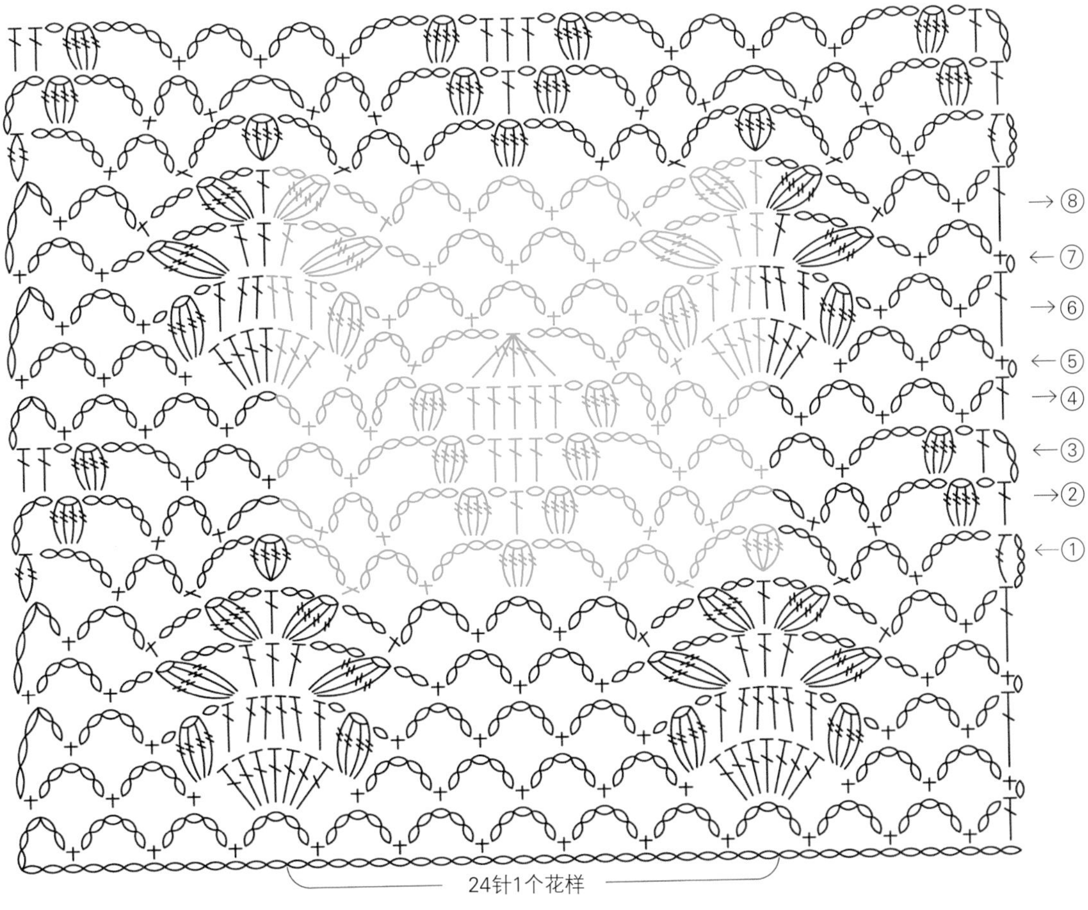

24针1个花样

使用毛线：25克，约160米

080

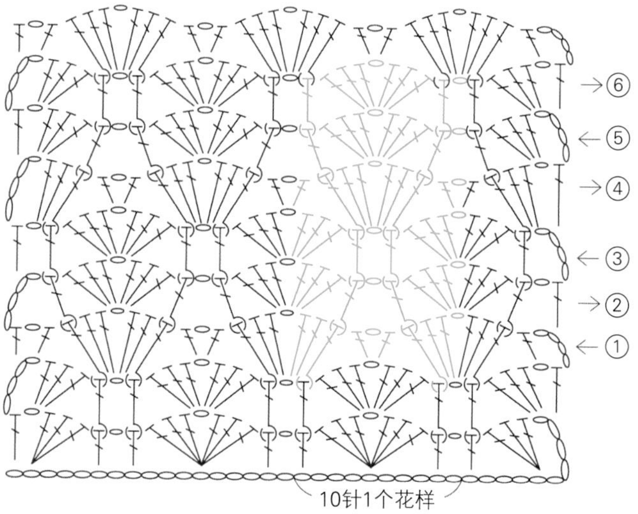

10针1个花样

084

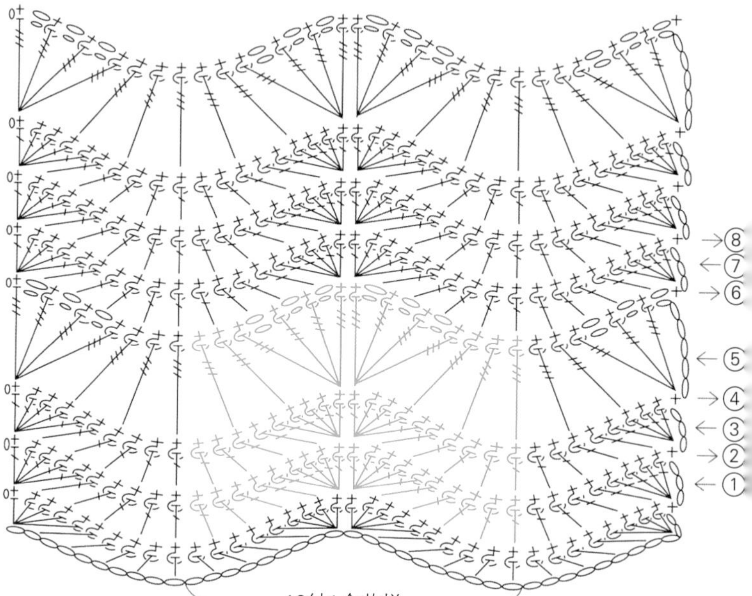

19针1个花样

082

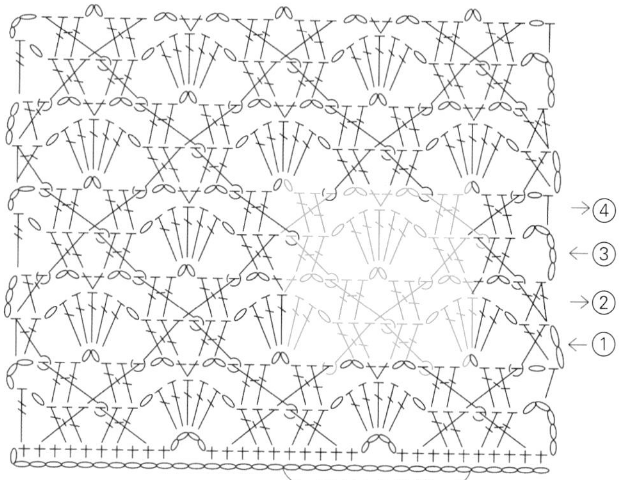

12针1个花样

102

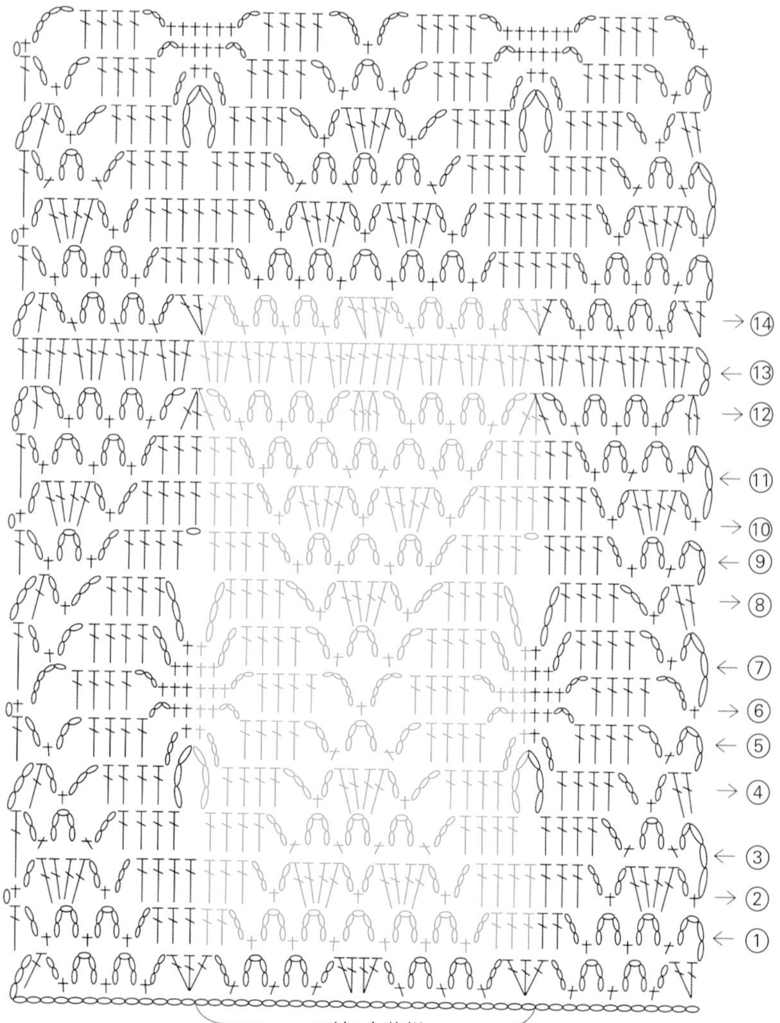

25针1个花样

087

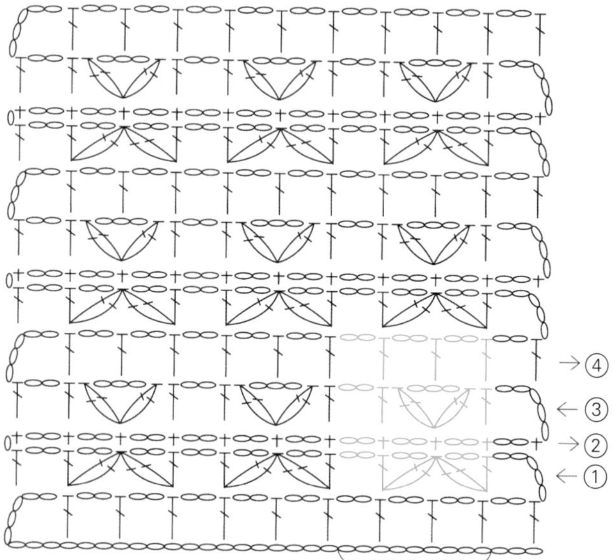

9针1个花样

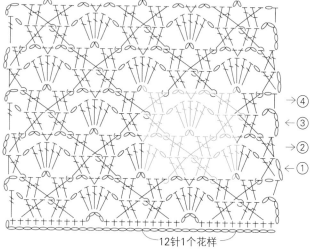

119

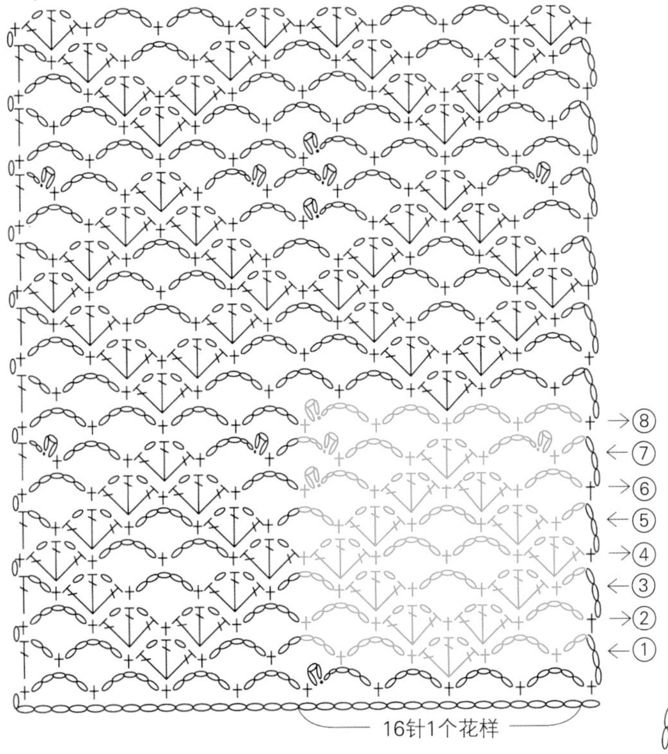
16针1个花样

225

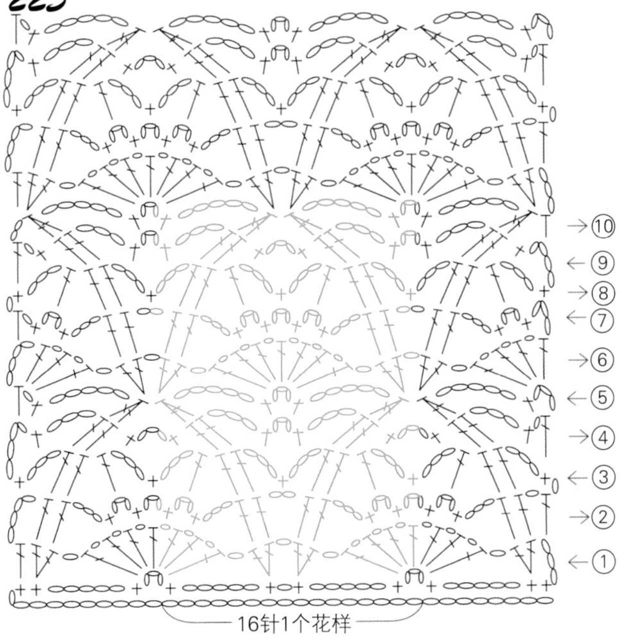
16针1个花样

179

12针1个花样

122

16针1个花样

250

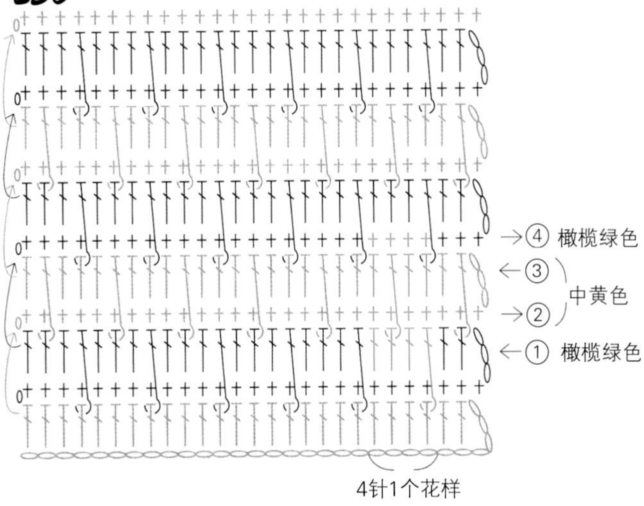
④ 橄榄绿色
③
② 中黄色
① 橄榄绿色
4针1个花样

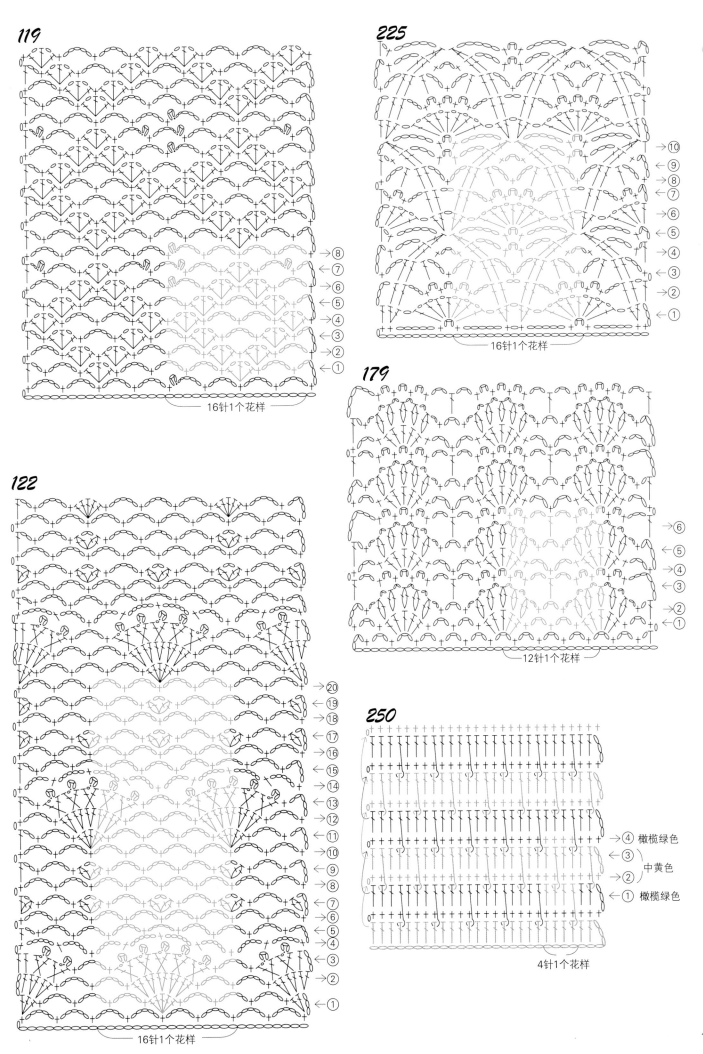

106

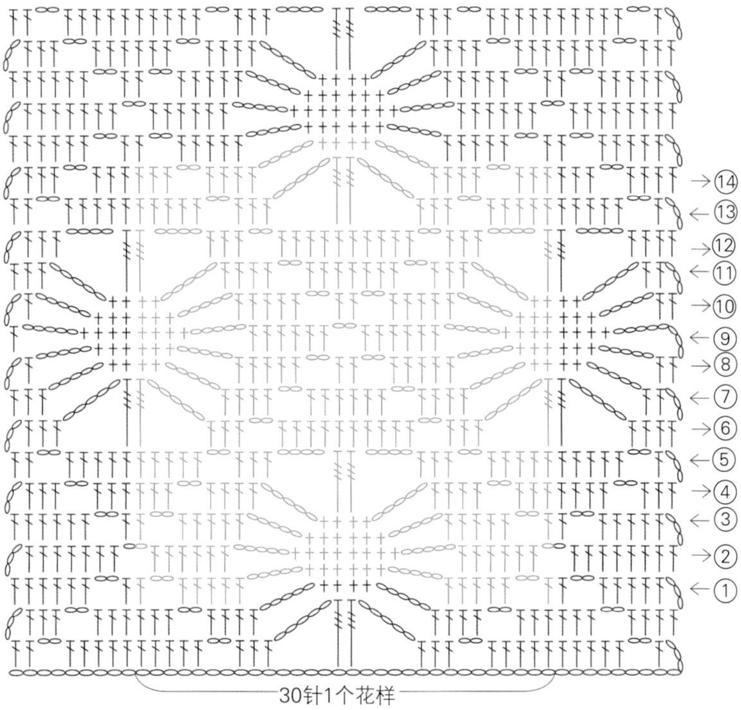
30针1个花样

233

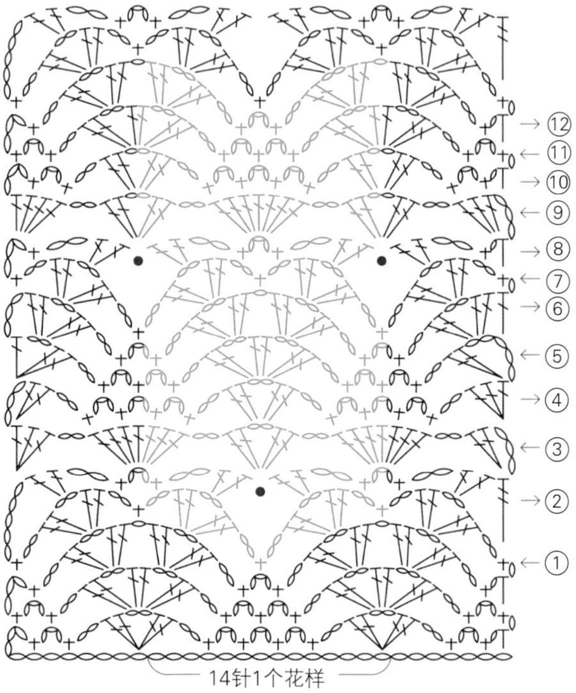
14针1个花样

※③、⑨是在前一行的●处插入钩针

219

43针1个花样

174

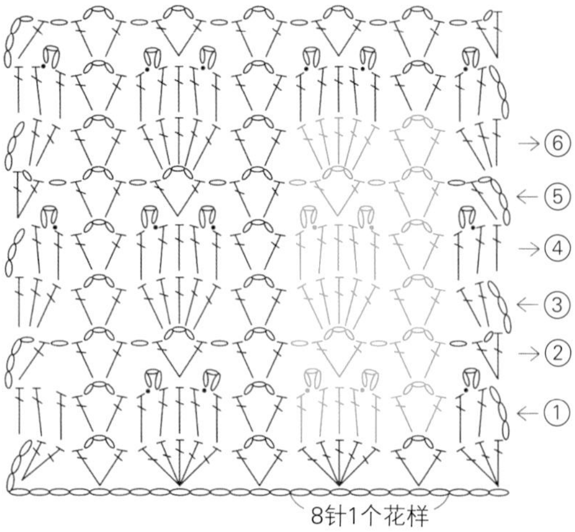
8针1个花样

189

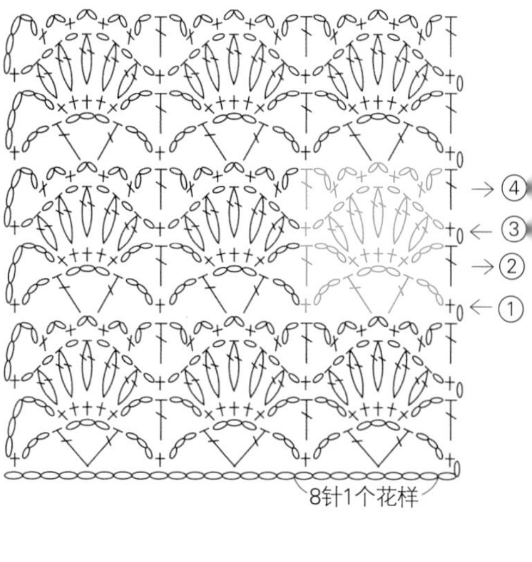
8针1个花样

210

⑧
⑦
⑥
⑤
④
③
②
①
24针1个花样

300

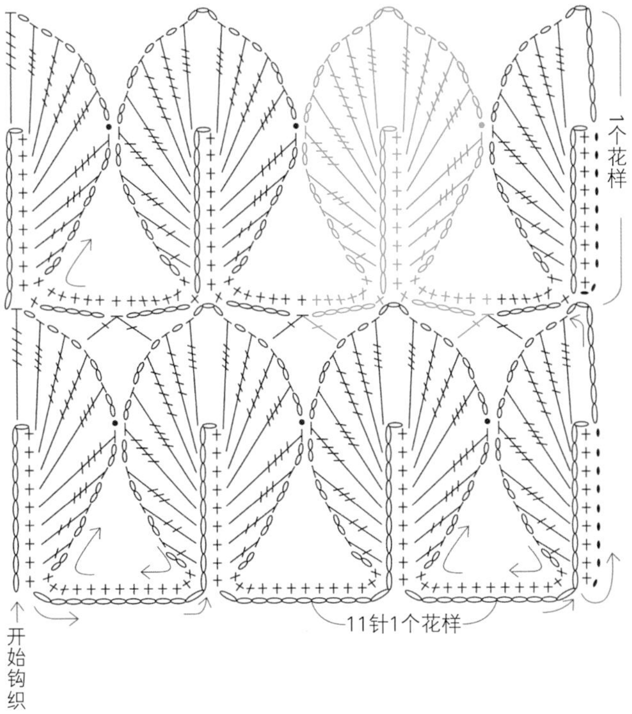

1个花样
11针1个花样
开始钩织

239

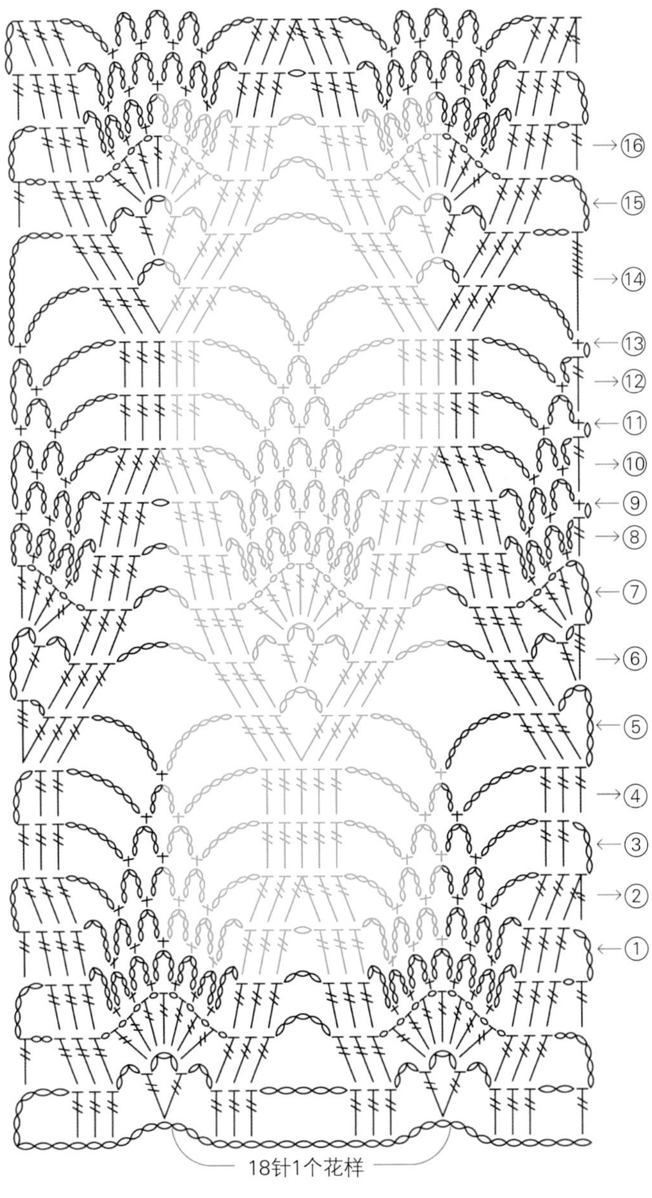

⑯
⑮
⑭
⑬
⑫
⑪
⑩
⑨
⑧
⑦
⑥
⑤
④
③
②
①
18针1个花样

228

⑩
⑨
⑧
⑦
⑥
⑤
④
③
②
①
15针1个花样

268

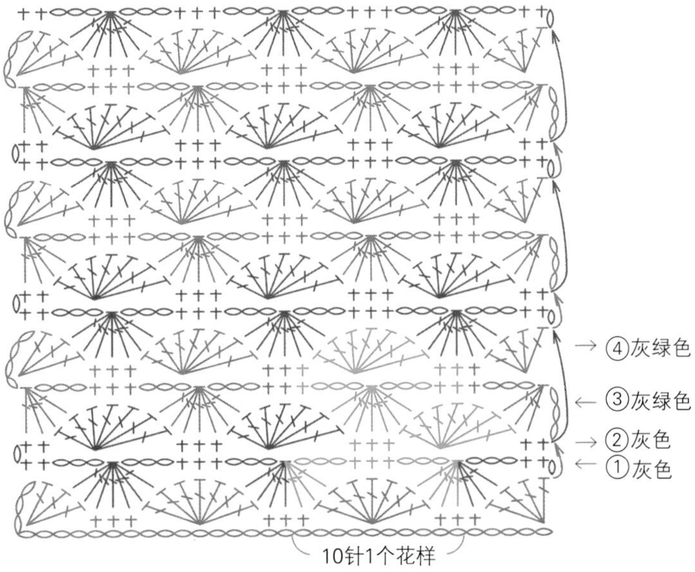

④灰绿色
③灰绿色
②灰色
①灰色
10针1个花样

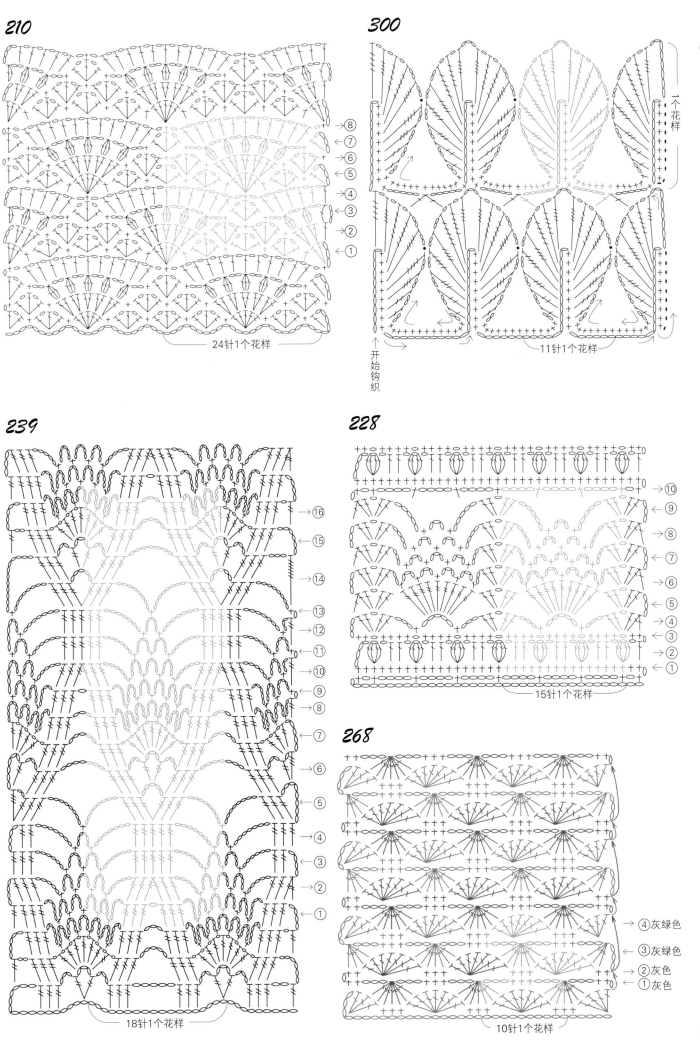

296

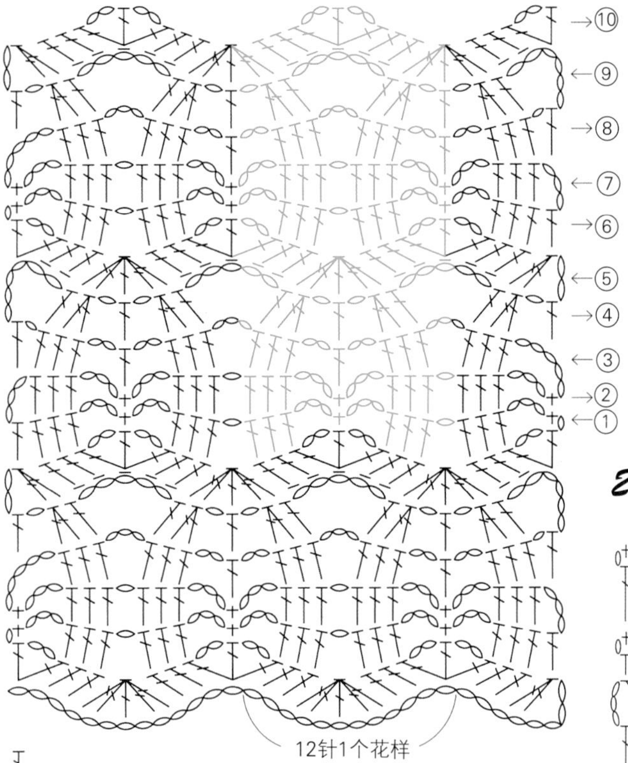
→⑩
←⑨
→⑧
←⑦
→⑥
←⑤
→④
←③
→②
←①
12针1个花样

= 挑取前一行锁针半针与内侧线

066

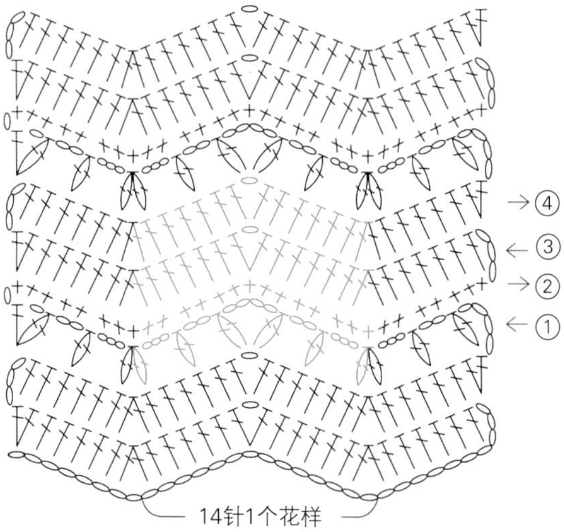
→④
←③
→②
←①
14针1个花样

297

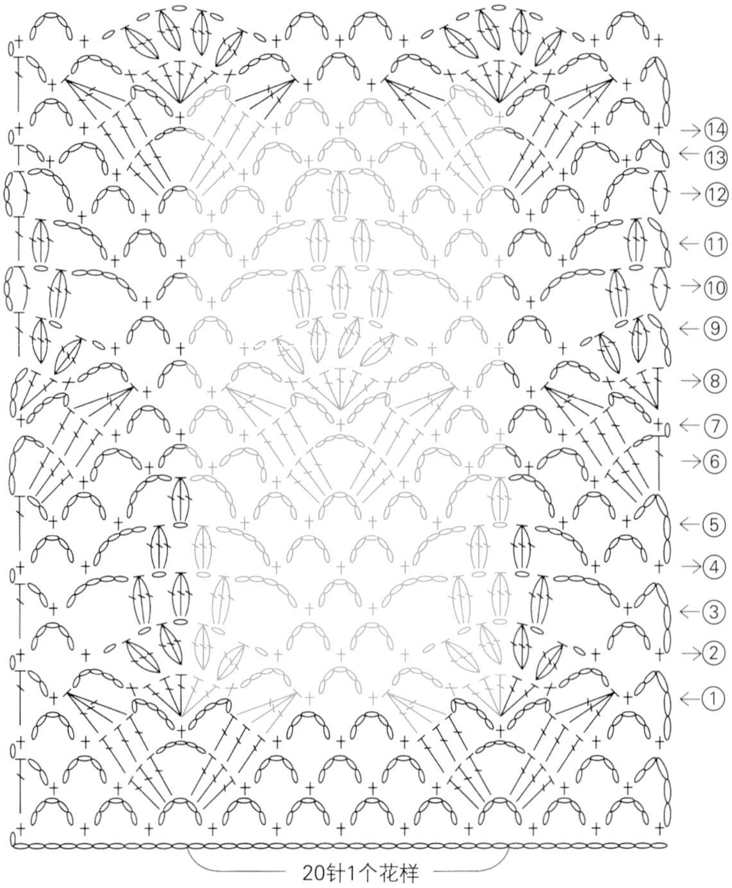
→⑭
←⑬
→⑫
←⑪
→⑩
←⑨
→⑧
←⑦
→⑥
←⑤
→④
←③
→②
←①
20针1个花样

273

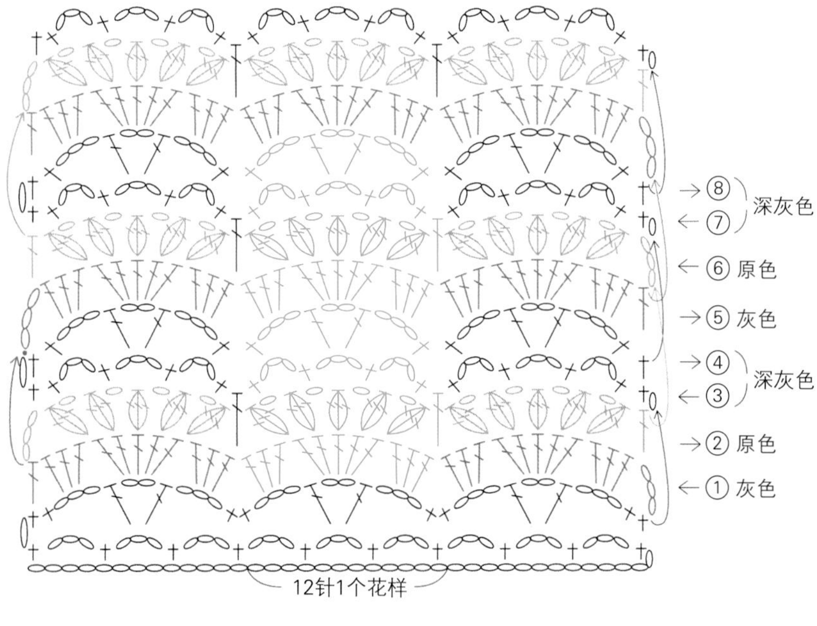
→⑧
←⑦ 深灰色
←⑥ 原色
→⑤ 灰色
→④
←③ 深灰色
→② 原色
←① 灰色
12针1个花样

Point Lesson
针法符号讲解

本书所使用花样钩织方法说明。即使与实际花样的针数或行数不同也可通用。

3针锁针引拔的狗牙针

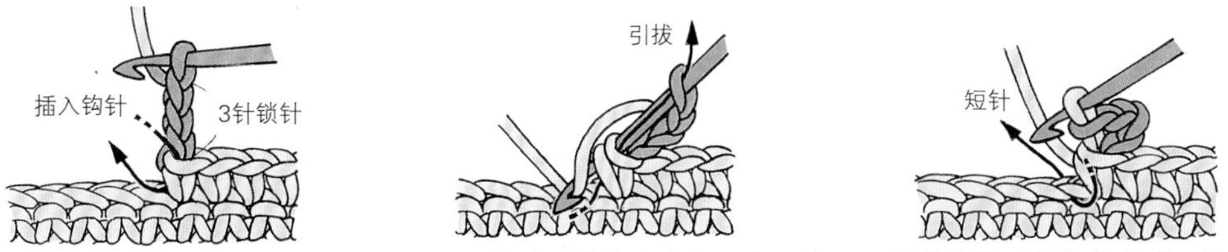

1 钩织3针锁针，从短针上半针与下面1根线处插入钩针。

2 针上挂线，按箭头方向一次引拔出。

3 引拔的狗牙针钩织完成。钩织出下一针后即可固定。

短针的菱形针

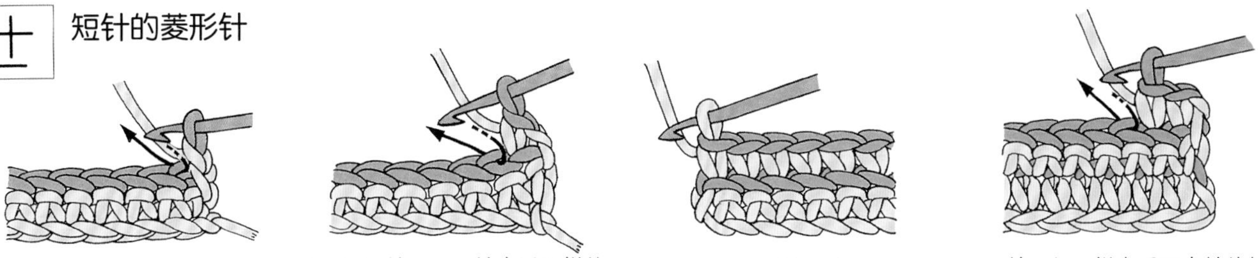

1 在前一行的后面半针处插入钩针。

2 织短针，下一针也以同样的方法插入钩针。

3 织到头后翻转织片。

4 前一行一样在后面半针处钩织短针。

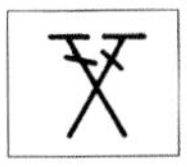

长针1针交叉

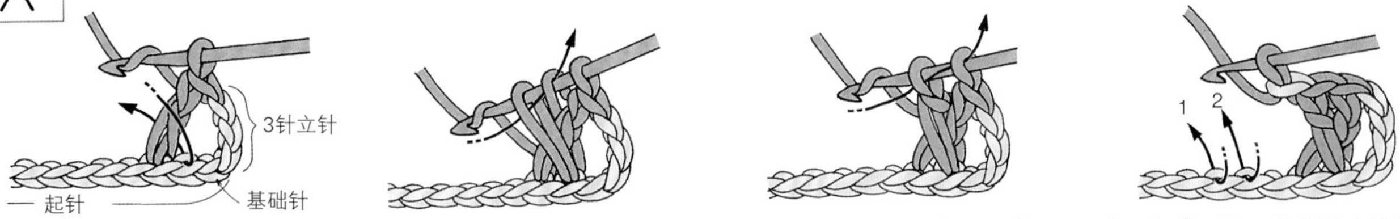

1 先钩织交叉点左侧的1针，然后在其右侧插入钩针。

2 包裹住左侧的针目，从线圈中拉出。

3 从2个线圈中逐个引拔出，钩织长针。

4 完成。下一次交叉也按照步骤1~3重复。

变化的长针1针交叉（右上）

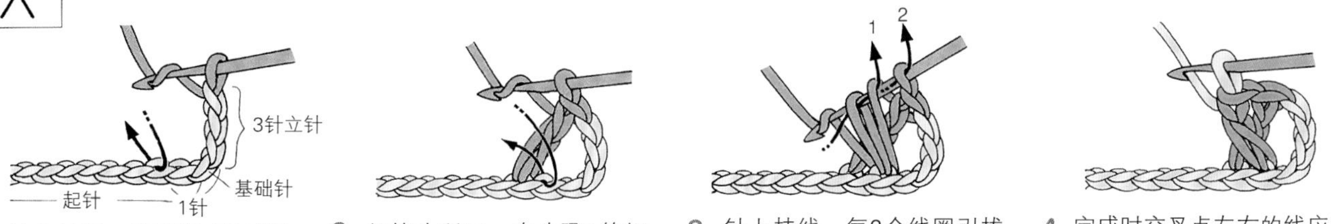

1 针上挂线，在交叉点左侧1针处，如箭头所示方向钩织长针。

2 如箭头所示，在步骤1钩织出的线的前方将线拉出。

3 针上挂线，每2个线圈引拔1次，钩织长针。

4 完成时交叉点左右的线应不包裹在一起。

变化的长针1针交叉（左上）

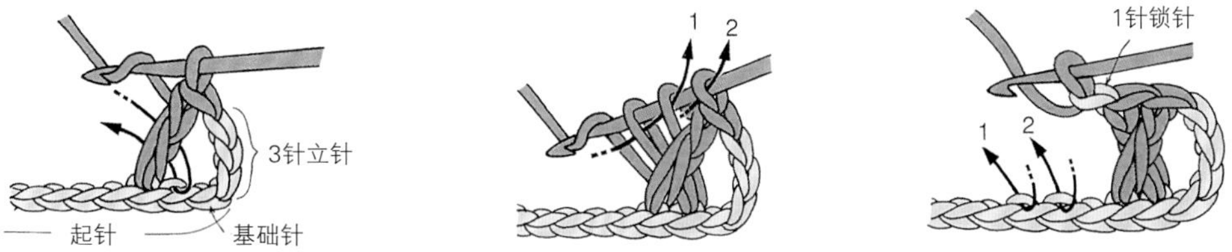

1 在交叉点右侧1针处，如箭头所示，从左侧针目的后方插入钩针。

2 将线拉出，每2个线圈引拔1次，钩织长针。

3 完成时交叉点左右的线应不包裹在一起。

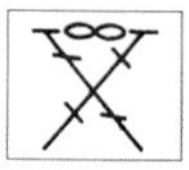

长针的十字针

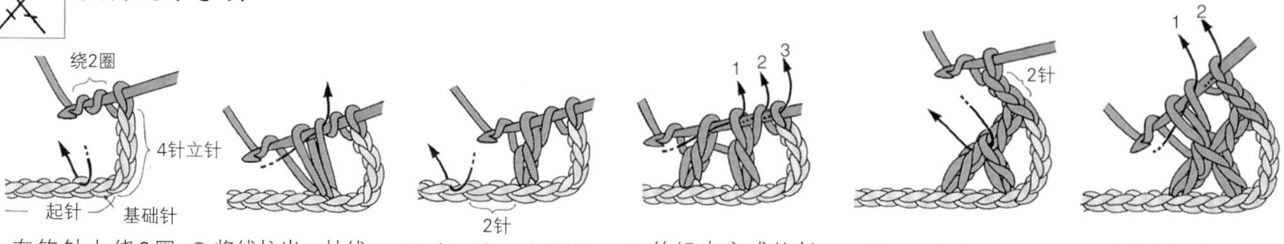

1 在钩针上绕2圈线，如箭头所示插入钩针。

2 将线拉出，挂线，从2个线圈中引拔出。

3 空2针，在箭头处插入钩针。

4 钩织未完成的长针，再每2个线圈引拔1次。

5 钩织2针锁针，在针上挂线，如箭头所示位置挑起2针。

6 将线拉出，每2个线圈引拔1次，即完成。

Y字针

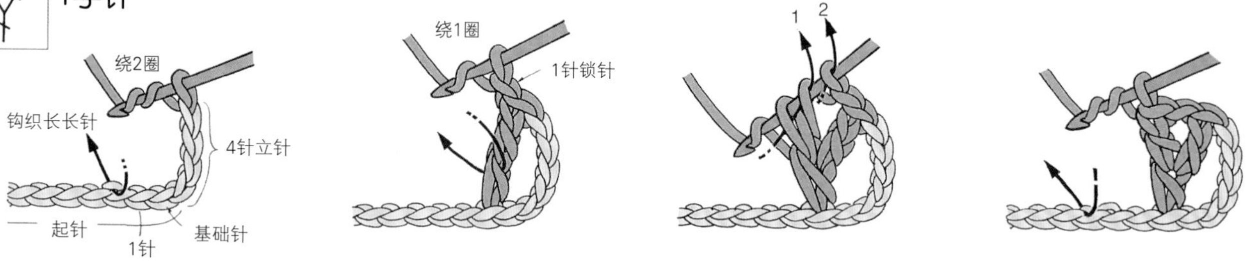

1 在钩针上绕2圈线，在箭头处钩织长长针。

2 钩织1针锁针，如箭头所示，在2根线后插入钩针。

3 挂线，从线圈中拉出，钩织长针。

4 Y字针钩织完成，之后重复步骤1~3即可。

长针的正拉针

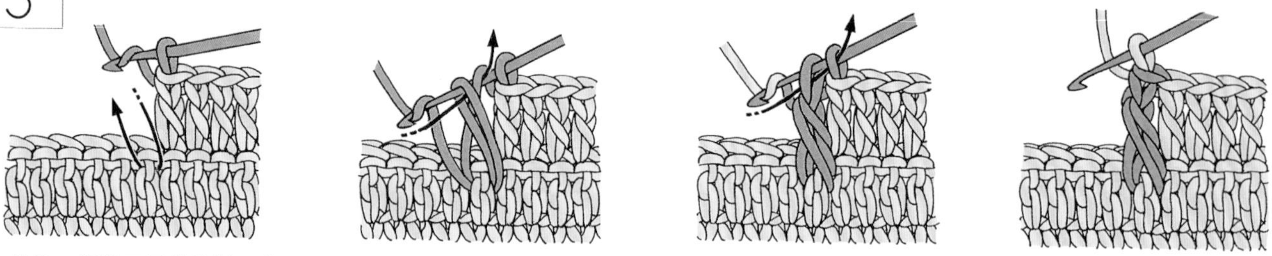

1 从前一行针下面的外侧，在箭头所示位置插入钩针。

2 针上挂线，拉出较长一段后从2个线圈中引拔出。

3 如箭头所示，从剩下的2个线圈中引拔出，钩织长针。

4 完成。前一行的头针出现在背面。

长针的反拉针

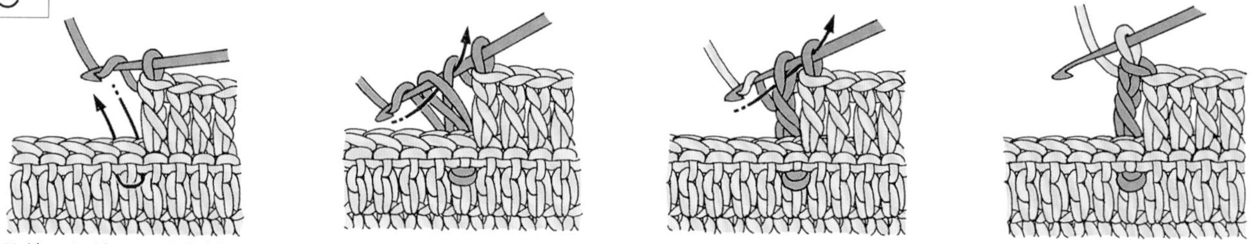

1 从前一行针下面的内侧，在箭头所示位置插入钩针。

2 针上挂线，拉出较长一段后从2个线圈中引拔出。

3 如箭头所示，从剩下的2个线圈中引拔出，钩织长针。

4 完成。前一行的头针出现在正面。

长针的正拉针1针交叉（加入1针锁针）

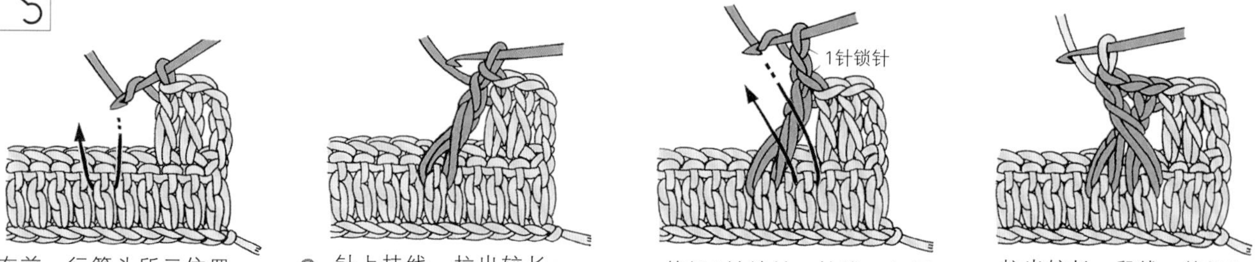

1 在前一行箭头所示位置，从外侧横向插入钩针。

2 针上挂线，拉出较长一段，钩织1针长针。

3 钩织1针锁针，挂线，如图所示在箭头位置插入钩针。

4 拉出较长一段线，钩织1针长针，即完成。

5针长针的爆米花针

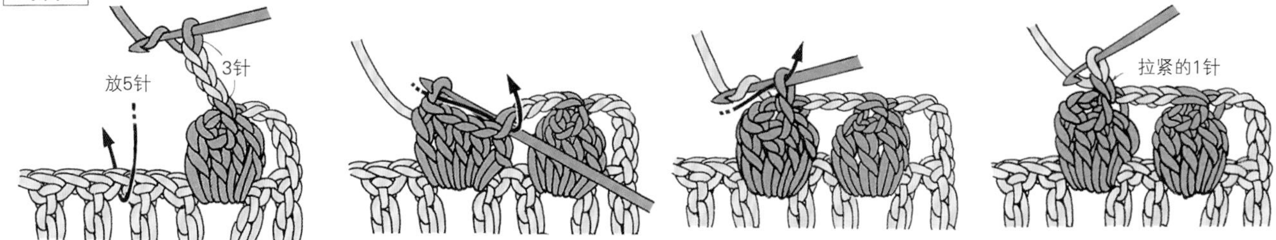
3针
放5针
拉紧的1针

1 针上挂线，如箭头所示插入钩针，将前一行整段挑起。

2 钩织5针长针，暂将钩针抽出，然后从第1针及线圈中穿入。

3 将线圈引拔出，钩织1针锁针并拉紧。

4 完成。

1针放3针长针（3针锁针的立针）

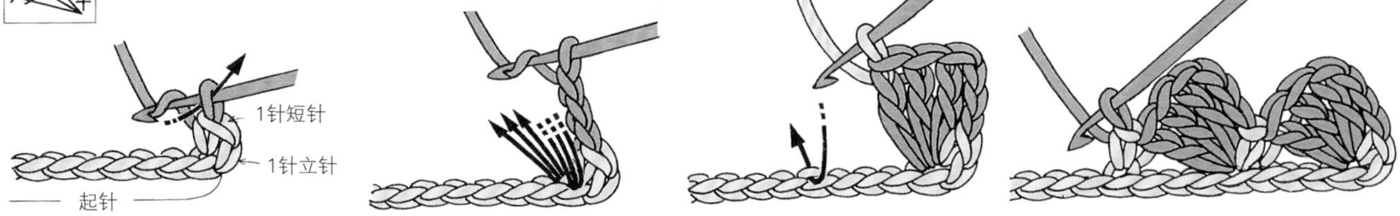
1针短针
1针立针
起针

1 先钩织1针短针，再钩织3针锁针。

2 在放短针的同一位置，按照箭头插入钩针。

3 钩织3针长针，在第4针锁针的内侧插入钩针，钩织短针。

4 完成。

变化的3针中长针的枣形针

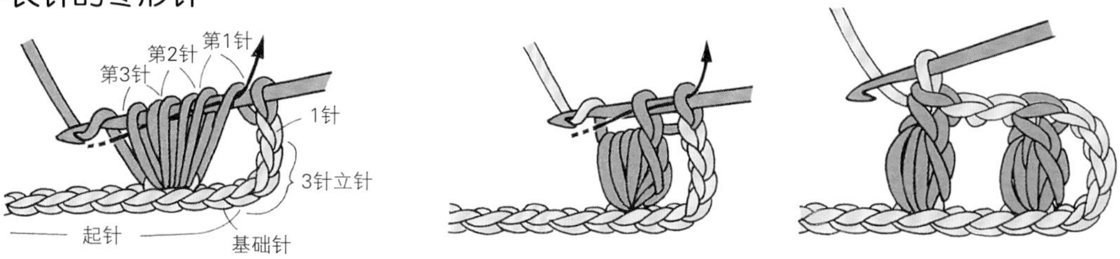
第1针
第2针
第3针
1针
3针立针
起针
基础针

1 重复3次“挂线，从线圈中拉出”，再如箭头所示引拔出。

2 再次挂线，从剩余的2个线圈中引拔出。

3 将顶部收紧即完成。

使用拉出立针的方法钩织3针中长针的枣形针

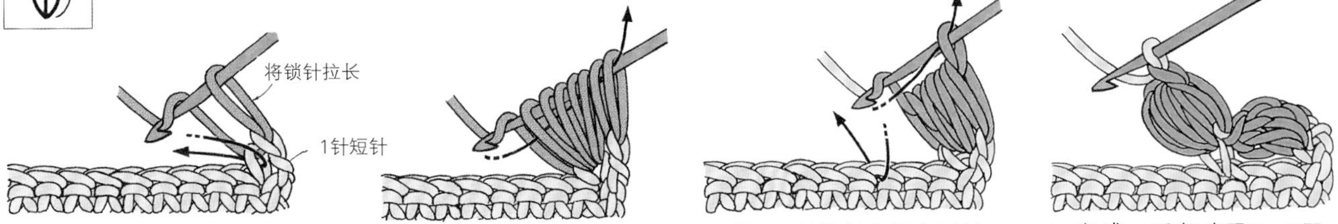
将锁针拉长
1针短针

1 钩织1针短针，将线圈拉长，再从箭头位置将线圈拉出。

2 钩织3针中长针，在针上挂线，如箭头所示一次引拔出。

3 钩织1针锁针收紧枣形针的顶部，在前一行的针目中钩织短针固定。

4 完成。重复步骤1~3即可。

七宝针

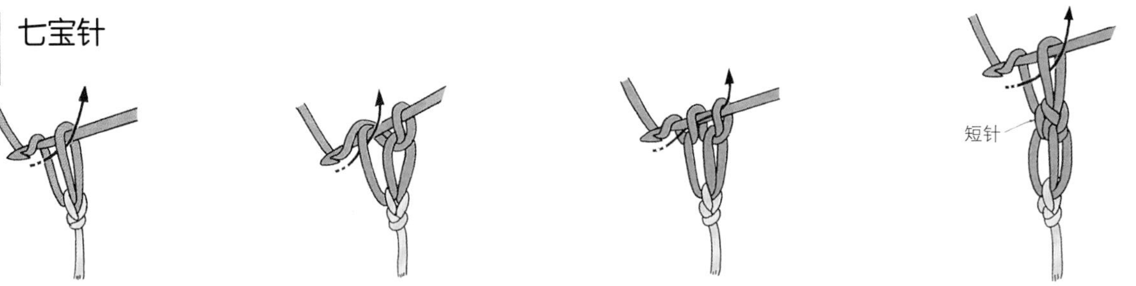
短针

1 将第2针锁针拉长后，将线拉出。

2 在拉长针目的内侧插入钩针，将线拉出。

3 如箭头所示，从2个线圈中引拔出并钩织短针即完成。

4 继续拉出较长的线钩织1针锁针、短针。

Photographers:HIDETOSHI MAKI
Original Japanese edition published in Japan by NIHON VOGUE CO., LTD.,
Simplified Chinese translation rights arranged with BEIJING BAOKU
INTERNATIONAL CULTURAL DEVELOPMENT Co., Ltd.

著作权合同登记号：图字16—2013—032

图书在版编目（CIP）数据

钩针花样300/日本宝库社编著；冯莹译. —郑州：河南科学技术出版社，2013.8（2024.3重印）
ISBN 978-7-5349-6447-3

Ⅰ.①钩… Ⅱ.①日… ②冯… Ⅲ.①钩针-编织-图集 Ⅳ.①TS935.521-64

中国版本图书馆CIP数据核字（2013）第146984号

出版发行：河南科学技术出版社
地址：郑州市郑东新区祥盛街27号 邮编：450016
电话：（0371）65737028 65788613
网址：www.hnstp.cn
策划编辑：刘 欣
责任编辑：刘 瑞
责任校对：梁莹莹
封面设计：张 伟
责任印制：张艳芳
印 刷：河南新达彩印有限公司
经 销：全国新华书店
开 本：889 mm × 1 194 mm 1/16 印张：7 字数：120 千字
版 次：2013年8月第1版 2024年3月第9次印刷
定 价：36.00元